现代服装设计与工程专业系列教材

时 装 立 体 构 成

主 编 祝煜明
副主编 陈明艳 沈婷婷 阎玉秀 隗方玲

浙江大學出版社

图书在版编目（CIP）数据

时装立体构成 / 祝煜明主编. —杭州：浙江大学出版社，
2005.9（2018.2 重印）
（现代服装设计与工程专业系列教材）
ISBN 978-7-308-04396-0

Ⅰ.时… Ⅱ.祝… Ⅲ.①服装—结构设计—高等学校—
教材②服装—造型设计—高等学校—教材 Ⅳ.TS941.2

中国版本图书馆 CIP 数据核字（2005）第 088951 号

内 容 提 要

本书是解析时装立体构成原理、介绍具体操作步骤和方法的专业技术书籍。全书共分九章，主要内容有构成基础、衣身、领子、袖子、裙装、成衣、礼服等的立体构成方法。特别增加了特殊材料的应用和处理，更扩大了立体构成的知识领域。本书还结合了美国、日本立体构成的经典内容，因此具有一定的现代性、先进性、实用性和可操作性。

全书图文并茂，循序渐进，适合作为高等院校服装类专业的教材，也可供广大的服装业余爱好者阅读和参考。

时装立体构成

祝煜明　主编

丛书策划　樊晓燕
责任编辑　樊晓燕
封面设计　俞亚彤
出版发行　浙江大学出版社
　　　　　（杭州市天目山路 148 号　邮政编码 310007）
　　　　　（网址:http://www.zjupress.com）
排　　版　杭州中大图文设计有限公司
印　　刷　浙江省良渚印刷厂
开　　本　787mm×1092mm　1/16
印　　张　16.75
字　　数　408 千
版 印 次　2005 年 9 月第 1 版　2018 年 2 月第 8 次印刷
书　　号　ISBN 978-7-308-04396-0
定　　价　26.00 元

现代服装设计与工程专业系列教材

序

　　我国的服装业源于外贸加工,由加工型企业发展起来了一大批大众品牌,目前正在由大众品牌阶段向设计品牌时代过渡,也正力图实现从世界服装生产大国向世界服装强国的转变。改革开放以来,服装产业的快速发展得到了我国各级政府的充分重视,发展环境不断优化,产业集群和大量服装园区的形成与发展,确立了中国服装业在全球的战略地位。但是我国服装产业长期以来依靠低价格及数量取胜,尽管在面料、加工技术方面我国与国际先进水平的差距已经很小,而产品的附加值和科技含量与发达国家相比仍存在很大差距。创国际品牌、提高产品附加值涉及我国服装业的整体发展水平、设计研发能力等,需要深厚的人文底蕴和历史沉淀,更需要大量高素质的专门人才。

　　中国的高等服装教育源于上世纪80年代初,只有二十余年的历史,尽管已经培养了一批为服装行业服务的优秀人才,但行业的发展与进步更需要有一批能适应行业进步与发展的人才。如何按照行业的发展与学科建设的需求来培养人才,是我们一直在追求的目标。

　　浙江省是我国服装制造业的重要基地,所拥有的服装"双百强企业"数位居全国首位。目前行业的发展现状是:截至2004年末,全省服装行业国有及销售收入500万元以上企业计2423家,从业人员58.58万人。2004年完成服装生产总量24.66亿件,占全国同行业生产总量的20.85%,产量继续保持全国第二位;实现利润47.93亿元,占全国同行业利润总额的31.43%;上缴利税27.26亿元,占全国同行业的25.73%。近年来,浙江服装产业发展迅速,在国内的影响越来越大,已经形成了一批有影响的服装企业和服装品牌。浙江的服装业在经历了群体化、规模化、集约化、系列化的发展历程之后,产品创新求变、生产配套成龙,初步形成了以名牌西服、衬衫、童装、女装为龙头,以男装生产为主,内衣、休闲装、职业服装、羊绒服装、西裤等配套发展的服装产业格局。在空间布局上,已经逐渐显现出区域性发展的脉络,众多区域性品牌凸显,形成以杭、宁、温、绍、海宁为首,化纤及面料、领带、袜业、纺织服装机械等相关行业区际分工配套的多中心网状格局。应该说,浙江省具有优良的服装产业背景,正在打造国际先进服装制造业基地,发展势态呈现出持续发展的良好趋势。

浙江省有中国最早开设服装专业之一的浙江理工大学（前浙江丝绸工学院）等院校，是培养服装设计师、服装工程师的摇篮。浙江理工大学服装学院经过多年的探索与实践，提出了艺术设计与工程技术相结合、创意设计与产品设计相结合、校内教学与社会实践相结合的服装专业教学思路，形成了自己的鲜明特色。2001 年获浙江省教学成果一等奖、国家级教学成果二等奖。服装设计与工程专业被列入浙江省重点建设专业，所属学科是浙江省惟一的重点学科并具有硕士点和硕士学位授予权。为服装行业培养了一大批优秀的适用人才，声誉卓著，社会影响力巨大。

　　这次由浙江大学出版社和浙江省纺织工程学会服装专业委员会共同组织浙江理工大学、中国美术学院等具有服装专业的相关院校编著"现代服装设计与工程专业系列教材"，依托浙江省重点建设专业和重点学科，旨在进一步为中国的高等服装教育及现代服装产业的发展与繁荣作出更大的贡献。参加教材编著的成员是浙江省各院校的骨干教师，多年来一直与服装产业紧密结合，既具有服装产业的实际工作经历，又有丰富的服装理论教学经验。我相信这套系列教材的出版，一定会有助于中国现代高等服装教育的发展，为培养适应服装行业发展需求与 21 世纪要求的高素质的专门人才服务，同时为我国服装产业的提升与技术进步及增强国际竞争力作出应有的积极贡献。

　　　　　　　　　　　浙江省重点学科"服装设计与工程"带头人
　　　　　　　　　　　浙江省重点建设专业"服装设计与工程"负责人
　　　　　　　　　　　浙江省纺织工程学会服装专业委员会主任委员

　　　　　　　　　　　　　　　　　邹奉元教授
　　　　　　　　　　　　　　　　　2005 年 8 月

前　言

在中国加入世贸组织后，服装业在竞争和挑战面前正迅速、蓬勃地发展，与国际接轨的步伐也正在加大。为了适应这一需要，服装教育工作者也正在积极创造相适应的教学环境。"时装立体构成"这门专业课正是在这种形势下新引进和发展的，而《时装立体构成》教科书的编写和出版也正是这一专业发展的迫切需要。为此，在浙江大学出版社的积极支持下，我们力邀全省著名服装院校在立体构成教学方面的精英教师共同编写了本教材。由于参编的部分教师曾去美国、日本等世界著名的服装学府学习和进修，因此本书具有与国际接轨的基础和条件，这也为本书提供了有力的知识支撑，从而使得本教材既具有相应学科的学术水平，又具有服装实用技术的可操作性。

本教材由浙江理工大学祝煜明任主编，温州大学陈明艳、宁波服装职业技术学院隗方玲、浙江理工大学沈婷婷、阎玉秀任副主编。编写人员的分工如下：浙江理工大学祝煜明、黄国芬编写第八、九章；浙江理工大学祝煜明、唐洁芳编写第五章；浙江理工大学沈婷婷编写第七章；浙江理工大学阎玉秀编写第三章；浙江理工大学陈敏之、何瑛编写第二章；温州大学陈明艳编写第六章；宁波服装职业技术学院隗方玲编写第四章；浙江轻纺职业技术学院朱俊丽编写第一章。

本书能顺利出版首先要感谢全国著名设计师赵卫国、吴海燕为本书提供了许多资料照片，本书在编写过程中承蒙郑祥清、浙江理工大学01服设11班及01成脱服设本科班同学们的支持和帮助。在此对所有关心和支持本书的老师和同学们谨表谢意。

由于编写时间仓促，水平有限，难免有错漏之处，欢迎专家和广大读者们批评指正。

编　者

2005 年 8 月

前　言

目　录

第一章 绪 论

第一节 服装立体构成的历史与发展

服装立体构成起源于西方。早在公元3世纪初,古希腊的女性便有了对身体曲线的追求,并发明了原始的"塑身内衣",这种"塑身内衣"采用了近似现代立体构成的方法,并在腰部用金属腰夹束腰。当时,穿着这类服装的女性均为拥有上流社会地位的祭司、表演者和宫中女士——这是可以考证到的人类最早的"美体内衣"。

在服装发展史中,东西方文化的差异造成了过去不同的时装构成方式——二维服装构成与三维服装构成。在服装史上,东方服装以二维造型为主,而西方服装则以三维造型为主。

东方哲学以儒道为基础而形成的主流哲学和美学思想决定了中国服装造型体现的气韵风格。最早的西方古代文化阶段,即古代希腊、罗马文化时期,西方美学也是以自然为主,所展示的服装造型气韵与东方服装的气韵有相似之处。而西方中世纪以后形成的哲学与美学思想与东方不同,所以造型与气韵也不同。康定斯基说过:各种不同的艺术类型之间一定有一些相同的东西存在,即艺术的基本精神。这种艺术精神表现在服装上即为气韵。

在中国几千年来的历史进程中,在相对稳定、自闭保守的状态下,儒和道的学说信仰互助互补地融合,汇成了古代哲学思想的主流。我们的祖先创造了底蕴深厚的宽衣服饰文化,形成了特有的美学与哲学观念,它与西方截然不同,与东方其他各民族也有差异。在女装的宽衣造型上表现出了一种中国风格的神气与韵味,流露着民族的潜在精神和文化的内在灵魂。

尽管中国历史上历代王朝起起落落、变更宕荡,但女装服饰基本保留着宽衣的造型,采用宽松的平面直线裁剪。中国人在服装造型上不追求明确的立体几何形态,不追求夸张的人体的效果。中式的宽衣服装在摆放或悬挂时像画卷和布料一样平整,一目了然,展现了二维平面的大方气度和坦荡胸怀。当将其穿在身上时,起伏连绵的衣褶和曲直缠绕的襟裾,营造了有远有近、有虚有实、活泼生动的三维立体效果。它在造型上忽视了与人体三维关系相一致的精确数字,用这种没有明确凹凸的平面裁剪方法,求得了一个自成纹理、和谐统一的空间造型。

中国服饰美学观念表现在女装造型上的是意象的结构,这种平面的直线与曲线的裁剪方法使衣服适体又不完全合体,不裸露张扬也不尽力束缚。

　　西方人竭尽全力地开掘人的力量,释放人的潜能。他们主张竞争,在服饰上大力表现个性,强调夸张了的人体之美。在西方塑型美学观念下产生的竭力表现人体的立体构成的服装,无论是挂在衣橱里还是穿在身上,或者是行走起来,都没有太明显的变化,始终保持着相对静止的立体几何空间效果。西方的服装空间意识是在中世纪以后形成的,反映了西方人对空间的探求心理,有着明显的"自我"的心理动机,这一意识增大了服装造型的体积。这种夸张的服装造型使人与自然整体之间,人与人的个体之间保持着一定的距离,反映了西方人的宇宙观,也反映了人与自然万物、心灵与环境、主观与客观的相对性。

　　在强调空间造型的观念下,西方的立体构成开始蓬勃发展。立体构成起源于哥特时期。哥特时期的考特样式较为合体,与古罗马时期披挂在身上的丘尼卡相比,造型上有了很大的区别,但也仅仅是利用平面裁剪的方式来完成立体造型。到了哥特中期,由于日耳曼文化的融入,大约在 13 世纪,欧洲服装脱离了古代服装的二维造型方式,并形成了新型的裁剪方法——立体构成。

　　最初的立体构成以平面裁剪为基础,在人体穿着后进行立体修正。而第一个直接将面料铺在人体上进行裁剪的是设计师里奇夫人(Nina Ricci)。1883 年出生在意大利吐温的里奇夫人的服装引人注目而不矫揉造作,赢得了许多客户的青睐。里奇夫人擅长发扬每位客人身材的优点,她首创的立体构成方式(将布料直接铺在模特身上裁剪)使她的艺术近似雕刻。里奇夫人的设计宗旨是"论设计,应因人而异、因时而异、因地而异"。在里奇夫人的努力下,NINARICCI 品牌在 20 世纪 30 年代迅速成长,并在当时的时装界占有一席之地。由于定制服装对服装的合体度要求较高,所以以实际人体做基础进行立体构成的方法一直延续至今。随着成衣业的发展,大批量的生产使得人体模型成为现代立体构成中必不可少的工具,这些人体模型拥有不同的型号标准,以适应各种不同号型服装的需要。

　　随着东西方文化交流的深入,现在,立体构成已经在世界各国的服装界被广泛运用并形成了不同的流派,如美式立体构成、法式立体构成、英式立体构成、日式立体构成等等。其中,以英、法为代表的欧洲立体构成习惯于在人体模型上直接进行裁剪,而日式立体构成则往往使用立体与平面相结合的模式。日式立体构成发展的速度非常快,它是最先被传入我国服装教育中的。随着对外交流的发展,美式立体构成、欧式立体构成也相继传入到我国的服装教育中。立体构成目前已被我国的服装业广泛应用,它推动了中国服装业的发展。

第二节　　立体构成的应用范围

　　立体构成在服装制作中的应用非常广泛。

　　立体构成适用于成衣化生产。在工业生产中可先用坯布在各种号型的人台上制作样衣,然后展开成平面制成工业生产用的样板。这种方法无论是对衬衫、裙装、裤装、西服、大衣、夹克、风衣,甚至毛衫都适用。立体构成方法还应用在帽子、袜子、手套等服饰配件的制板中。立体构成不仅有着较高的成功率,而且还有相当好的直观效果。立体构成还能方便地解决平面裁剪中较难表现的造型。例如,对于打褶类的服装,平面裁剪时打板很难估计适合的褶量,同时也很难使褶在人体上顺畅流转,而立体构成制板能方便地解决这个问题。对于其他类型的复杂服装造型,立体构成也比平面裁剪来得更为简便。

　　立体构成也适用于创意类服装的直接裁剪。它包括了展示服装、艺术服装和高档成衣等个性化服装的裁剪。这类服装可在人台上直接裁剪或在人体上直接裁剪；可利用坯布进行立体构成，也可用衣料进行立体构成。

　　立体构成还适用于服装修正。一般服装在制作时常常是采用平面的方法来制板的，但做成服装后从平面转换到立体时会出现许多问题，因此要进行修正，这时往往是在人体模型上进行立体修正的。这样修正后的服装会有更好的效果，修正的效率也比较高。

第三节　立体构成的表现特征

　　服装是技术与艺术的结合，一个服装制板师既要像科学家那样精密严谨，又要像雕塑艺术家那样能塑造唯美。对服装造型美的理解是随着时代而不断变化的。服装平面裁剪法是前辈多年经验的总结，无疑是宝贵的，可是服装造型美是有时代感、个性感及其他感的。所以，服装制板是需要平面与立体（人台或人体）造型相结合的。要用立体构成（人体结构）来指导、理解平面制板的数据由来及与人体部位的对应关系，更重要的是要能在人台上直观地塑造美。

　　立体构成的表现特征主要是立体感。无论是紧身的古典模式服装还是适体的现代模式服装，立体构成都能方便地表现出立体感。例如，古典模式主要表现女性的第二性征，如露颈、露肩、露背、半胸，以紧缩腰围和垫臀来表现女性人体曲线。而现代模式是以简约的形式表现人体的自然身形。但是，不管是古代还是现代都需要用立体构成的手法来表现三维效果。

　　立体构成是把衣料直接披挂在人体模型上或人体上直接裁剪造型的，这是充分模拟服装实际穿着状态的一种裁剪手法，目的也是让不同衣料的风格和特性在立体上得到充分体现，同时也能更生动地体现出人体美。

　　在立体构成中常出现的装饰手法也能良好地表现出立体感。装饰与整体结构造型相对应，强调立体感和空间感，装饰手段是借助各种立体物，如穗饰花结、荷叶边、金银丝带、褶裥、切口等点缀服装表面。最初，花朵、花边等只是少量装饰服装表面，用以丰富表面效果。而到了洛可可时期，某些礼服竟是用立体花边堆砌而成的。杜鲁门在《欧洲服装史》中曾记载："女皇尤金尼亚在一次国家盛大集会上穿了一件白缎裙装，上面有 103 个薄纱裙边褶。"这 103 个裙边褶所产生的空间感、层次感使裙装极为隆重、奢华。

第四节　立体构成的技术用语

　　在谈此立体构成的理论和技术之前，必须先了解立体构成中的一些常见的技术用语。

一、与面料相关的术语

　　（1）斜丝　表示面料的对角线方向或与面料布边呈一定夹角的方向。
　　（2）经纱　与布边平行的纱线，捻度一般比纬纱大。

（3）纬纱　从面料布边到另一布边的纱线。

（4）布纹　针织或梭织面料的织造方向。

（5）布边　指在面料两侧，沿面料的长度方向，密度较高的机织光边。为了在裁剪过程中保持面料各部位的性能一致，通常要将密度较大的布边撕掉。

（6）坯布　由不同纱支织造的平纹梭织物，有粗平布、细平布和厚重平布等。

（7）垂正　表示面料的纬纱方向与面料布边（即直丝）呈90°夹角。

（8）纬斜　指在面料制造过程中常产生的一种病疵——纬纱产生歪斜。立体构成前对纬斜的面料需要通过整理的手法来纠正。

（9）面料整理　包括通过拉扯、熨烫、缩水等方法来纠正面料的纬斜、起皱、缩率等问题。

二、与器具相关的术语

（10）人体模型　也叫人台。人体模型的规格尺寸应尽量符合真实人体的各种要求。

（11）手臂模型　依照人体手臂制作的模型，可自由拆卸。

（12）别针　别针是立体构成中主要的缝合和定位工具。分大头针、珠针、扁针和专用揿钉。

三、与操作工艺相关的术语以及其他常用术语

（13）扎针　也叫打针。是用大头针或珠针把面料固定在人台上或面料与面料之间固定。

（14）抓合固定法　指将两片面料抓合，在抓合处用大头针将两片面料固定的方法。大头针别合的线迹，就是完成线的位置。

（15）藏针固定法　指从上层面料的合缝处插入大头针，穿过另一块面料，再插回合缝线内的固定方法。这种大头针固定方法能显示出造型完成后的缝合效果。合缝线为完成线的位置。

（16）盖别固定法　指将一块面料折叠后，重叠在另一块面料上，再用大头针沿完成线平行固定的方法。布料折叠线即为完成线的位置。

（17）重叠固定法　指将两块未经折叠的布料重叠在一起，再用大头针固定的方法。完成线可依据大头针固定的线迹确定。

（18）临时固定法　指布料覆盖在人台上，用针双向斜插暂时固定使用的一种针法。

（19）标示线　也叫标识线。在立体构成中，常利用色线或织带标示人体的相关线迹或设计线迹，如胸围线、腰围线、领围线、臀围线等。色带和织带通常用醒目的红色或黑色。

（20）裁片展开图　利用立体构成方式制作的坯布样板从人台上取下后所展开的裁片图。

（21）粗剪　根据轮廓要求，放出较多缝份后粗粗剪去多余布料。

（22）疏缝　也叫粗缝，一般用手针缝制，针迹较稀疏。

（23）折光　按净缝线把缝份朝里折进。

（24）撬缝　用撬针缝，表面不露针迹。

（25）刀口　也叫打剪刀口，是在缝份上剪刀口，刀口不能超过净缝线。

（26）松度 一般指放松量或活动量。

（27）归拢 指在衣片某一部位用熨斗熨烫使其面料密度增加,从而符合人体形状的一种技法。

（28）拔开 指在衣片某一部位用熨斗熨烫使其面料密度减低,从而符合人体形状的一种技法。

（29）塑型 人为地把衣料加工成所需要的形态。

（30）试穿 立体构成裁剪完成后进行假缝,然后在人体模型或人体上进行试穿,观察效果,并修正。

第二章　服装立体构成基础

第一节　服装立体构成的材料与工具

服装立体构成对材料及工具的要求很高,材料及工具的合适与否直接影响立体构成的实现过程和成果。人体模型、布料、别针、剪刀是立体构成最为基本的四种材料和工具,此外,为使立体构成更为方便顺利,还辅以其他用具。

一、人体模型

人体模型是服装立体构成最为基本的工具之一,也称人台(为方便表达,常称人体模型为人台)。人台的规格尺寸应尽量具备真实人体的各种要素。人台尺寸规格及造型的准确性直接影响立体构成的工作效率和服装成品质量。人台各部位尺寸比例应符合实际人体,具有美感。模型本身的质地要软硬适度,富有弹性,便于插针。

人台的分类方法有多种,按照加放松量分类,可以分为成衣模型和裸体模型;按性别、年龄分类,可以分为男体模型、女体模型和童体模型;按人体国别分类,有法式模型、美式模型和日式模型等,而且同一国别不同民族人体特点不同,又可有各类模型。从用途上分有商业用模型、工厂用模型、裁剪用模型以及研究用模型;按模型完整性分,有上半身模型、下半身模型和全身模型,同时有些模型是配有手臂模型的,有的模型没有配备专用手臂模型。

由于受经济条件的限制,目前我国高校教学中普遍使用的是不配备手臂模型的上半身模型(如图 2-1 所示),也有下半身模型和其他模型,但那主要用于进行科研工作。对于不配备手臂模型的上半身模型,我们可以自制手臂模型。

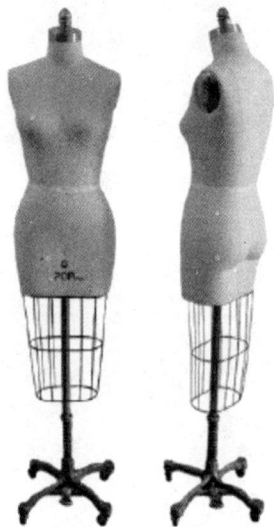

图 2-1　人体模型

二、布料

立体构成是用款式所需面料在人体或人台上进行裁剪,但是由于立体构成对于面料的耗损较大,出于经济原因,在实际操作中往往先用廉价的织有经、纬色线的专用坯布或白坯布作为替代进行立体构成,再使用实际面料根据坯样制做并修正,最后得到成品。当然对于一些特殊材料和效果的服装,在坯布难以替代的情况下,也可以直接用实际衣料制作。

立体构成中常用的白坯布是未经过染色、印花等后处理工序的平纹棉布,一般伸缩性较小。坯布有厚薄、疏密之分,在选用时应根据款式的实际面料选择物理性能基本相当的坯布使用。

三、别针

目前市场上的别针大致分为四种:大头珠针、专用大头针、扁针和专用揿钉。其中大头珠针(如图2-2(a)所示)针细而长,针顶有塑料珠装饰,适用于在立体构成过程中固定面料;专用大头针(如图2-2(b)所示),略短而细,主要用于在立体构成过程中别合坯样,有利于检验,也可用普通大头针替代;扁针(如图2-2(c)所示),针细而长,针顶有扁形的耐高温的金属头,主要用于在立体构成过程中缝纫与熨烫平整时便于操作;专用揿钉(如图2-2(d)所示),短而锋利,针顶有较大金属或塑料饰帽,主要用于立体构成基本完成后,平面固定面料和打样纸,便于绘制样板。

(a) 大头珠针

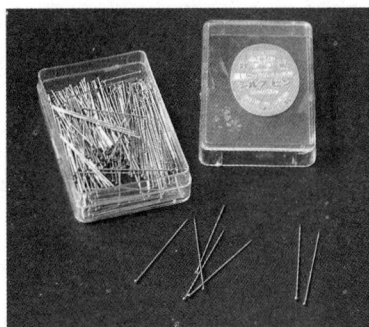

(b) 专用大头针

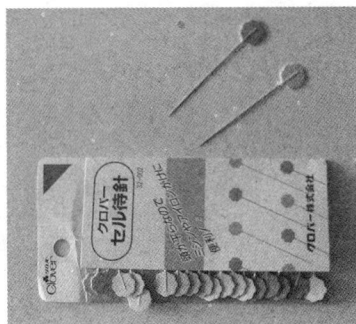

(c) 扁针

(d) 专用揿钉

图2-2　别针

四、剪刀

立体构成过程中使用的剪刀主要有三种:裁布剪刀、裁纸剪刀和小纱剪。一般要准备大号的缝纫剪(如图2-3(a)所示)用于剪布,通常男子可以选用11~12号,女性可以选用9~

10 号；在立体构成过程中熨烫、缝纫时还涉及到打样纸等其他材料，可以准备一把较为锋利的办公用剪刀（如图 2-3（b）所示）；此外，对于一些细小的部位和线头，可以准备一把小纱剪（如图 2-3（c）所示），便于操作。

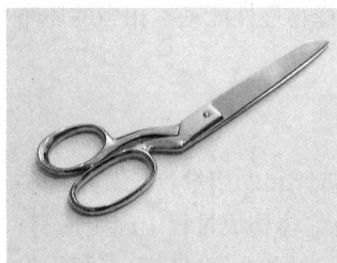  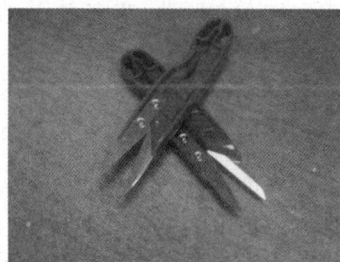

(a) 裁布剪刀   (b) 裁纸剪刀   (c) 小纱剪

图 2-3　剪刀

五、其他用具

其他立体构成用具根据不同的款式所需的材料、步骤等因素，其要求有所不同，其品种众多，并不一定要样样具备，可以根据需要自行配备。通常所用到的材料和用具有以下一些。

1. 熨斗

立体构成前往往要对所使用的面料进行整理，通过熨烫使得面料平服。由于蒸汽可以使坯布变硬变挺，因而在整烫坯布时应根据需要选择适当的蒸汽大小。

2. 色带及胶带

色带及胶带（如图 2-4 所示）主要用于在模型上贴出基础标识线和与款式吻合的轮廓线，在准备色带时，应注意选用与模型表面颜色反差较大的色带，同时基础标识线和轮廓线也应有所区分。

 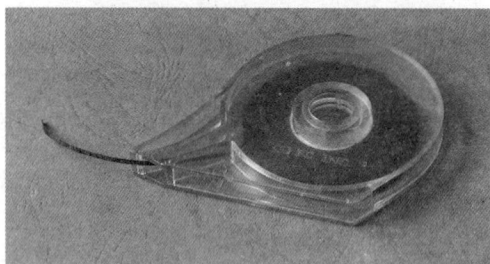

(a) 色带   (b) 胶带

图 2-4　色带及胶带

3. 软尺

软尺也称皮尺（如图 2-5 所示），主要用于测量模型及面料尺寸。在选用软尺时应注意保证软尺刻度均匀准确，质地坚韧，不易变形。

4. 直尺

应选用刻度细腻准确的透明直尺，例如放码尺，主要用于在面料上绘制参考线和立体构成完成后绘制样板。

5. 曲线尺

由于面料有别于纸张,在面料上绘制弧线时易引起面料变形,因而为便于领口、袖窿等部位轮廓的绘制,可以准备弧线流畅的曲线尺(如图2-6所示)作为辅助工具。

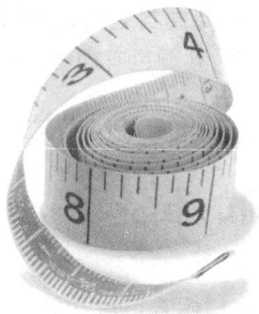

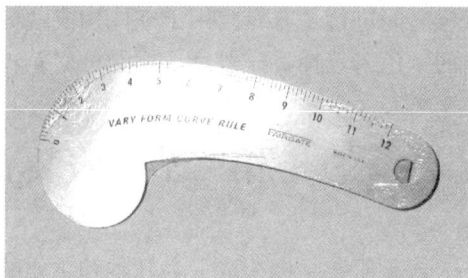

图2-5 软尺　　　　　　　　　　　　　　　图2-6 曲线尺

6. 针线

在这里针线主要用于在面料上做丝缕标识线和假缝成品,可以根据需要准备白色或其他颜色的纱线。

7. 针插

在立体构成过程中为方便别针的取用,可将插有别针的针插(如图2-7所示)戴在手腕上,这样既不影响制作,又便于取针。

8. 铅笔

这里铅笔主要用于在坯布上绘制标识线和轮廓线,在选用时应选择浓度适中的铅笔,要求既不易弄脏坯布,又可以保证痕迹清晰,一般宜选用2B或3B绘图铅笔。

9. 彩色铅笔

彩色铅笔主要用于修正轮廓线或做记号用。

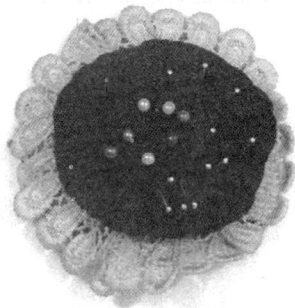

10. 点线器

点线器(如图2-8所示)主要用于复制面料及在样板上画标识线、轮廓线及各类记号。

图2-7 针插

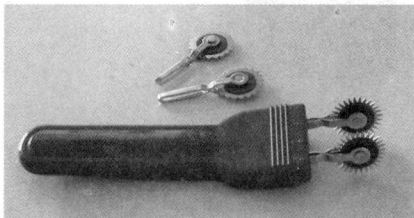

图2-8 点线器　　　　　　　　　　　　　图2-9 双轮点线器

11. 双轮点线器

双轮点线器(如图 2-9 所示)除了用于复制面料及样板上的标识线、轮廓线及各类记号外,还可以用来复制缝份。所画缝份宽度可以自由调节。双轮点线器分粗齿和尖齿两种,粗齿用来拷贝面料,尖齿用来拷贝纸样。

12. 复写纸

在立体构成裁剪拷贝时常使用复写纸。它可以放在面料与面料之间,也可以放在面料与纸样之间进行。有专门用于立体构成裁剪拷贝用的复写纸,其颜色有四种,使用时可根据面料的颜色来选择。一般宜选用颜色反差较大的复写纸。

第二节 服装立体构成前的准备

人台是服装立体构成最为基本和主要的工具,设计师和制作者可以在同一个人台上创造风格各异、变化多样的款式,但不论款式如何变化,人台的基本构造和服装在人台上的基本分割都是一致的。目前市场上的人台形态各异,但都没有具体表现人体的基本标识线,因此在立体制作之前,应在人台上标识出人体基础线。基础线的标识可采用与人台表面颜色反差较大的有色胶带,也可以用编织色带,不论是胶带还是编织带,为保证线条的流畅和准确,应尽量选用宽度较窄的,一般在 0.5cm 左右。

标识人台基础线的步骤如下:

1. 选取三维尺寸与款式要求基本相符的人台

2. 按照顺序标识出基础线(如图 2-10(1)～(12)所示)

(1)领圈线沿人台颈部与躯干部的拼接处,分别过前颈点和后颈点标识出圆顺的曲线作为领圈线。

(2)胸围线明确人台的两个胸高点,过胸高点标识出水平线作为胸围线。

(3)腰围线在人台躯干上,选取围度最小处标识出水平线作为腰围线。

(4)臀围线在臀围位，选取围度最大处标识出水平线作为臀围线，也可以根据所需规格，从腰围线向下量取18~20cm，标识出水平线作为臀围线。

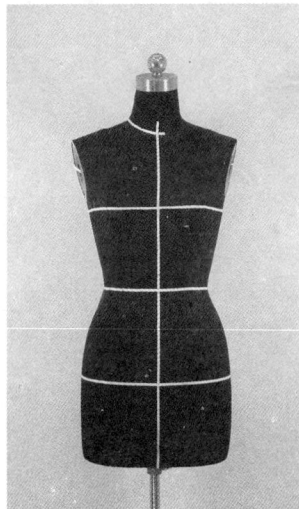

(5)前中线在人台前颈点向下标识出竖直线，分别与过胸围线，腰围线及臀围线垂直，作为前中线。

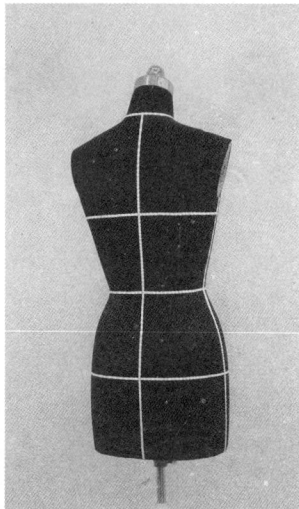

(6)后中线在人台后颈点向下标识出竖直线，分别与过胸围线、腰围线及臀围线垂直，作为后中线。

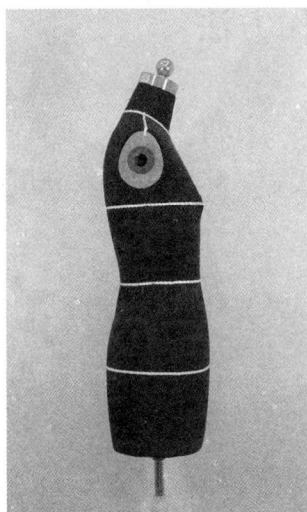

(7)肩线从人台侧颈点处开始至肩点标识出直线作为肩线。

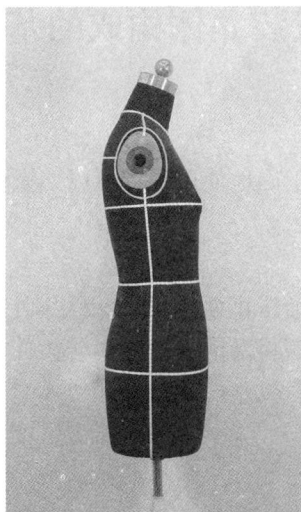

(8)侧缝线从人台肩点向地面做铅垂线，注意应该与肩线基本在同一直线上，通过调节肩点位置来确定人台前后三维尺寸，最后沿铅垂线标识出侧缝线。注意当肩点位置发生变化时，肩线也应作相应调节。

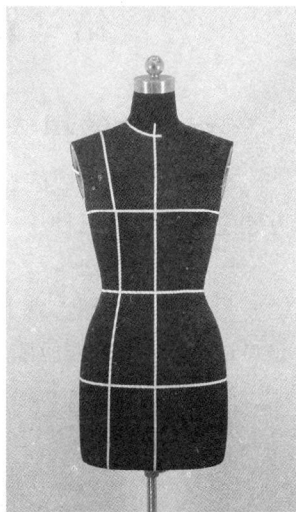

(9)公主线通过人台肩线的中点和胸高点，向下标识出顺畅的公主线，后背操相同。公主线的造型并不惟一，可以根据喜好自行设计。

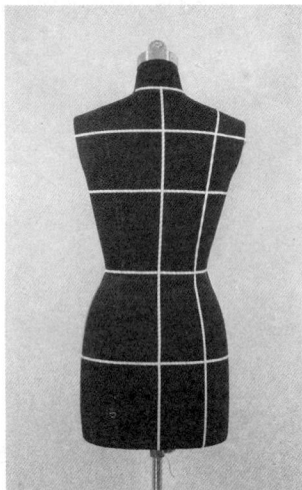

(10)背宽线沿人台表面，在后中线上量取后颈点至腰围线的长度，从后颈点处向下量取该长度的1/4，标识出水平线作为背宽线。

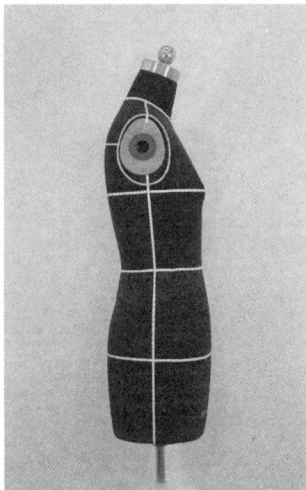

(11) 袖窿线从人台肩点向下至侧缝线上量取基本的袖窿深度，一般为12~13cm，然后沿人台袖窿外沿标识出圆顺的袖窿线。

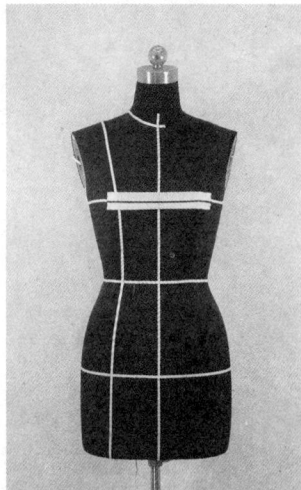

(12) 用布条在人台胸点间再次明确胸围线，注意前中心应保持空间，以便于服装的制作。

图 2-10　在人台上标识基础线

第三节　服装立体构成的基本操作方法

一、别针的用法

在服装立体构成的过程中，正确地使用别针可以使操作过程更简单、顺利。别针的使用方法主要有以下三种。

1. 斜针固定法

当面料放置到人台上后，为了防止面料下滑，要用别针加以固定。别针插入人台的方向是可以选择的，一般应顺着防止面料滑动的方向斜着插针（如图 2-11 所示）。

图 2-11　斜针固定法

图 2-12　拼合法

2. 拼合法

在立体构成过程中，当需要拼合的两块衣片基本完成后，要用别针将衣片在分割线处拼合,以此来简单检验衣片制作的效果。通常将两块衣片拼合的时候,别针应沿着分割线,贴合人台表面,并不得引起面料的拉紧或变形(如图 2-12 所示)。

3. 斜向拼合法

在立体构成过程中,当所有衣片完成后,通常用别针模仿假缝的状态,将衣片拼合,使缝头暗藏于样衣里面,并重新放置到人台上进行穿着效果的检验。别针在拼合衣片时,插针方向不能与分割线平行,而应形成一定角度,一般 30°~45°较为适宜(如图 2-13 所示)。插针要求均匀,针与针的距离约 2~3cm。

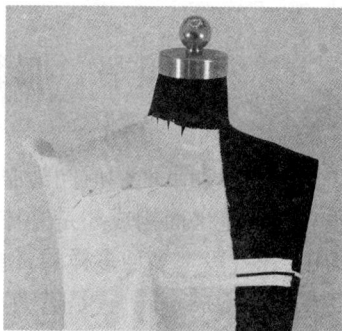

图 2-13　斜向拼合法

二、面料整理的方法

面料对立体构成的成品有重要影响,因此在开始立体构成之前,对现有面料要进行充分整理。面料的整理主要是对布料丝缕的歪斜给予纠正,其具体方法如图 2-14(1)~(4)所示。

(1)根据款式需要裁取相应尺寸的面料,用熨斗进行熨烫,使得面料边缘平坦。

(2)将面料对折,通过判断布边是否平行来判断直纱(经向纱)与横纱(纬向纱)是否垂直。

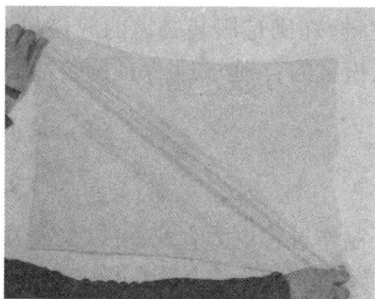

(3)如果直纱与横纱不垂直,沿面料较短的对角线方向拉。

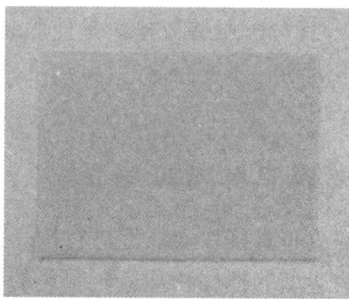

(4)最后用熨斗对面料进行整烫定型,并最后将整烫好的面料分别沿经纱和纬纱对折,确定布边完全平行。

图 2-14　面料的整理

第四节　服装立体构成的技术要素和原理

立体构成和平面构成同为服装裁剪的两种不同方法,是基本的服装结构分析和制作的手段。不论是平面构成还是立体构成,其本质都是将平面的服装面料转化为符合人体的立体结构,其手段是多种多样的,例如有省道、分割线以及工艺中的归拔手段等。然而立体构成又和平面构成不同,它是借助于人体与服装材料在空间进行构建关系的一种创造,和平面构成相比,立体构成过程更为直观,更多地应用面料特性,与人体的接触更为紧密,人体特征对实际操作的影响也更为突出。相应地,作为立体构成的操作者就需要具备更多的想像力、创造力和服装专业知识。

一、充分了解人体结构特征

人体是由许多无规则的多角曲面组成的一个较为复杂的三维立体结构,因此,如果想制作出合体的服装造型,就必须先了解人体的曲面结构;同时人体又时刻处于运动状态之中,所以,如果要想制作出人体穿着舒适的服装,就必须先了解人体的基本生理活动和日常运动的特点。

无论人体是在静止还是运动状态下,因为生理需要人体体表会随之发生一定的变化,而人台有别于真实人体,它是静止不变的。实际操作者往往在服装制作时一味满足造型的美观,而忽略了人体衣着的基本要求,因此我们在立体构成时必须考虑人体最基本生理活动所需要的预留空间,也即我们通常所说的放松量。

当人体运动时,由于运动幅度、运动姿态的不同,身体也会发生相应的改变,在立体构成时应该根据服装的款式及其所适用的衣着场合,在满足必要的生理放松量的同时,必须加入一定的空间变化量来满足人体运动所需的活动量,从而不至于使人体的运动受到服装的限制。

此外,合理分配服装放松量是使服装适应人体的关键,在满足服装必需的放松量后,还应根据人体运动时体表变化的特点,准确地确定服装放松量的合理分配,保证服装造型的美观。

二、把握服装造型特征

立体构成是直接在人体上进行构思设计,可以使得制作过程更为直观,可以大大方便我们对于服装造型的把握和塑造。服装的立体造型是以人体立体造型为设计基础的,但不一定就是仿效人体造型。我们在立体构成中除了要尊重人体外,最主要的目的是美化人体,因此,在开始立体构成之前应对服装款式、服装适用的环境等因素都有所理解和确定,这样才能指导我们在立体制作过程中的实际操作。其次,具有良好的审美情趣和眼光是设计师及立体构成操作者的基本要求,这对最后成品的优劣具有决定性作用。

三、合理运用服装材料

立体构成是人体与服装材料在空间构成关系的创造,若能借助人体或模型的基本形态、充分运用服装材料的物理性能,设计师往往可以打破常规结构,创造出奇特的、有个性的造型。当面料在人体模型上制作和表达时,设计师首先应直观地审视面料的垂感度、飘逸感、软硬程度、上下左右的比例关系以及面料的伸缩度、衣服的宽松度等问题。不同质地的面料有着不同的性能,例如面料的悬垂性就能在立体构成中得到最大限度的体现。而同一块面料在不同的丝缕方向上,所体现的悬垂性也有所不同。立体构成能巧妙地利用布料的斜丝进行斜向分割,运用斜丝所固有的悬垂和张力,既能以最为简洁的形式呈现人体优美的线条,又能实现服装的合体性和运动性。立体构成就是这样巧妙地利用面料的这些性能,在考虑到人体活动需要及服装造型制约的同时,将人体与面料结合起来,将不同的面料结合起来,创造出丰富的造型效果和衣着效果,实现很多平面构成所无法解决的问题。

四、注意立体构成与平面构成的共同运用

立体构成和平面构成同为裁剪服装的两种不同方法,二者既有区别,又有着不可分割的联系,是相辅相成、互相渗透的。平面裁剪主要有比例裁剪法与原型裁剪法。比例裁剪法是大量裁剪经验和对人体体型的分析的总结,都是以形态的人体和着装形为基础来进行的。在平面构成时,一般都要经过制作样衣、人体试穿和样衣补正等过程,最后才能确定付诸使用的平面样板。这里的人体试穿即是在人体或人台穿着时的立体形态下,观察、修正服装的造型缺陷以及不合体之处,并根据目标款式进行修正,这就是立体构成对其的作用之一。而且,立体补正为平面裁剪经验的积累提供了源泉。而立体构成实质上是直接用面料来制作样板的过程,但是,当样板完成后面料还必须转化为能够直接用于工业化生产的工业样板,由此可见,平面裁剪与立体构成是紧密相连的。

正是由于两种方法是相辅相成的,我们在立体构成的过程中,应该充分利用平面构成的成本低、效率高的优点,根据现有的平面知识辅助立体构成的进行。对于有把握的部位则直接毛裁,再放回到人台上进行修正、定型;对于一些平面较难把握的部位,可以直接进行立体构成,这样可以加快立体构成的速度,提高立体构成的效率,并达到良好的成品效果。

第三章 衣身基样的立体构成

第一节 人体结构与体表特征

　　服装是为人体服务的,所以在立体构成前必须充分了解人体结构,这样才能正确掌握立体构成的原理,并进行灵活的运用。

　　人体由骨骼、肌肉、关节等构成,它们是决定人体体型的基本要素,如图 3-1 所示。

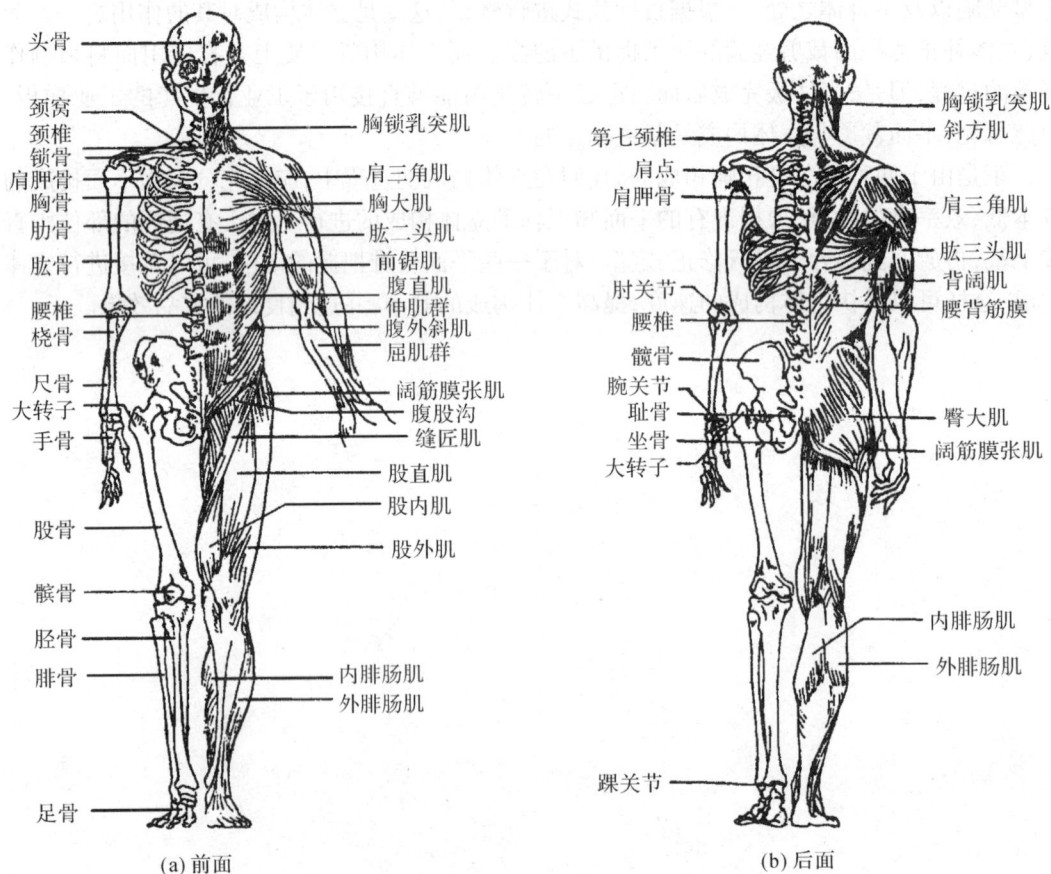

前面各部位标注(左侧自上而下):头骨、颈窝、颈椎、锁骨、肩胛骨、胸骨、肋骨、肱骨、腰椎、桡骨、尺骨、大转子、手骨、股骨、髌骨、胫骨、腓骨、足骨

前面各部位标注(右侧自上而下):胸锁乳突肌、肩三角肌、胸大肌、肱二头肌、前锯肌、腹直肌、伸肌群、腹外斜肌、屈肌群、阔筋膜张肌、腹股沟、缝匠肌、股直肌、股内肌、股外肌、内腓肠肌、外腓肠肌

(a) 前面

后面各部位标注(左侧自上而下):第七颈椎、肩点、肩胛骨、肘关节、腰椎、髋骨、腕关节、耻骨、坐骨、大转子、踝关节

后面各部位标注(右侧自上而下):胸锁乳突肌、斜方肌、肩三角肌、肱三头肌、背阔肌、腰背筋膜、臀大肌、阔筋膜张肌、内腓肠肌、外腓肠肌

(b) 后面

图 3-1　人体的骨骼、肌肉、关节构成图

一、人体的骨骼

骨骼是人体的支架,它由 206 块不同形状的骨头组成。人体外形的体积和比例是由人的骨架制约的。这里主要介绍与服装结构密切相关的人体的骨骼。

1. 脊柱

脊柱是人体的主要支柱。它由颈椎、胸椎、腰椎三部分组成,起着支撑头部、连接胸腔和骨盆的作用,整体形成背部凸起、腰部凹陷的“S”形。脊柱的弯曲形状及突出的程度决定服装后衣片的结构。

由于脊柱是由活动的骨节和具有弹性的软骨构成的,因此脊柱整体都可屈动。脊柱上的第七颈椎骨,即是后颈点,是测量人体后背长的基准点。腰椎共有五块,第三块为腰节,常常作为服装上的腰线位置。

2. 锁骨

锁骨位于颈与胸的交界处,它的内部与胸锁乳突肌相接形成颈窝,即服装上前颈点的位置。它的外端与肩胛骨、弘骨上端会合形成肩峰,是服装上肩点的位置。

3. 胸廓

12 个胸椎及连着它们的 12 根肋骨,再加上前面的胸骨形成胸廓,其形状呈蛋形。女性的乳房大致在第四、第五根胸骨之间,形状隆起而略下坠。乳房的大小、高低对前衣片的结构有极其重要的影响。

4. 肩胛骨

肩胛骨位于背部最上方,形状呈倒三角形。由于其三角形的上部突起,在立体构成中需考虑肩省或剖缝设计。肩胛骨背面上部横向的长柄状的外侧端点是测量肩宽的肩峰点。

5. 骨盆

骨盆由两侧髋骨、耻骨、骶骨和坐骨构成。骶骨连接腰椎,髋骨与下肢股骨相连,称为大转子。骨盆是测量臀围线的部位,在立体构成中必须考虑该部位的功能性。

6. 下肢骨系

下肢骨系由股骨、髌骨、胫骨、腓骨和踝骨组成。髌骨是确定裙长的依据,而踝骨则是确定裤长的依据。

7. 上肢骨系

上肢骨系由肱骨、尺骨、桡骨和掌骨组成。肱骨的上端与锁骨、肩胛骨相连形成肩关节,并形成肩凸,这是上衣肩部样板设计的依据。尺骨和桡骨的上端与肱骨前端相连,形成肘关节,下端与掌骨连接构成腕关节。这些部位是确定袖长的依据,也是设置袖弯、袖省的位置。

二、人体的肌肉

肌肉是构成人体的另一个要素,每个人体有 500 多块肌肉。人体的肌肉组织非常复杂,纵横交错,层次重叠。有的丰满隆起,直接显现于人体表面;有的位于深层,间接地影响着人体外形。下面介绍与服装裁剪密切相关的人体肌肉。

1. 胸锁乳突肌

胸锁乳突肌上起于耳根后部的突起,下至锁骨内端,与锁骨形成的夹角在肩的前部形成颈窝。这就是服装裁剪中肩线前短后长的原因,因为通过前肩线拔长,后肩线归短,可以使得服装前肩部凹进,后肩部凸起,与人体体型吻合。

2.胸大肌

胸大肌位于胸廓最丰满的部位,是测量胸围的地方。胸大肌的大小和形状直接关系到前衣片中心的劈门及省道的大小。

3.斜方肌

斜方肌位于肩胛骨的上方,是后背较为发达的肌肉,男性的尤为突出。斜方肌与胸锁乳突肌交叉形成了颈与肩的转折,称之为颈侧点。斜方肌的形状对后衣片及小肩部位的裁剪有直接影响。

4.三角肌

三角肌包着肩部关节,形成肩部圆顺的造型。三角肌的形状与大小会影响到袖子的吃势及袖肥。

5.背阔肌

背阔肌位于斜方肌的两侧,与前锯肌连接,形成背部隆起。背阔肌与腰部形成上凸下凹的体型特征,与后衣片的裁剪有直接关系。

6.臀大肌

臀大肌位于腰背筋膜的下方,是形成臀部形态的肌肉。臀部肌肉的大小与形状,以及上衣下摆和裤、裙的臀围大小有着极其密切的关系。

三、人体的关节

人体各骨骼之间由关节连接在一起,它对肌肉的伸缩起着杠杆的作用,决定人体运动方向及范围。因此,研究人体关节构造对于裁剪十分重要,它能够帮助决定放松量的大小及其与舒适性的关系。

1.颈

颈是头部与胸部的连接点,呈上细下粗的圆柱状。从侧面看,颈部向前呈倾斜状,下部圆柱体的截面近似桃形,颈中部与颈根部的围度一般相差 2～3cm。颈部的活动范围较小,前、后、左、右的活动倾斜角都为 45°。在领子的裁剪中,领上口与颈部之间要留适当的空隙,以适合颈部的活动需要。

2.腰

腰是胸部和臀部的连接点,是体现女性曲线的关键部位。它的活动范围较大,前、后、左、右都有一定的活动范围,尤其是向前屈动的范围更大,通常为前屈 80°,后伸 30°,左右侧屈动 35°,因此在进行上衣、裤子、裙子的裁剪中应考虑到腰部的活动松份。

3.大转子

大转子是臀部与下肢的连接点,活动范围较大,尤其是向前屈动,通常为前屈 120°,后伸 10°。由于运动的平衡关系,左右大转子的运动方向是相反的,因而使得腿部运动范围加大。正常行动时,前后足距为 60cm 左右,两膝盖部位的围度为 90cm;大步行走时,前后足距为 70cm 左右,两膝盖部位的围度为 100cm。这些都是确定裙子的下摆围、裤子的直裆与横裆的依据。

4.膝关节

膝关节是大腿和小腿的连接点。其活动范围通常为后屈 135°,左右旋转各 45°。这些是确定裤子中裆尺寸的依据。

5.肩关节

肩关节是胸廓与上肢的连接点,活动范围较大,通常前、后活动范围为240°,左右为250°,但主要以向上和向前为主,因而在进行袖子的裁剪时要把握松量及其与舒适性、造型的关系。

6.肘关节

肘关节是上臂与前臂的连接点。活动范围以前屈为主,通常为向前屈臂150°。在紧身袖的裁剪中,要注意以肘关节为转折点,来决定其肘省或弯曲度。

第二节 上衣基样的立体构成

平面裁剪所采用的基样是进行各式服装样板变化的基础,掌握用立体构成的方法获得上衣基样同样是十分重要和有意义的。

一、上衣基样立体构成的布料的准备

长度:前后各50cm(从侧颈点到腰围线的尺寸再加5cm左右的缝头)。

宽度:前后各30cm(从前中心线到侧缝线的尺寸再加8cm左右的缝头)。

以上尺寸白坯布各取前后两片(注意要用手撕取),用熨斗烫平并归正面料丝缕(注意熨斗不要喷水,否则布会变硬,会损害布料的柔软度)。然后如图3-2所示用 HB 铅笔画丝缕标示线。

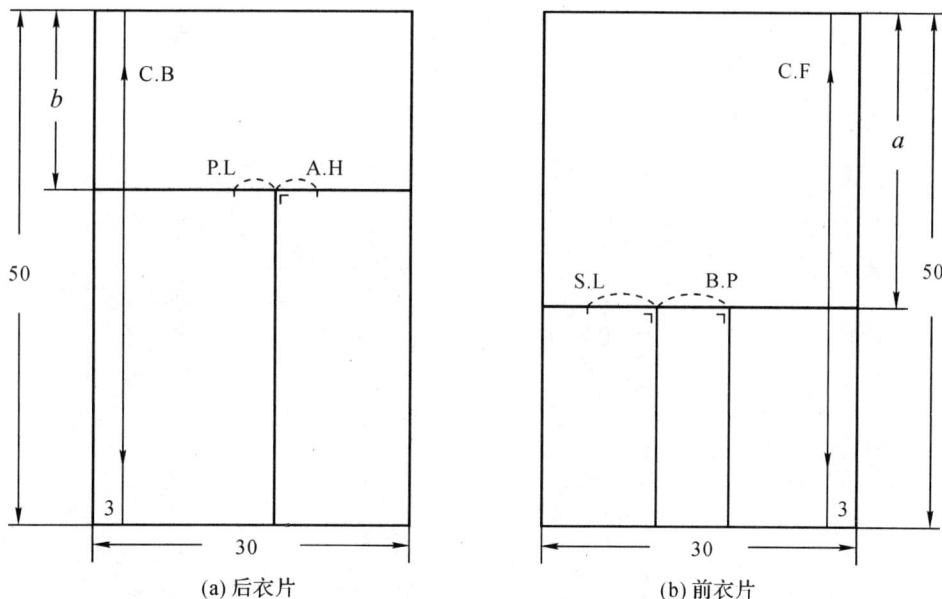

图3-2 在前后衣片的白坯布上画丝缕标示线

前衣片经向丝缕线在前中线上,其距布边3cm;纬向丝缕线在胸围线上,将布料披覆在人台上,依据人台胸围线取点(注意在侧颈点留3cm左右缝头,从侧颈点至胸围线的距离记为 a),然后通过该点作前中线的垂线。过胸高点 B.P 及 B.P 与侧缝线 S.L 的中点作胸围线的垂线,将该两线作为辅助经向丝缕线。

后衣片经向丝缕线在后中线上,其距布边3cm;纬向丝缕线在后横背宽线上,将布料披覆在人台上,依据人台后横背宽线取点(注意在侧颈点留3cm左右缝头,侧颈点至后横背宽线距离记为 b),然后通过该点作后中线的垂线。在后横背宽线上过公主线 P. L 与袖窿线 A. H 的中点作后横背宽线垂线,将此线作为辅助经向丝缕线。

实际画好丝缕线的白坯布前、后衣片效果见图3-3。

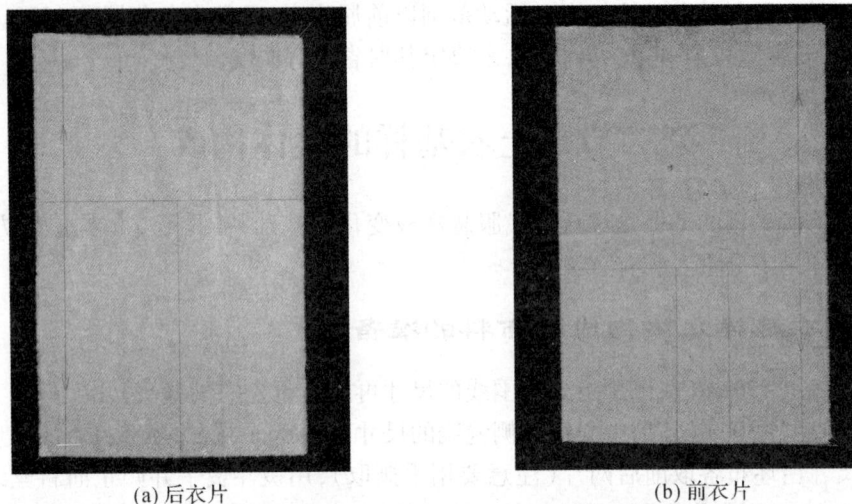

| (a) 后衣片 | (b) 前衣片 |

图3-3 实际画好丝缕标示线的白坯布效果图

二、操作方法

由于人体是左右对称的,所以上衣基样的立体构成只需做一半,一般操作右衣片。

1. 前衣身

前衣身基样的立体构成步骤如图3-4(1)~(12)所示。

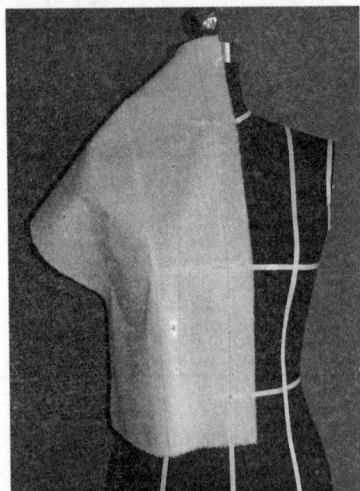

(1)将前衣片的标示线与人台的相应标示线对齐,贴合,并用大头针固定前中心线与胸围线。

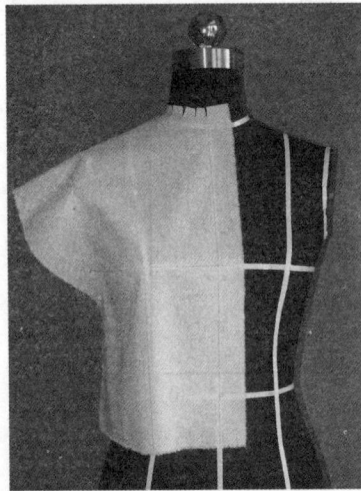

(2)剪去领口多余布料,并用剪刀作放射状剪入。

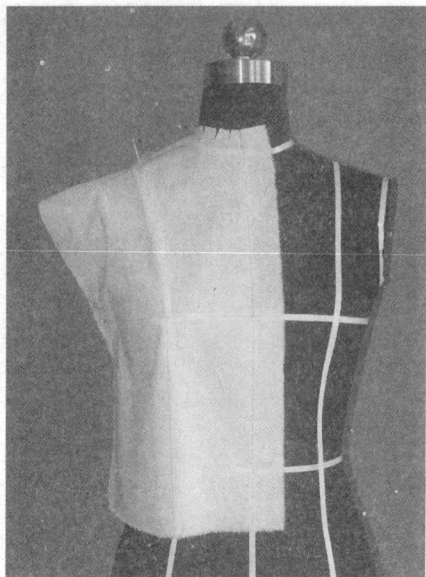

(3)由于胸部是突起的，所以将布料从肩部向袖窿及侧缝自然平服地推抚，会在腰部产生很多的余量。用手整理出胸部以上至肩部的多余量，作为肩省。

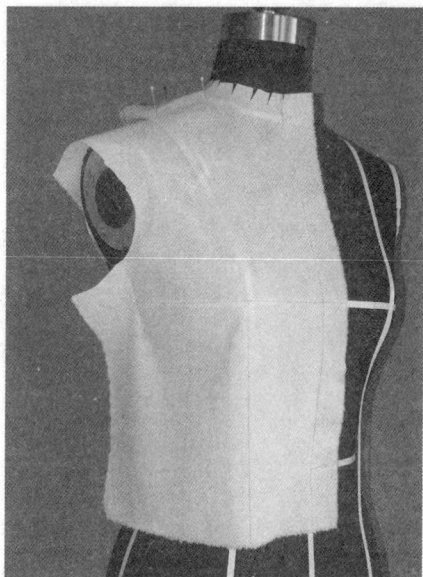

(4)在侧缝线上离胸围线往上2cm处作为袖窿线，留出3cm后剪出袖窿。

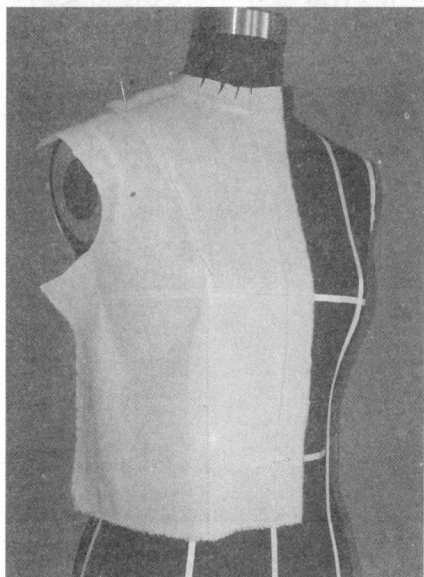

(5)重新整理固定肩线，用大头针固定。

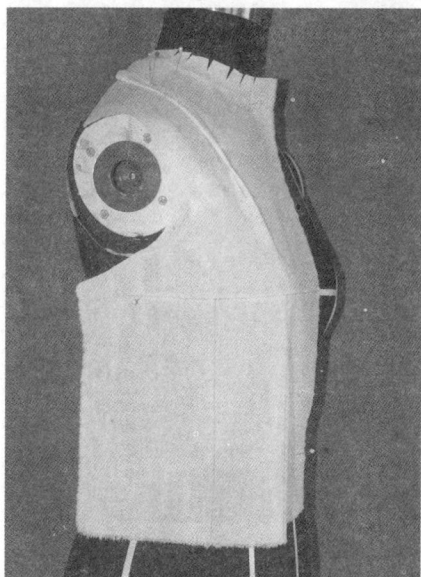

(6)推出前胸适当松份，把布料在侧缝贴合，使之自然服帖。

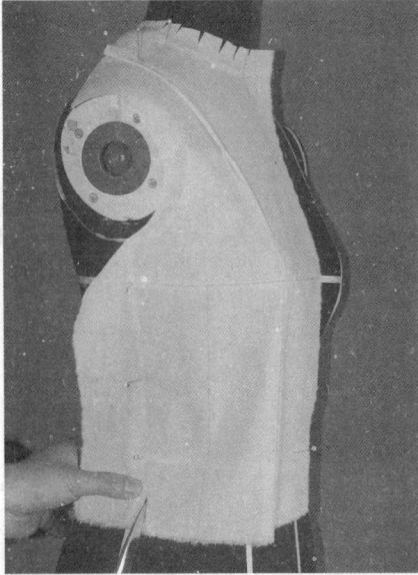

(7)检查辅助经向丝缕线，使之从胸围线垂直而下。用大头针固定腰线，并在缝头处剪入刀口。

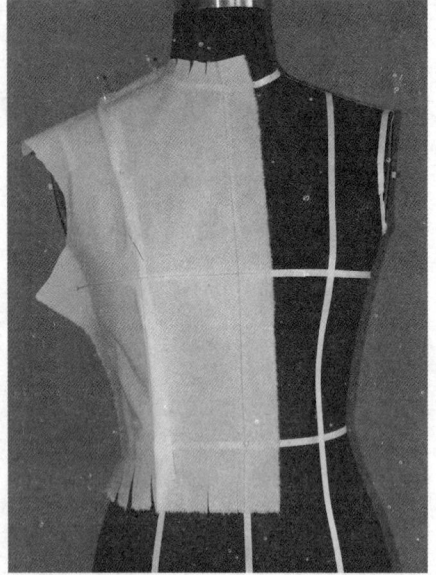

(8)捏出腰部多余量作为腰省，用大头针固定。然后根据人台的标示线固定侧缝。

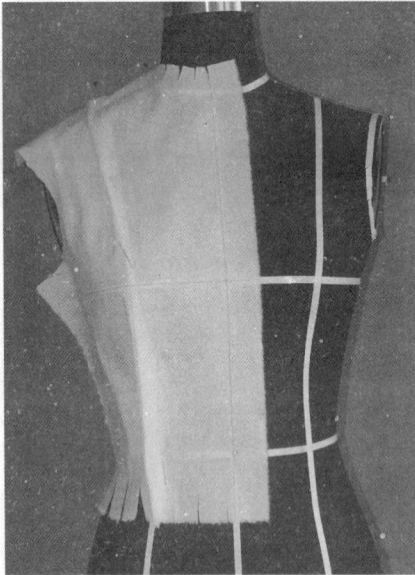

(9)用铅笔在领口、肩线、袖窿、侧缝、腰线取若干点。

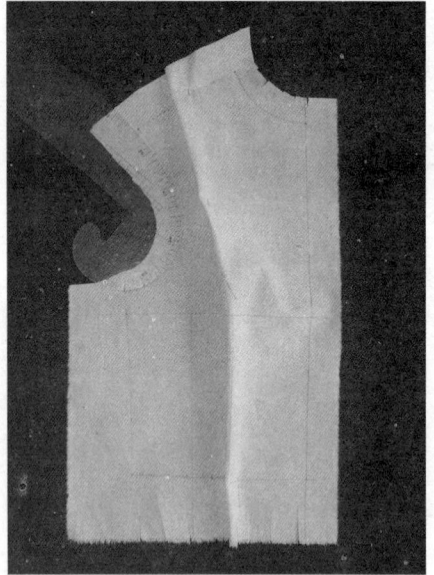

(10)取下前衣片，用铅笔连接各点。

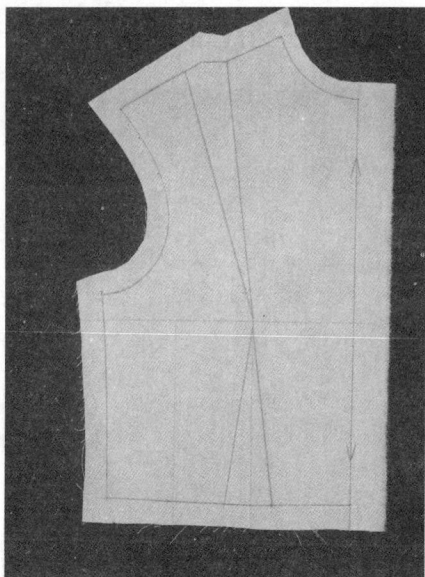

(11)在领口处留1cm缝头，其余处留2cm缝头用剪刀修剪。

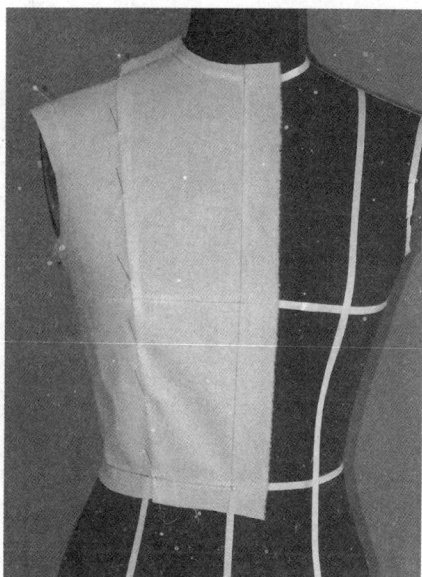

(12)用大头针别住省道，将前衣片与人台复合。

图3-4　前衣身基样的操作步骤

2. 后衣身

后衣身基样的立体构成步骤如图3-5(1)～(8)所示。

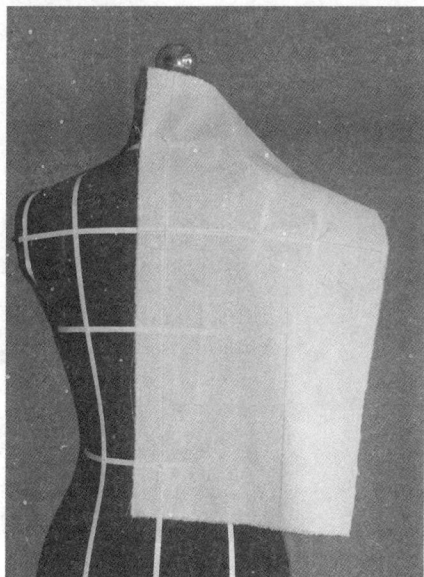

(1)将后衣片的标示线与人台的相应标示线对齐，贴合，并用大头针固定后中心线与后横背宽线。

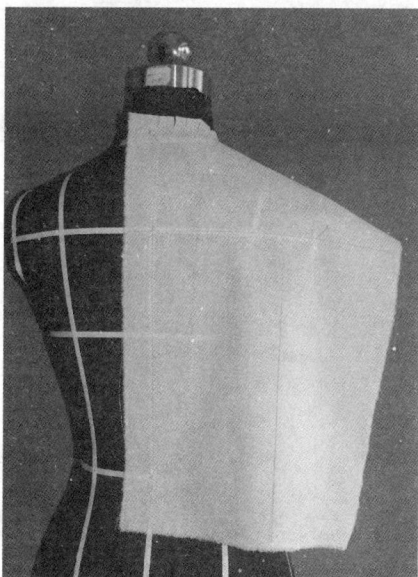

(2)剪去领口多余布料，并用剪刀作放射状剪入。

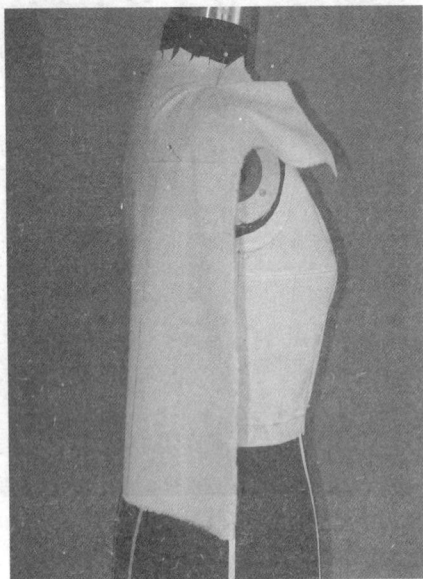

(3)抚平后横背宽线以上部位，将多余量在肩部捏出省道，用大头针固定。

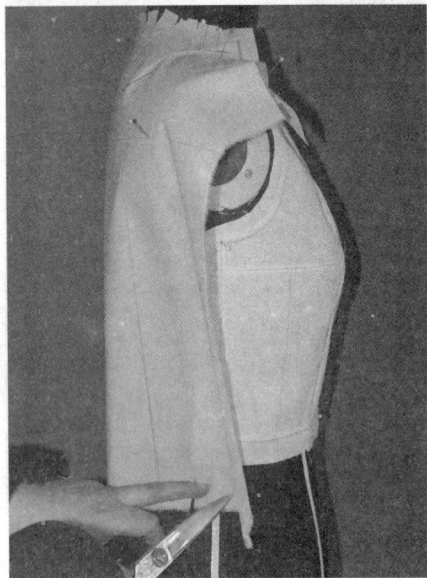

(4)检查辅助经向丝缕线，使之从后横背宽线垂直而下。用大头针固定腰线，并在缝头处剪入刀口。

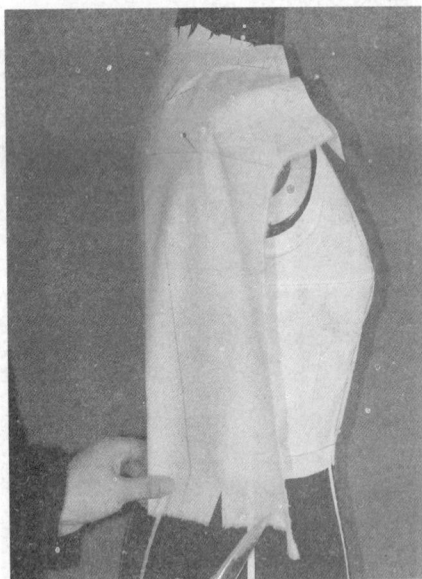

(5)捏出腰部多余量作为腰省，用大头针固定。

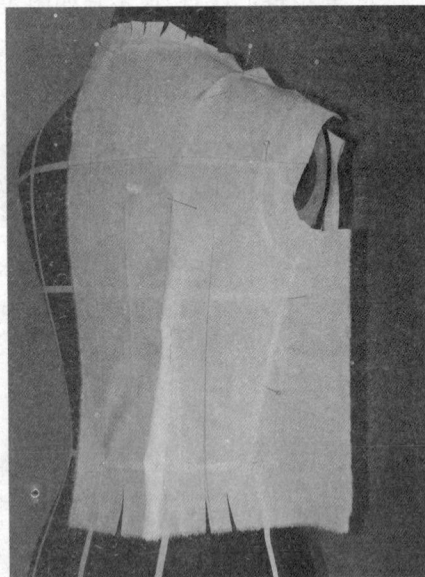

(6)根据人台的标示线固定侧缝。

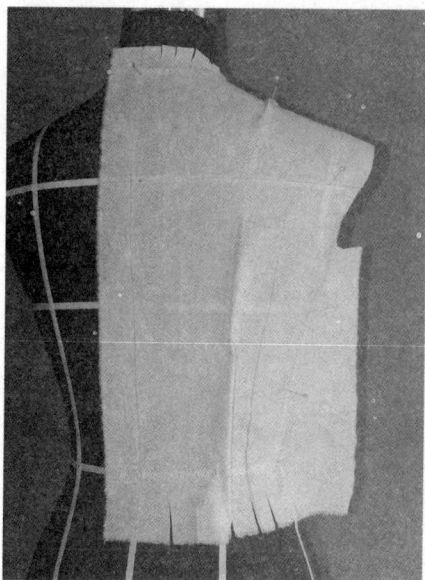

(7)用铅笔在领口、肩线、袖窿、侧缝、腰线取若干点。

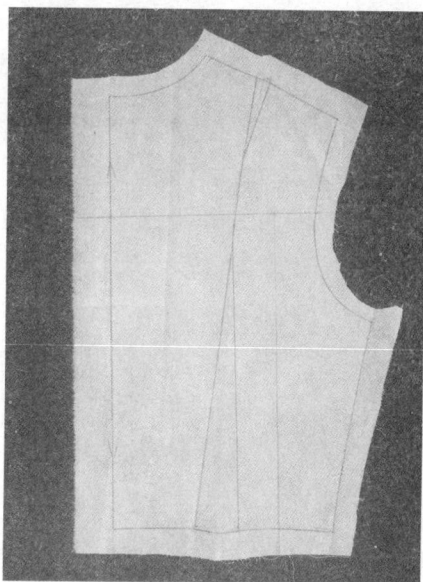

(8)取下后衣片，用铅笔连接各点，在领口处留1cm缝头，其余处留2cm缝头用剪刀修剪。

图3-5 后衣身基样的操作步骤

3. 前后衣身组合、确认

前后衣身的组合、确认步骤如图3-6(1)～(3)所示。

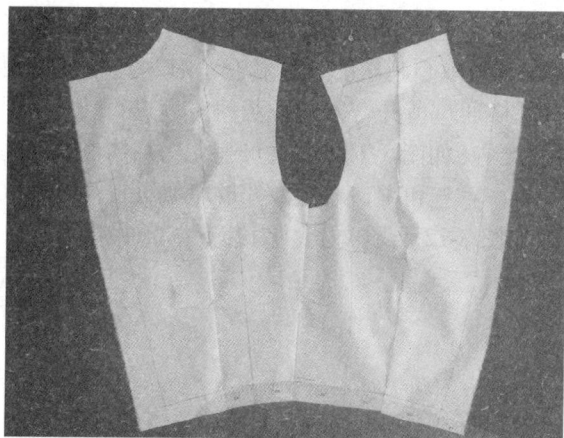

(1)将前后衣片在侧缝、肩线拼合，检查领口弧线、袖窿弧线、腰口弧线连接是否圆顺，然后将后衣片压住前衣片用大头针别住。

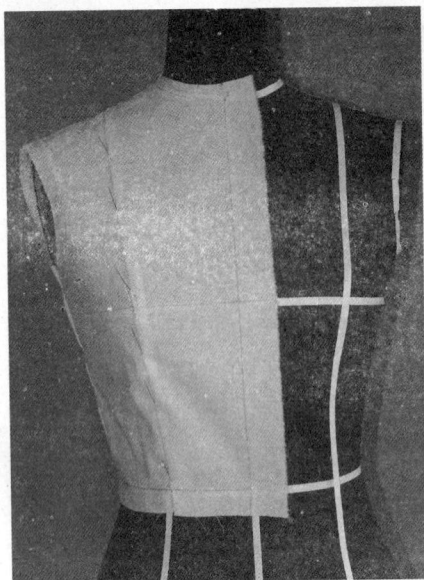

(2)检查前、后衣身是否服贴、自然，若有不满意处应进行补正。前衣身最后穿着效果。

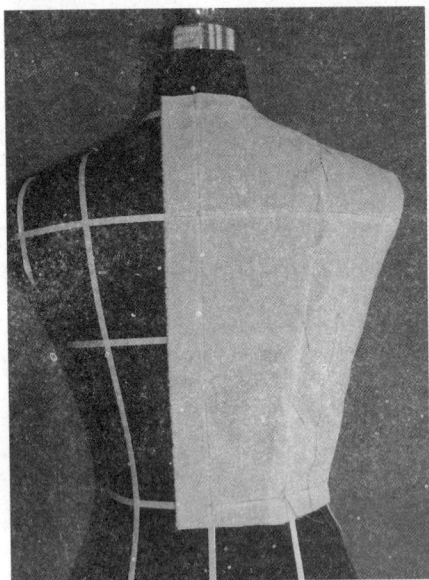

(3)后衣身最后穿着效果。

图 3-6　前后衣身的组合、确认

第三节　应用上衣基样进行省道转移

从上衣基样的立体构成可以看出，要使服装裁剪合身贴体，使平面状布料体现高低起伏的人体结构，就必须采用收省工艺。省道在女装中运用十分普遍，尤其是衣身基样的胸省。胸省是以基样的胸高点 B.P 为中心制作的，常用的有领口省、袖窿省、腋下省、门襟省、腰省等多种，它们可应用上衣基样通过剪开合并的方法将省道进行转移，也可以将省道合并与分散。基样中省道有肩省和腰省（如图 3-7 所示），可变化为肩省和腋下省（如图 3-8 所示）、肩省和袖窿省（如图 3-9 所示）、肩省和领口省（如图 3-10 所示）、肩省和门襟省（如图 3-11 所示），也可以合并为腰省（如图 3-12 所示），合并为腋下省（如图 3-13 所示）。

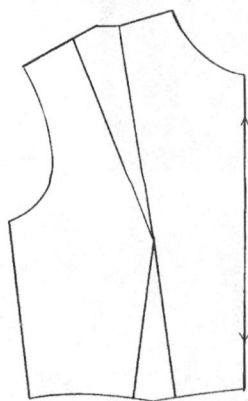

图 3-7　有肩省和腰省的基样

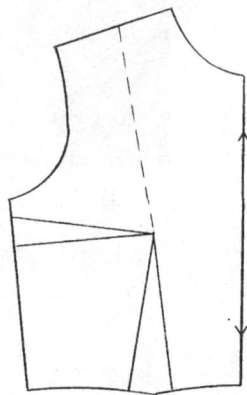

图 3-8　可变化为肩省和腋下省

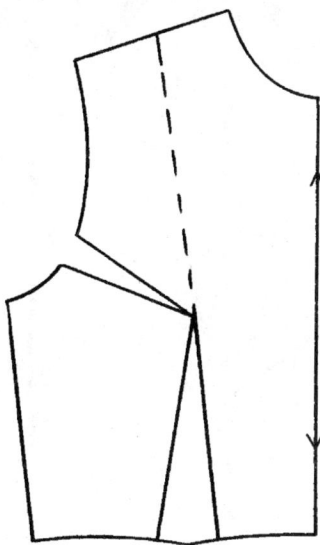

图 3-9　肩省和袖窿省

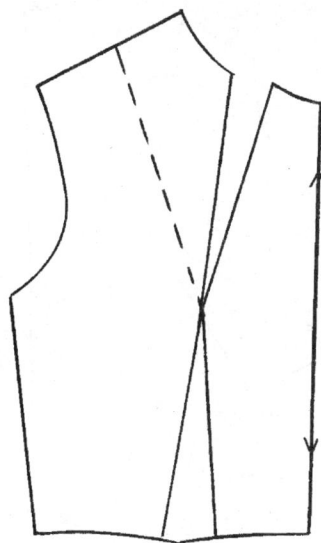

图 3-10　肩省和领口省

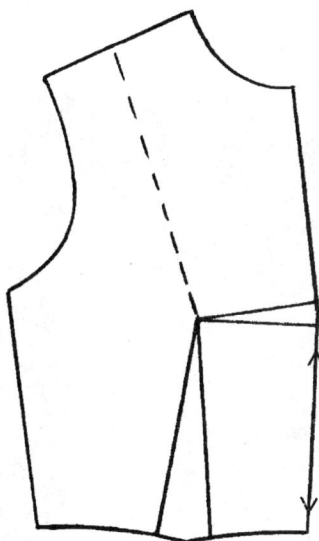

图 3-11　肩省和门襟省

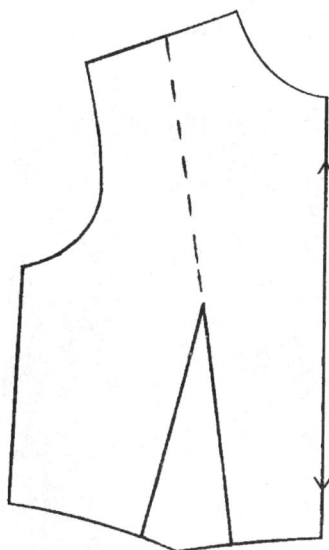

图 3-12　合并为腰省

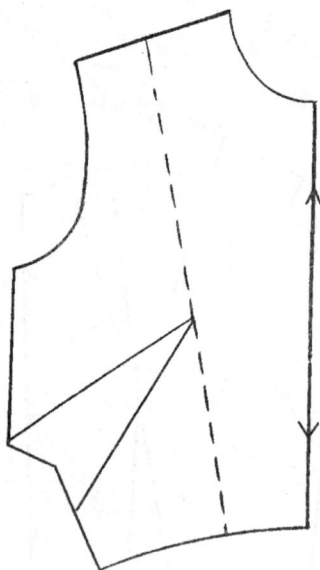

图 3-13　合并为腋下省　　　　　　图 3-14　合并为腋下省的款式图

以上是应用上衣基样进行各式省道转移,同样也可以用立体构成的方法进行省道转移,下面举一实例。

图 3-14 所示为合并成腋下省的款式,布料准备与第二节上衣基样立体构成的布料的准备相同,其操作过程如图 3-15(1)～(6)所示。

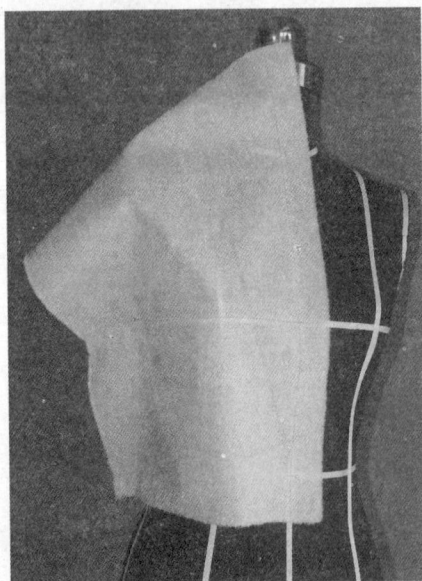

(1)将前中心线和胸围线与人台对合。　　　　　(2)剪去领口多余部分。

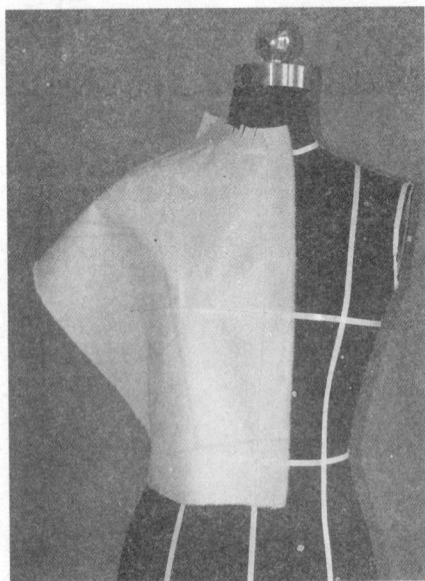

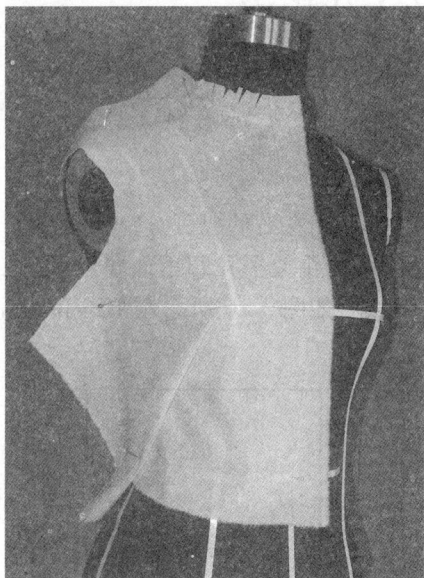

(3)自领口、肩膀轻轻地将布料抚平直至侧缝，留2～3cm缝头修剪肩线与袖窿弧线。

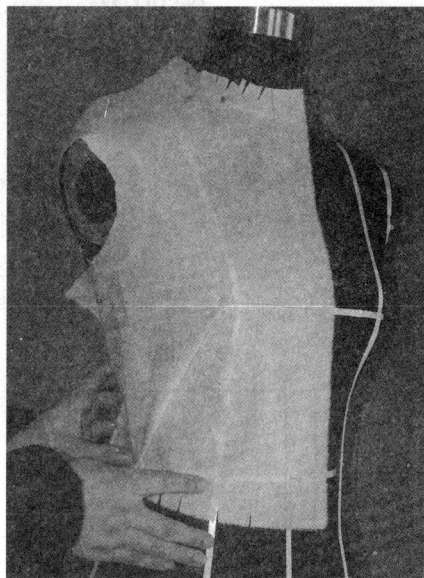

(4)在腰口剪入刀口，并抚平腰部多余量至侧缝。

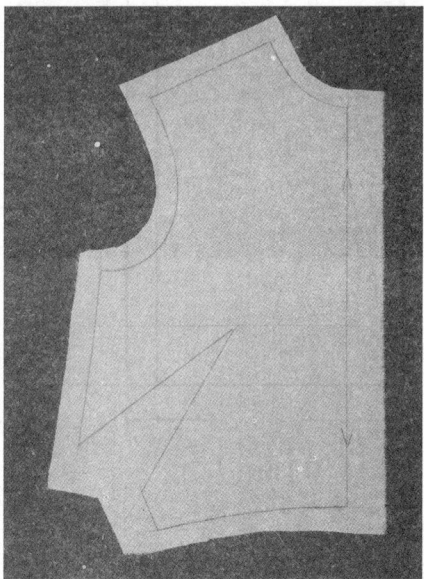

(5)用铅笔在领口、肩线、袖窿、侧缝、腰线取若干点，然后取下衣片，用圆顺的弧形连接各点，再在领口处留1cm缝头，其余各处留2cm缝头用剪刀修剪。

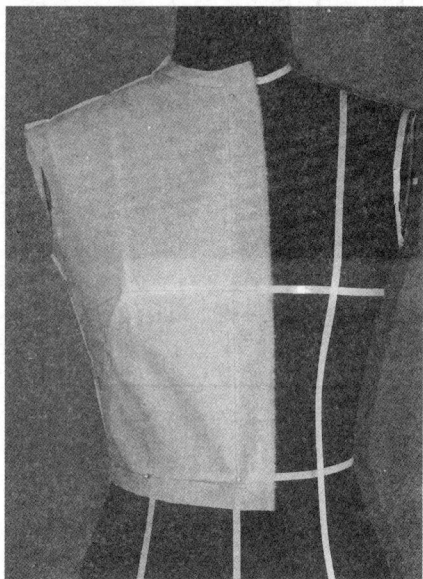

(6)用大头针别住省道，将前衣片与人台复合。

图3-15 用立体构成合并为腋下省

第四节　裙子基样的立体构成

一、布料准备

长度:前后各60cm(裙长尺寸再加5cm左右的缝头)。

宽度:前后各30cm(从前中心线到侧缝线的尺寸再加8cm左右的缝头)。

以上尺寸白坯布各取前后两片(注意要用手撕取),用熨斗烫平并归正面料丝缕(注意熨斗不要喷水,否则布要变硬,会损害布料的柔软度)。然后如图3-16所示用HB铅笔画丝缕标示线。

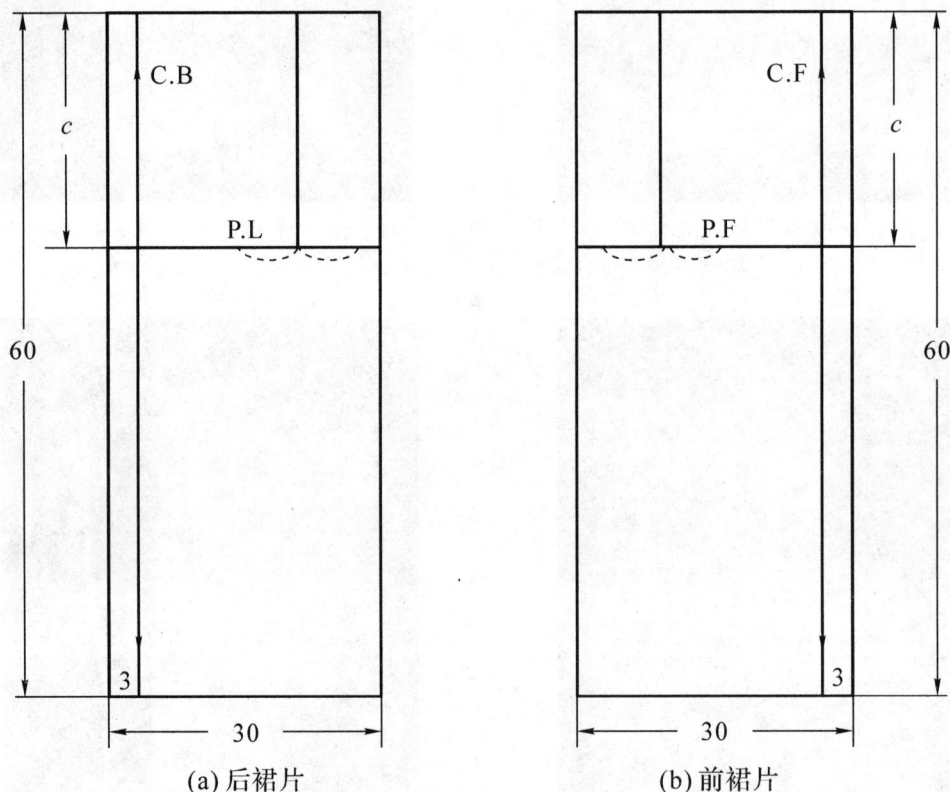

图3-16　裙片取料图

前裙片经向丝缕线在前中线上,其距布边3cm;纬向丝缕线在臀围线上,将布料披覆在人台上,依据人台臀围线取点(注意在腰口留4cm左右缝头,从上平线至臀围线距离记为c),然后通过该点作前中线的垂线。在臀围线上从公主线P.L与侧缝线的中点作臀围线的垂线,将此线作为辅助经向丝缕线。

后裙片经向丝缕线在后中线上,其距布边3cm;纬向丝缕线在后臀围线上,将布料披覆在人台上,依据人台后臀围线取点(注意在腰口留4cm缝头,从上平线至臀围线距离记为c),然后通过该点作后中线的垂线。在臀围线上从公主线P.L与侧缝线的中点作臀围线的垂线,将此线作为辅助经向丝缕线。

实际白坯布前后裙片效果分别见图 3-17(a),(b)。

 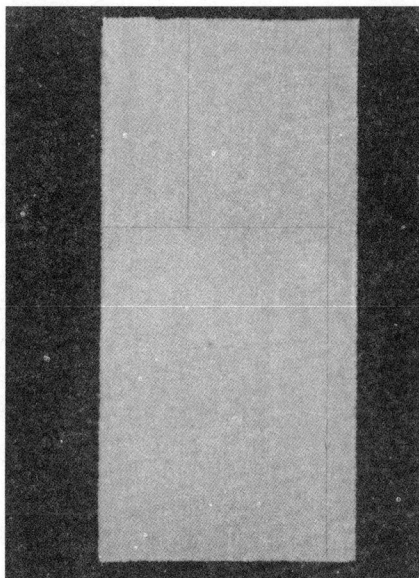

(a) 前裙片   (b) 后裙片

图 3-17 实际白坯布前后裙片效果

二、操作方法

1. 前裙身

前裙身基样的立体构成步骤如图 3-18(1)～(5)所示。

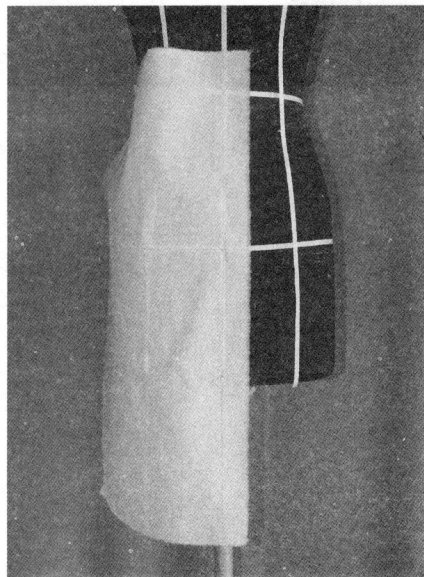 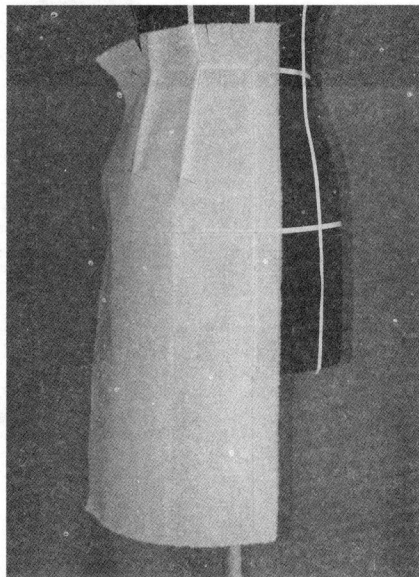

(1)将前裙片的标示线与人台相应标示线对齐，贴合，并用大头针固定前中心线与臀围线。注意在臀围线处保持水平，并留1cm的松量。

(2)将辅助经线丝缕线垂直向上，在腰口捏出两个腰省。

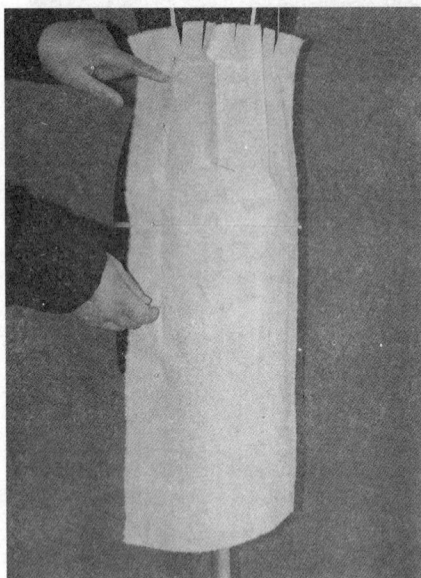

(3)按照人台标示线固定侧缝线。

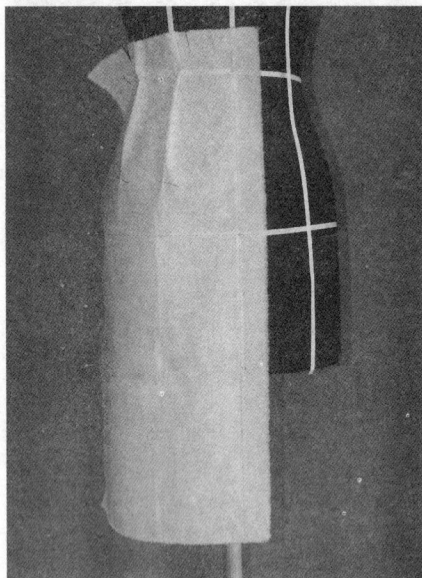

(4)用铅笔在腰线、侧缝、省道取点。

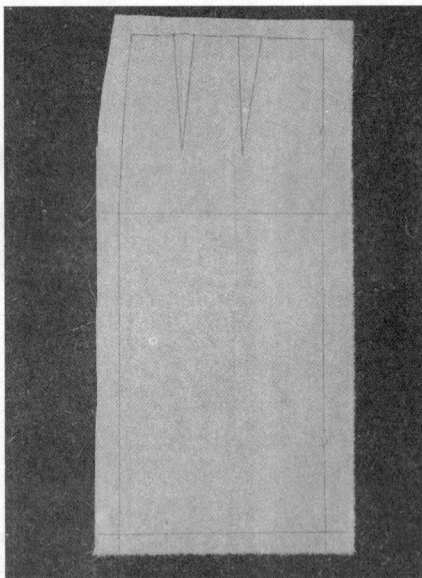

(5)取下前裙片，用铅笔连接各点，
在腰口处留1cm缝头，侧缝处留2cm
缝头用剪刀修剪。

图3-18　前裙身基样操作步骤

2. 后裙身

后裙身基样的操作步骤如图3-19(1)～(7)所示。

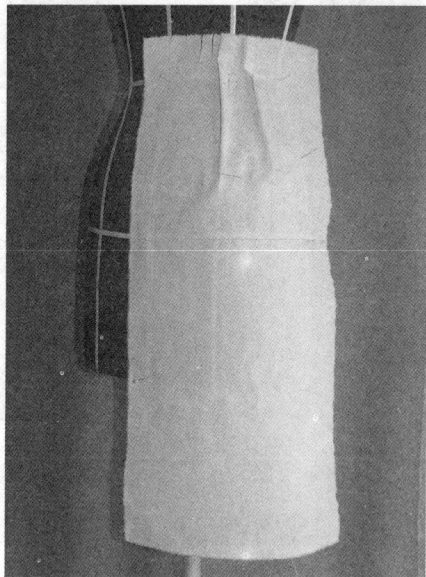

(1)后裙片的处理方法与前裙片相同，图中是为后裙片捏出两个腰省。

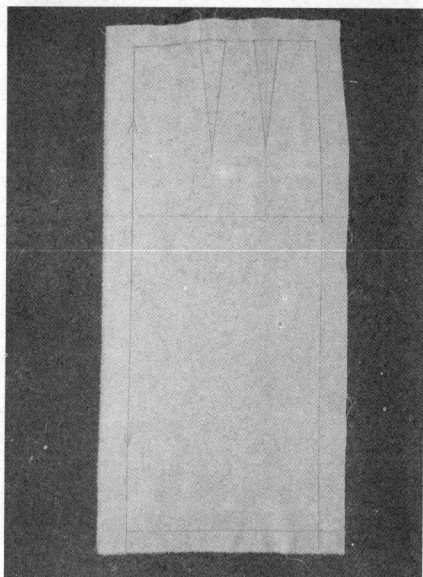

(2)取下后裙片，用铅笔连接各点，在腰口处留1cm缝头，侧缝处留2cm缝头用剪刀修剪。

(3)将前后裙片在侧缝处拼合，检查腰口弧线、底摆弧线连接是否圆顺。

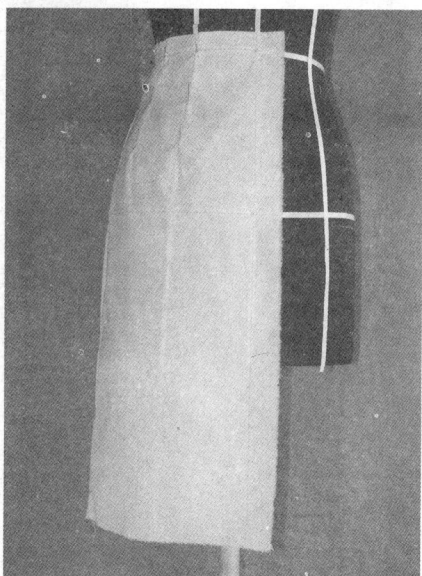

(4)检查前裙身是否服贴、自然，若有不满意处进行补正。

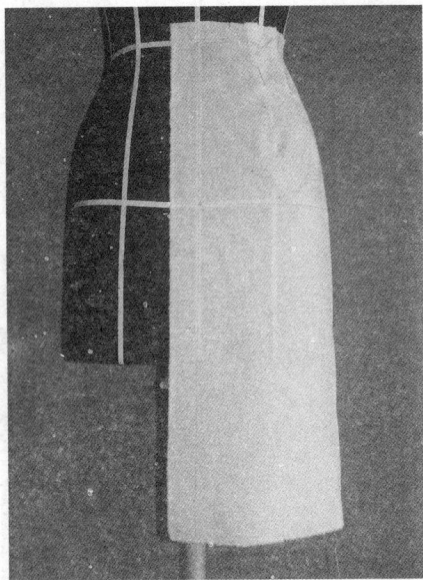

(5)检查后裙身是否服帖、自然，若有不满意处进行补正。

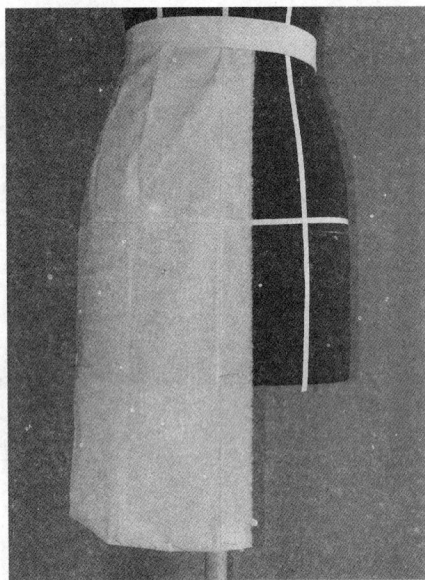

(6)装裙腰，并确定裙子的长度。前裙身最后穿着效果。

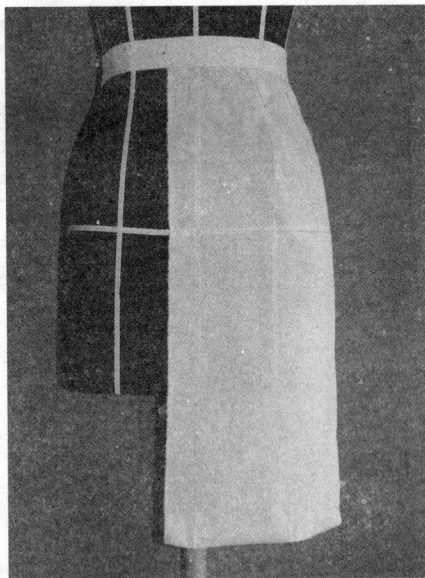

(7)后裙身最后穿着效果。

图3-19　后裙身基样立体构成操作步骤

第五节 应用裙子基样进行省道转移

从裙子基样的立体构成可以看出,要使裙子在腰臀部合身贴体,就必须在腰部采用收省工艺。省道的大小依据人体的臀腰差,而其位置与形式可根据款式的需要而不同。图3-20所示为具有两个省道的裙子基样,它可以以一个省道的形式体现,即将其中一个省量的一半加到留下的省道,另一半在侧缝处劈去(如图3-21所示);也可以将省道转移至横向剖缝线中(如图3-22所示)。

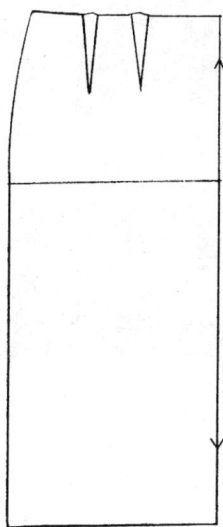

图3-20 两个省道的裙子基样   图3-21 转移成一个省道

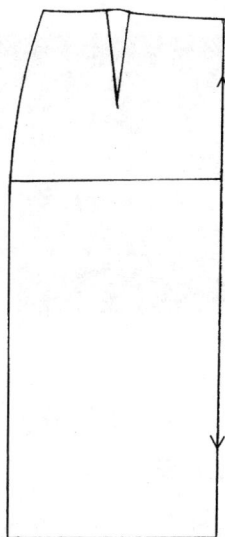

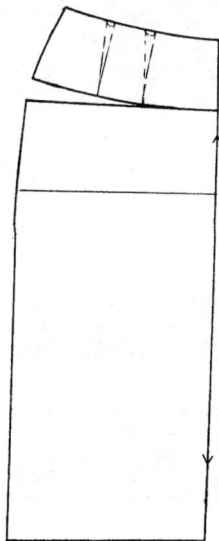

图3-22 转移至横向剖缝中   图3-23 腰省转移至横向剖缝线的款式图

裙子基样省道转移同样可以用立体构成的方法得到,下面举一实例。

一、布料准备

图3-23所示为将腰省转移至横向剖缝线的款式,布料准备见图3-24与图3-25。图3-24所示为裙子上裁片,经向丝缕方向取20cm,横向丝缕方向取30cm;图3-25所示为裙子下裁片,经向丝缕方向取60cm,横向丝缕方向取50cm。

图3-24　裙子上裁片

图3-25　裙子下裁片

二、操作方法

操作过程如图3-26(1)~(7)所示。

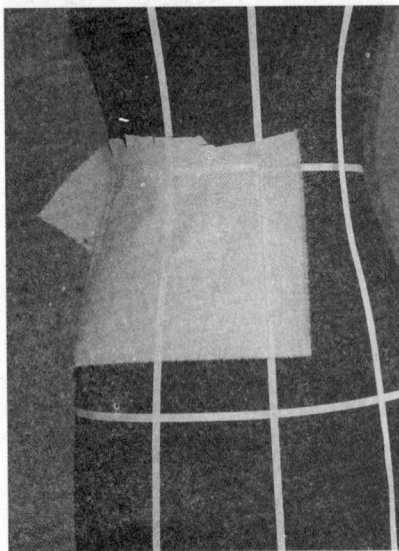

(1)将裙子上裁片的前中心线与人台对合,在腰部剪入刀口,并使布料贴合立体的人台。

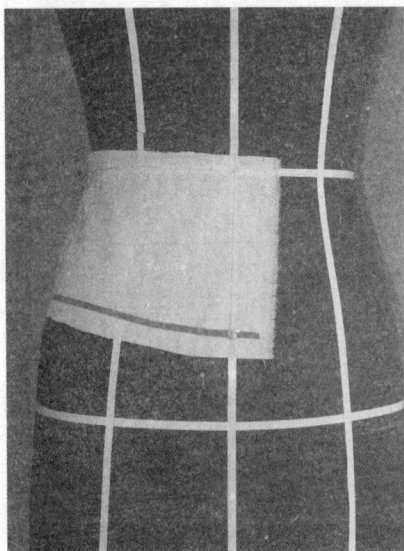

(2)据款式效果图,标出分割标示线。

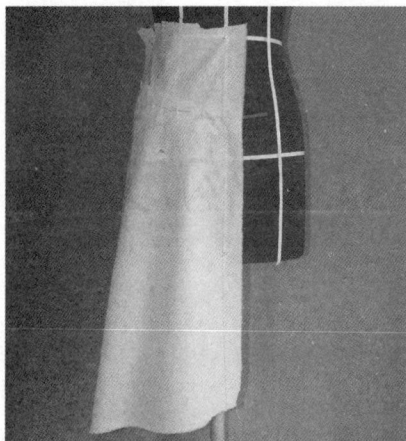

(3)根据款式效果图，用裙子下裁片作接在标示线下的小A裙。用铅笔在腰线、侧缝线、分割线处取点。

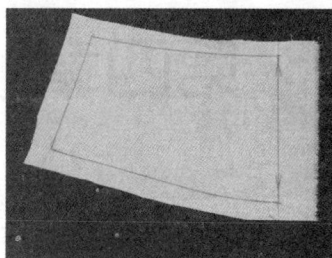

(4)连点成线，得到上裙裁片。

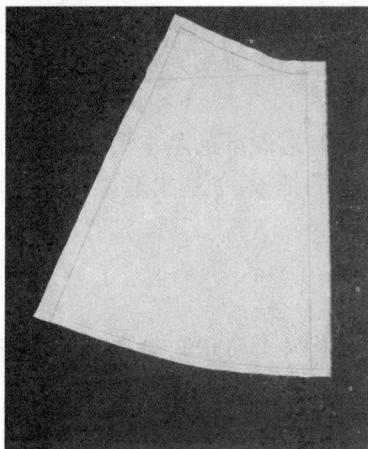

(5)连点成线，得到下裙裁片。

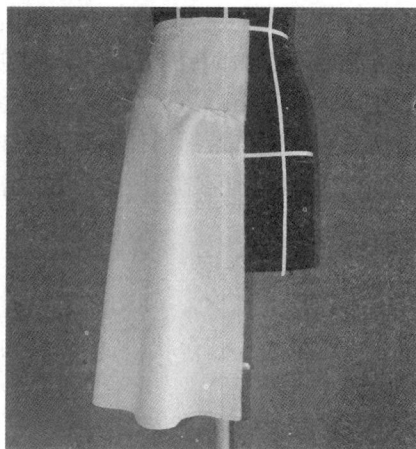

(6)将上下两裙子裁片用大头针别合，与人台复合。

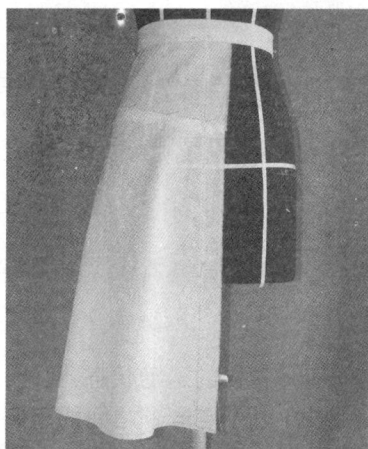

(7)装裙腰，并确定裙子的长度。

图3-26　裙子基样省道转移示例

第四章　领的立体构成

第一节　颈部特征与领的关系

　　"领"在中文里的意义与"颈"相通，它是穿在颈部的服装细节，最接近人的脸面，是给他人印象最深刻的地方，有人称衣领为陪衬服装的灵魂。因此，仔细裁剪并修正领型非常重要。

　　领的造型和裁剪与颈部形体特征有着直接的关系，只有对颈部的基本形状和活动规律进行了全面的了解，才能在设计和裁剪中增强对领的造型的把握，创造出造型优美、形态各异的领型。

一、颈部形状

　　颈部呈上细下粗的圆台状，从侧面看，略向前倾斜（如图 4-1 所示），颈根部的横断面与桃形相似（如图 4-2 所示）。

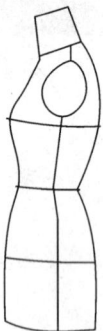

图 4-1　颈部向前倾斜　　　　　　　　图 4-2　颈根部横断面

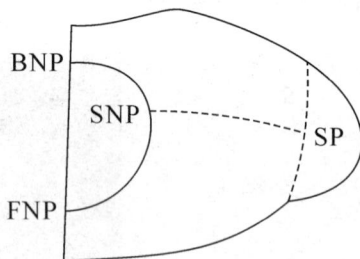

二、各种领子与颈部的关系

　　颈部不是静止的圆台状，它有各种各样的运动状态，因此，设计和制作领子时，除了考虑领子的美观，还要考虑领子的功能性。领子与脖颈之间的距离、领子（领座）的高度，是衡量领子舒适度的参考量。如图 4-3 所示，B 越大，领子的舒适度越好，但是，B 太大了，领子造型的美感相对来说就要差一些。在制作领子时要把两者协调好。

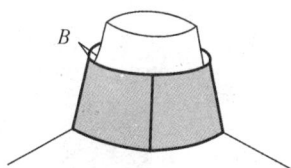

(a) 立领与脖颈的关系

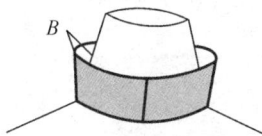

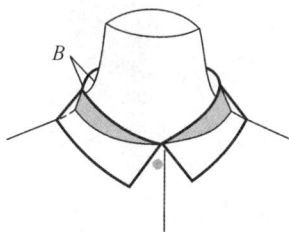

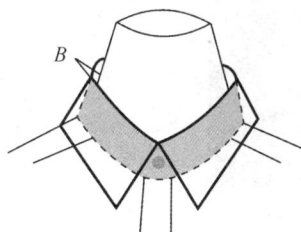

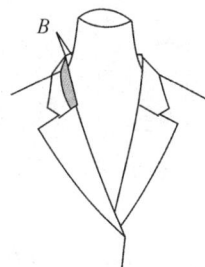

(b) 翻领与脖颈的关系   (c) 企领与脖颈的关系   (d) 驳领与脖颈的关系

图 4-3 领子与脖颈的关系

第二节 立领类的立体构成

一、中式立领的立体构成

1. 款式特征

中式领是一种沿着颈部竖立的领子(如图 4-4 所示)。由领子的高度、领与颈部之间距离不同可以形成很多不同的造型。中式领一般可以运用在旗袍类中式服装和时装中。

2. 布料准备

中式领的装领线可以基础领窝为准。取长 = 基础领窝(N)/2 + 5cm(预留量),宽 = 领宽(n)+ 6cm 的经向白坯布(如图 4-5 所示)。

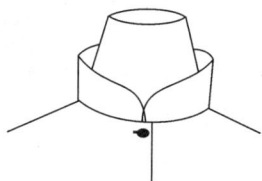

图 4-4 中式立领

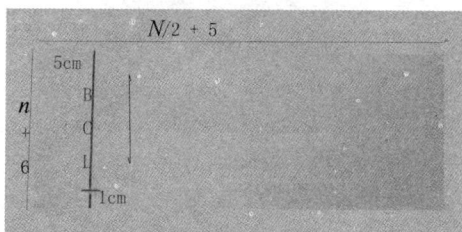

图 4-5 立领的布料

3. 操作方法

操作方法如图 4-6(1) ~ (10)所示。

(1)在人体模型上做衣身。

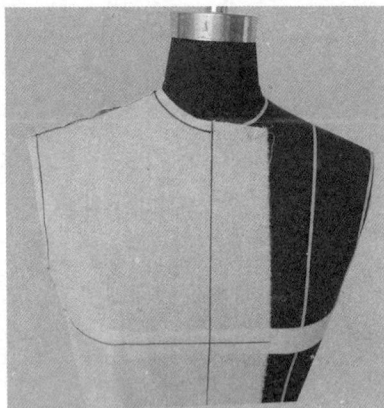

(2)在前衣身上确定前领窝弧线。

(3)在后衣身上确定后领窝弧线。

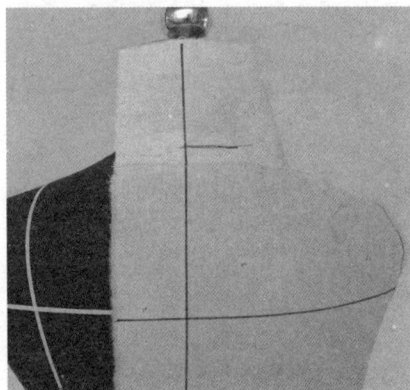

(4)沿衣身后中线固定布片中折线(BCL)。

(5)沿衣身领线将平布片纬向，使布片与颈部始终保持平行。

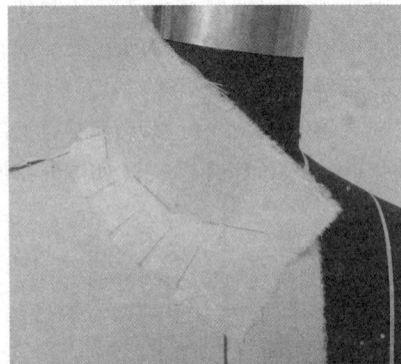

(6)领布料的下口线沿领窝线打剪口。

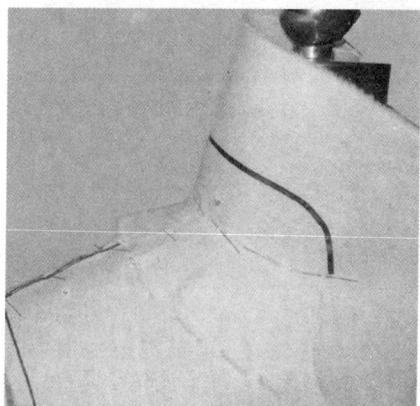

(7)在领上口作立领造型线，于领窝处做出标记点。

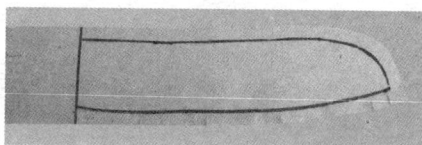

(8)将领子从人台上取下，领窝处连点成线，领外口线与标识线一致，所有线条修整圆顺，修剪领片多余量，并放出缝份。

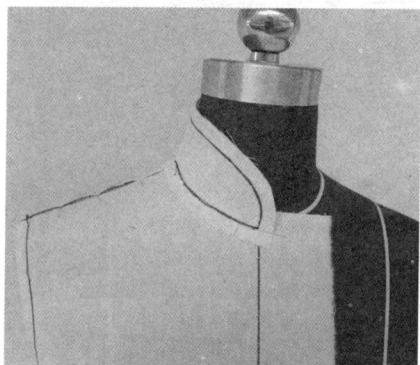

(9)将修剪后的领片放回人台，检查其造型、合体度，中式领裁片应与脖颈始终保持平行。

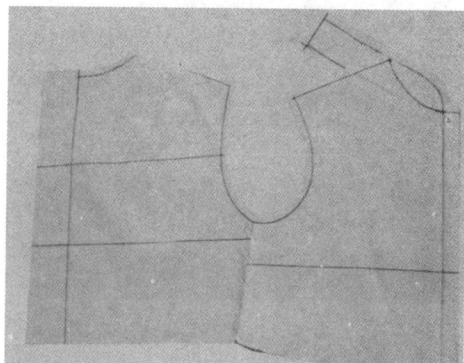

(10)将衣身和领片从人台上取下来铺平，拓成纸样。

图4-6 中式立领立体构成操作步骤

二、变化单立领的立体构成

根据外领口与领下围的关系、领子的高度、领角的形状，可以做成不同的立领造型。领上口比装领线小的情况，为已述的中式立领。还有两种变化的立领，即领上口与装领线相等的立领和领上口比装领线大的立领。

变化单立领的操作(取布同中式立领)步骤如图4-7(1)～(6)所示。

三、连身立领的立体构成

1. 款式特征

连身立领的款式造型为衣领和衣身相连，款式典雅，多用于春秋装(如图4-8所示)。

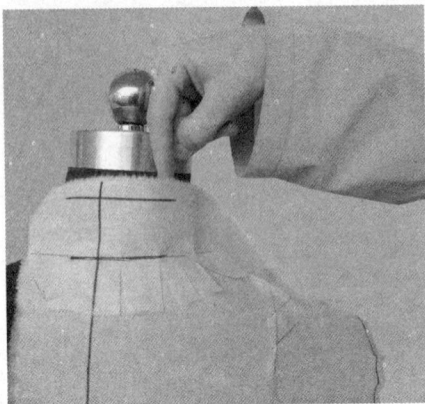

(1)沿衣身后中线固定布片后中折线，沿衣身领线将平布片纬向，使外领口与颈部的距离始终保持相等，领布的下口沿领窝线打剪口。

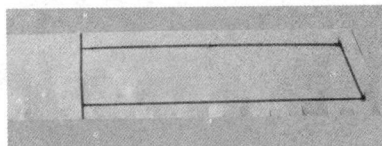

领上口和装领线相等

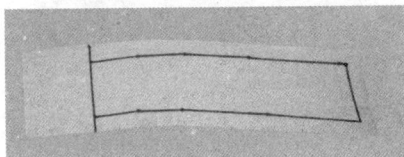

领上口大于装领线

(2)在领上口线作好造型线后，在领窝处做出标记点，取下领片修正并放出缝份。

(3)领上口和装领线相等的背面图。

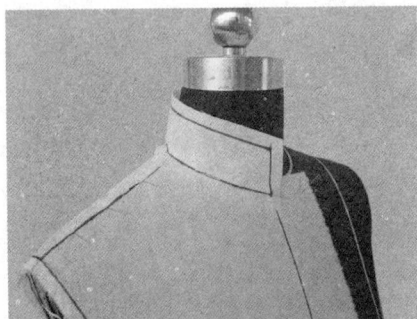

(4)领上口和装领线相等的正面图。

(5)领上口大于装领线的侧面图。

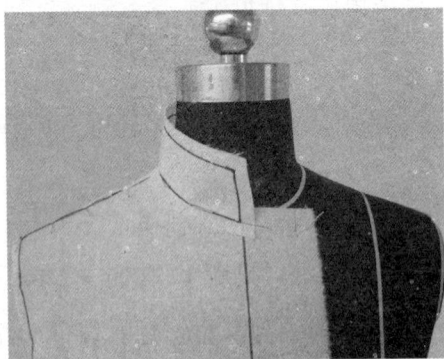

(6)领上口大于装领线的正面图。

图 4-7　变化单立领的操作步骤

2. 布料准备

取布：取长 = 腰节长 + 10cm（预留量），宽 = $B/4$ + 10cm（预留量）的经向布料两片在布片上画出前后中心线（FCL，BCL），胸围线等基准线（如图 4-9 所示）。

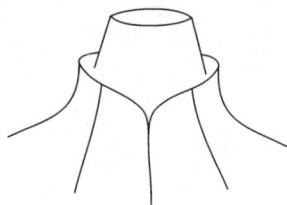

图 4-8 连身立领效果图

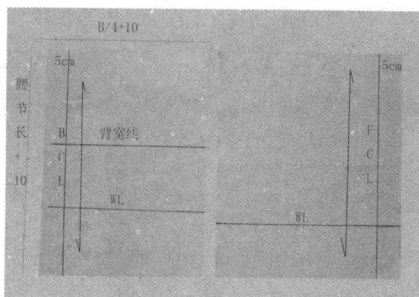

图 4-9

3. 操作方法

连身立领立体构成的操作方法如图 4-10(1) ~ (8)所示。

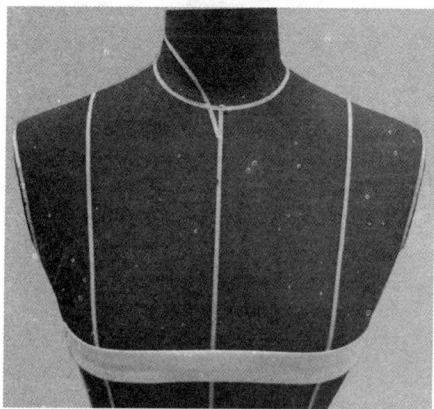

(1)在人台上粘出连身立领大致造型。

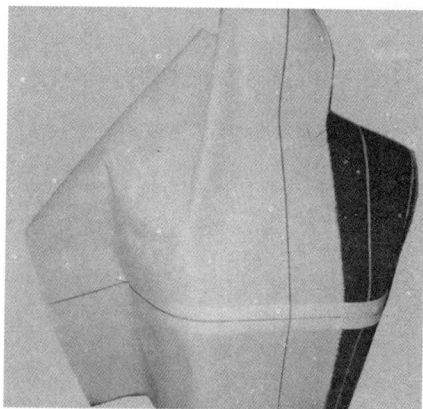

(2)固定前衣片于人台,前中线,胸围线与人台对齐。把布片胸围线以上部位的多余量拔到领口,形成领口省。

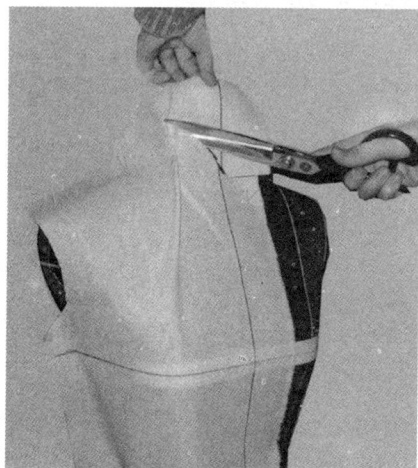

(3)用抓合法捏领口省,使领口贴近颈部(留一定松量)。修剪衣片上的多余量和领口上的多余量。

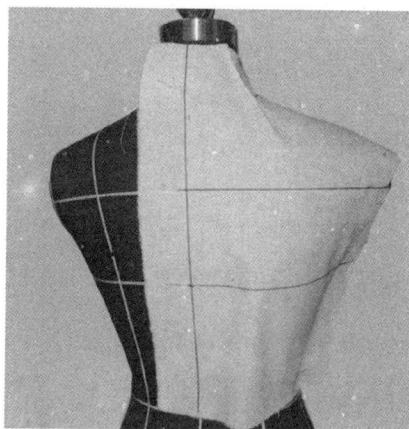

(4)固定后衣片于人台,布片后中线对准人台后中线,布片背宽线对准人台背宽线。余下步骤同前片操作。

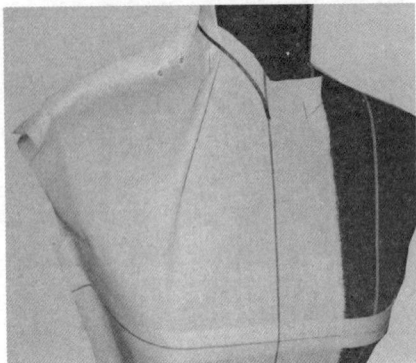

(5)用抓合法合并肩线，用标识线粘出领口造型，用记号笔在领围处、肩线、袖窿、侧缝等处描出标记点。

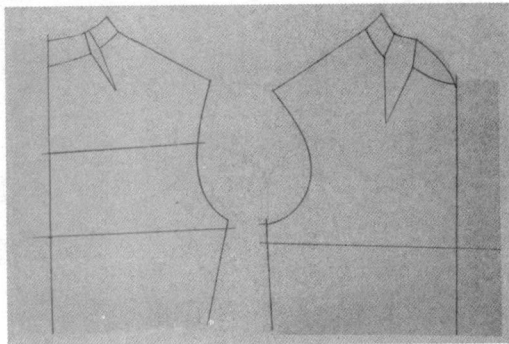

(6)把前后布片取下，连点成线，领外围线与标识线一致，修剪多余量，留出缝份。

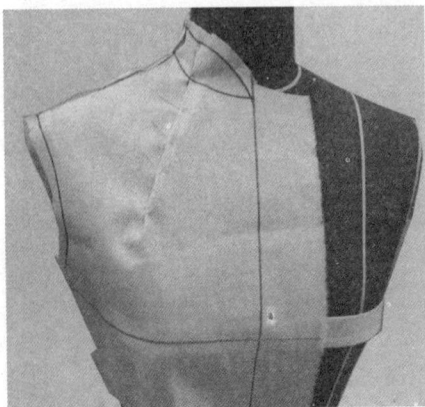

(7)把修正后的衣片放回人台，检验其造型、合体度是否满足要求。完成后的正面图。

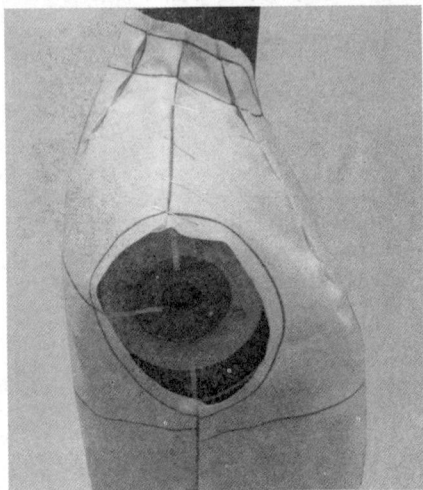

(8)完成后的侧面图。

图4-10　连身立领的立体构成步骤

第三节　翻领类的立体构成

翻领从领片上可以分为一片式翻领(连翻领)和两片式翻领(翻立领)。

一、连翻领的立体构成

1.款式特点

连翻领是一种领面与领座一体的翻折领。领子的外形可以设计成各种造型。穿着时可关可开，领座较高，领面翻下，盖住装领线(如图4-11所示)。

2.布料准备

取布:取长 = $N/2 + 10cm$(预留量)，宽 = 领座宽(n) + 领面宽(m) + 10cm(预留量)的

45°斜丝布料,画出后中线,剪去后领部分下口余量(如图 4-12 所示)。

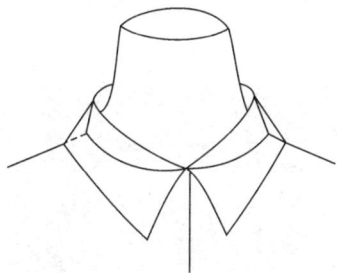

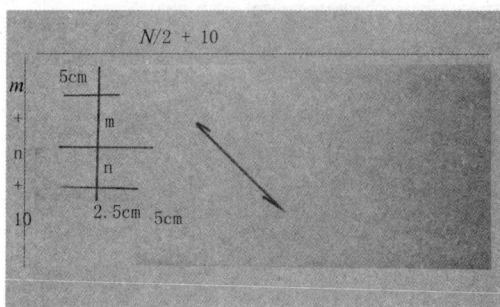

图 4-11　波浪领效果图　　　　　　　　　　　　　　图 4-12

3. 操作方法

连翻领的立体构成操作如图 4-13(1)～(8)所示。

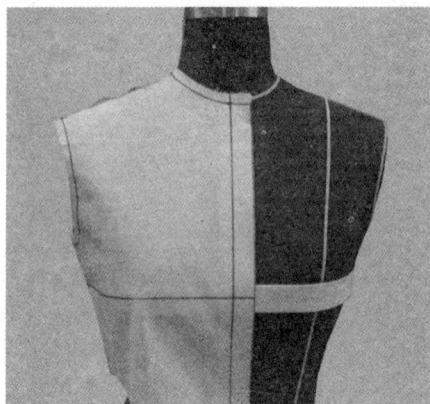

(1)在人台上做出衣身以及领窝弧线造型。

(2)领片布料后中线对准衣身后中线,沿衣身领窝弧线从后中至肩颈点捋平领片布料,领上口留一定松量,领下口打剪口。

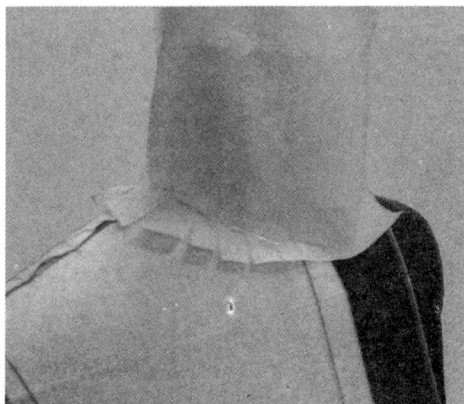

(3)从衣身肩颈点至前颈点捋平领片布料,领上口留一定松量,领下口打剪口。

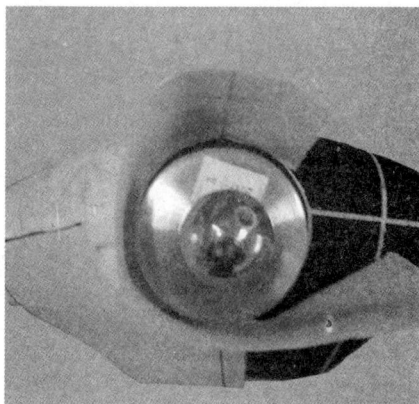

(4)俯视领片,查看领片与颈部之间的松量是否均匀,领片是否平顺,修正请调整领窝处大头针。

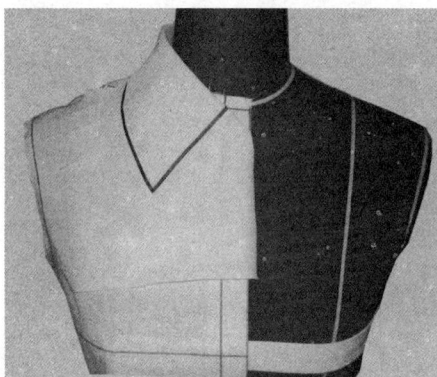

(5)根据设计，在后中线处将布料折下延至前中线，会自然形成翻折线，领片距离颈部有一手指距离，领底部分平顺、无皱褶。检查后在领片的翻领部分用标识线粘出翻领造型。

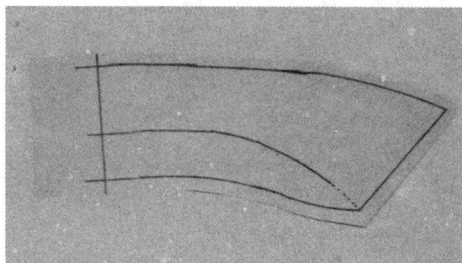

(6)用记号笔在领片上沿领窝画出标记点，取下领片布料，连点成线，上领口和标识线形状一致，修剪余量，并留出缝份。

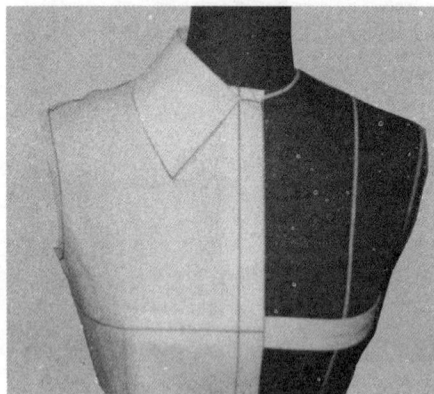

(7)把领片放回衣身固定，检查其造型、圆顺度和合体度。领子各部位应平顺，无皱褶。

(8)把衣身和领片从人台上取下，铺平，拓成纸样。

图4-13　连翻领的立体构成

二、翻立领的立体构成

1.款式特点

翻立领是由领座与翻领组成的,领面部分可以任意造型,翻立领可用于衬衫、中山装、时装等服装中(如图4-14所示)。

2.布料准备

领座取布:取长 = $N/2$ +5cm(预留量),宽 = 领座高 +5cm(预留量)的经向布料。

领面取布:取长 = $N/2$ +10cm,宽 = 领面宽 +8cm(预留量)的45°斜丝布料,并如修剪下领口(如图4-15所示)。

图4-14 翻立领效果图

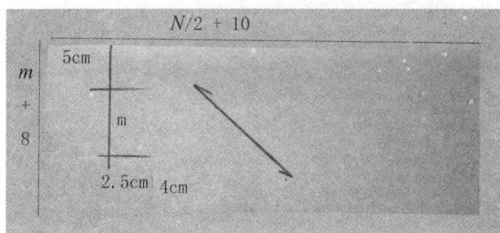

图4-15 领面

3. 操作方法

翻立领的立体构成操作如图4-16(1)~(9)所示。

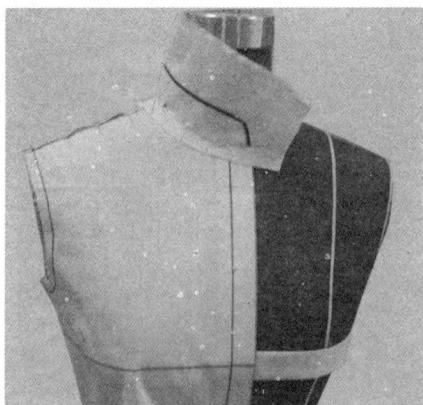

(1)领座操作见中式立领。用标识线
粘出领座上口(即领腰)造型。

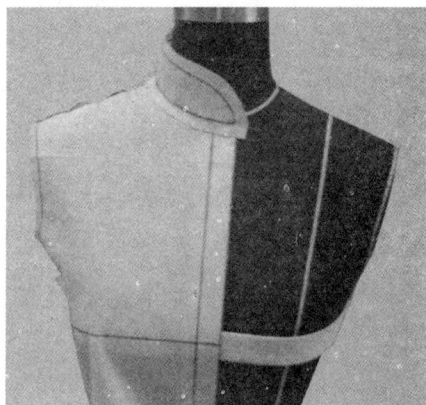

(2)取下领片，修正后放回衣身，领
座与颈部始终保持平行，无皱褶。

(3)领面布片后中线与领底、衣身后中
线对齐固定，沿领腰线将平领面布片。

(4)沿领座领腰弧线从后中至颈侧
处将平领片布料，领上口留一定
松量，领腰处打剪口。

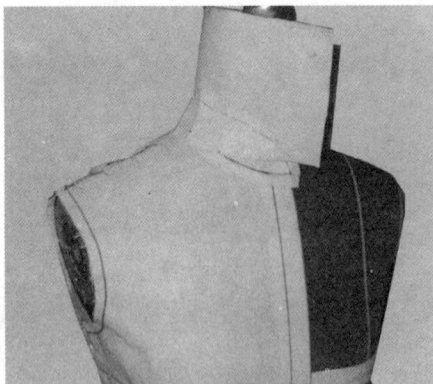

(5)从领颈侧处至前中将平领面布料，领上口留一定松量，领腰处打剪口，完成后查看领座与领面布料对合是否准确，有无皱褶，整个领片与颈部之间的松量是否均匀、平顺。如要修正，请调整领腰处大头针。

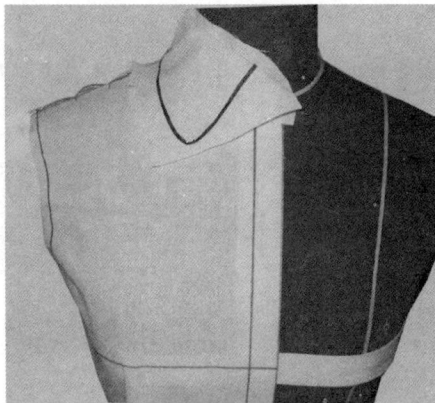

(6)沿领腰翻折领面，并用标识线粘出翻领造型，并用记号笔在领腰处画出标记点。

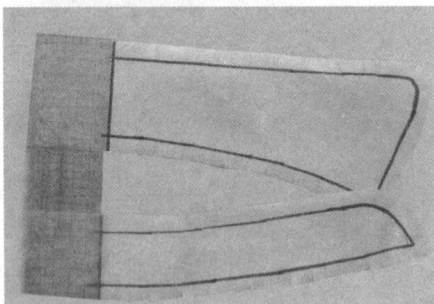

(7)取下领座和翻领布片，连点成线，外领口弧线与标识线一致，平面修正领面，修剪多余量并留出缝份。

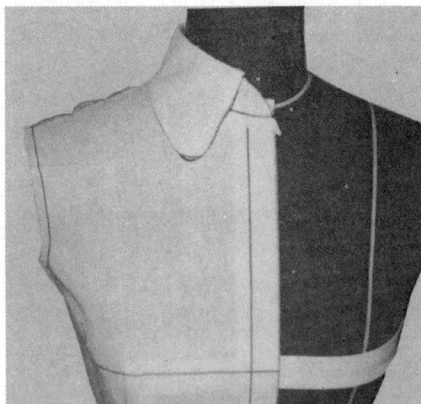

(8)把修正后的领片放回衣身，检验领子的造型、合体度以及圆顺度。领子各部位应平顺、无皱褶。

(9)领子后片造型。

图4-16　翻立领的立体构成操作

第四节 驳领类的立体构成

门襟和翻领向外定性翻驳的领造型称为驳领。驳领由驳头、领座和翻领三部分组成,最常见的有平驳领、戗驳领、青果领等领型。驳领一般用于西服、套装、大衣、连衣裙等服装。

一、平驳领的立体构成

1.款式特征

平驳领在领子与驳领相接处可设计不同角度的开口,领子和驳头的形状可以任意造型,且串口线可高可低(如图 4-17 所示)。

2.布料准备

取布:取长 $= N/2 + 10\text{cm}$(预留量)、宽 $= n + m + 8\text{cm}$ 的 $45°$ 的斜丝布料,在布料上画出后中线和领座、领面基准线(如图 4-18 所示)。

图 4-17 平驳领效果图

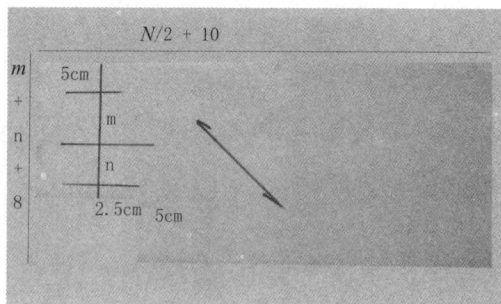

图 4-18

3.操作方法

平驳领的立体构成操作如图 4-19(1) ~ (12)所示。

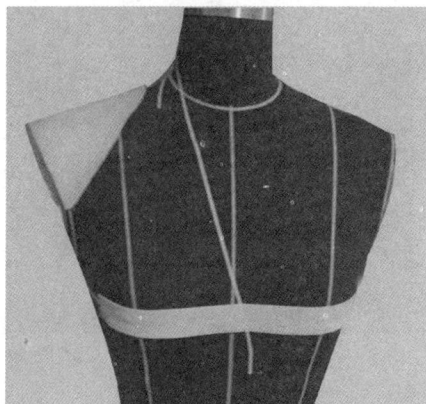

(1)在人台上用标识线粘出大致的翻折线和领口线,前片领口线与翻折线基本平行。

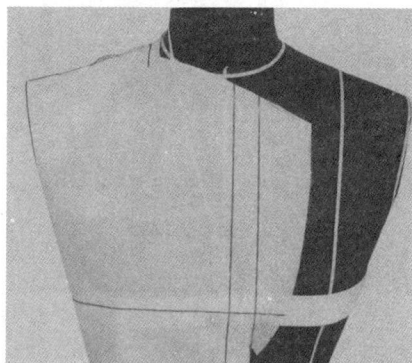

(2)在人台上作出衣身,按照人台标识线作出领口弧线,并大致修剪出串口和驳头造型。

(3)将领片后中线对准人台后中线，固定，沿领窝弧线捋平领片。

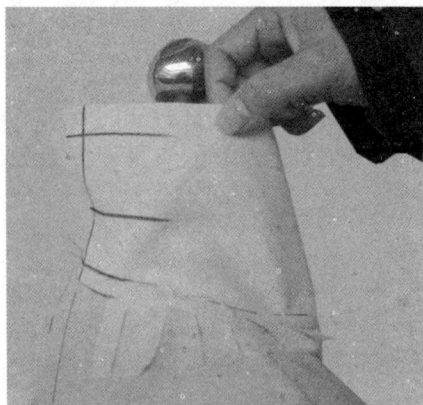

(4)领上口有一定松量。

(5)从肩颈点开始，旋转布边至前领口部位，自然形成翻折线与人台上的标识线基本重合。

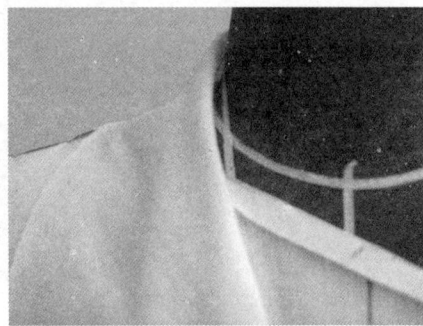

(6)翻折线离脖颈之间的距离以一手指为宜。

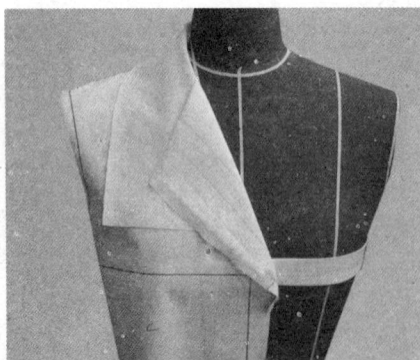

(7)将驳头翻折，确定领串口线和领轮廓造型。

(8)用记号笔在领片上面画出领窝标识点。

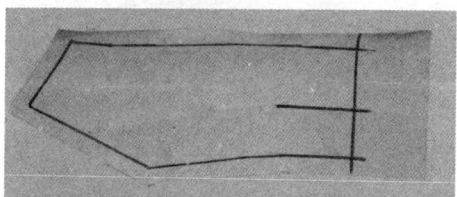

(9)从衣身上拿下领片布料，连点成线，领外口线和领角造型与标识线一致，修正圆顺。

(10)把修正后的领片放回衣身，检验领子的造型、合体度、精确度、圆顺度。

(11)后领一样检验造型的合体度、精确度、圆顺度。

(12)从人台上取下衣片和领片，铺平，拓成纸样。

图4-19　平驳领立体构成操作

二、变化驳领的立体构成

横开领不变时，变化驳领与平驳领的取布以及操作步骤基本一致，只是前面领角与驳头造型不同而已。

1.戗驳领立裁方法

戗驳领立体构成操作如图4-20(1)～(2)所示。

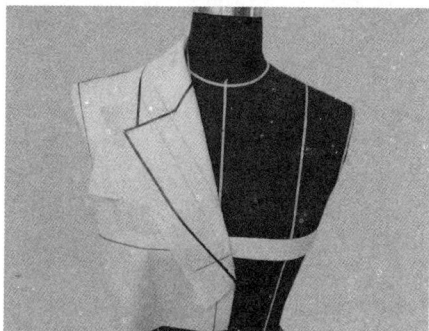

(1)用标识线标出戗驳领的领角和驳头造型。

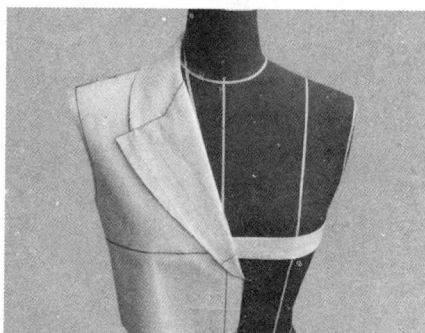

(2)把修正后的领片和衣身放回人台，检验领子和衣身的吻合度。

图4-20　戗驳领立体构成操作

2. 青果领立裁方法

青果领立体构成操作如图4-21(1)～(2)所示。

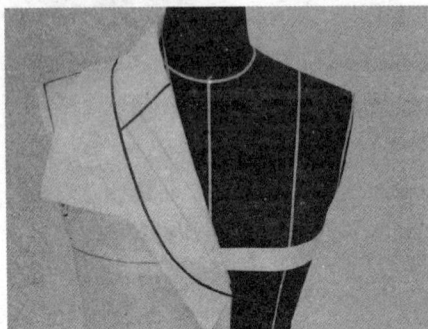
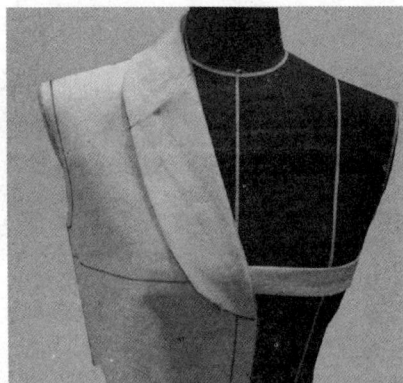

(1)用标识线标出青果领的外领口造型以及领片与衣身的分割线，青果领挂面需在此基础上变化，消除领子与衣身分割。

(2)把修正后的领片和衣身放回人台，检验领子和衣身的吻合度，以及外领口的圆顺度。

图4-21　青果领立体构成操作

3. 驳领变化示例

变化驳领在平驳领的基础上，可以变化出很多的领子造型，图4-22到4-24所示为几款示例。

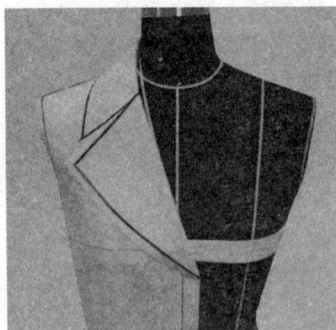
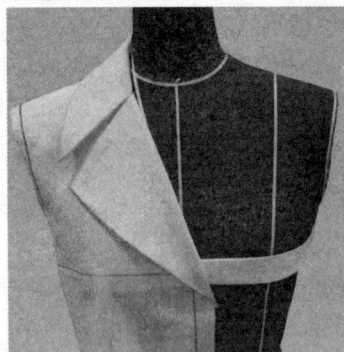

(a)　　　　　　　　　　　　　　　　(b)

图4-22

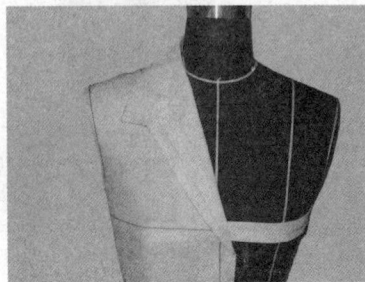

(a)　　　　　　　　　　　　　　　　(b)

图4-23

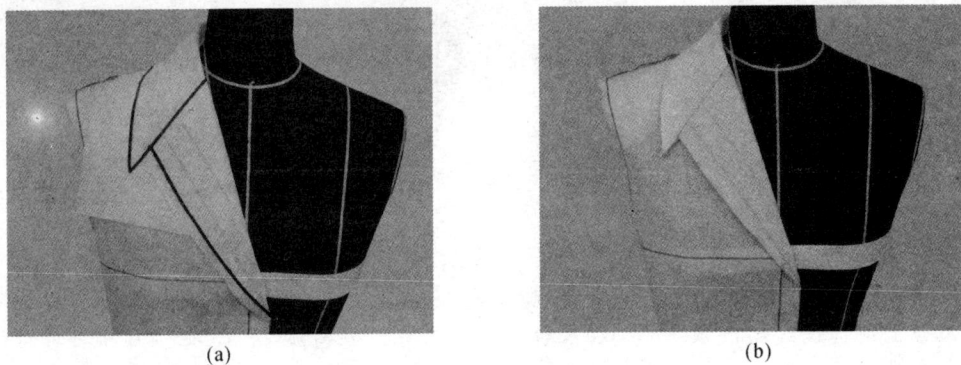

(a)　　　　　　　　　　　　　　(b)

图 4-24

第五节　波浪领类的立体构成

波浪领的款式特征是几乎没有领座,它的主要变化是靠外在的波浪造型,颈部的活动区域无任何阻碍,因此领窝弧线可以任意设计。

1. 款式特征

波浪领有横向波浪和竖向波浪两种,材料应选用柔软而稍有弹性的面料。波浪领的效果图如图 4-25 所示。

2. 布料准备

取布:取长 = 宽 = $N/2$ 的正方形 45°斜丝布料,在布料的正中剪开一段(后领宽 + 2(缝份))的剪口(如图 4-26 所示)。

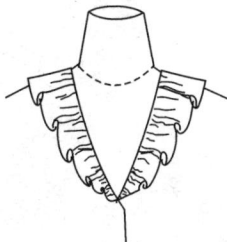

图 4-25　波浪领效果图

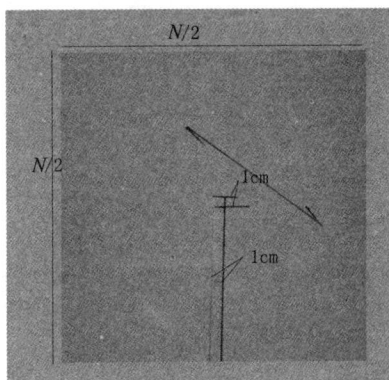

图 4-26

3. 操作方法

波浪领的立体构成操作如图 4-27(1) ~ (9)所示。

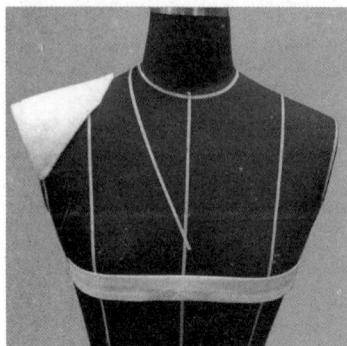

(1)在人台上用标识线粘出领窝弧线造型。

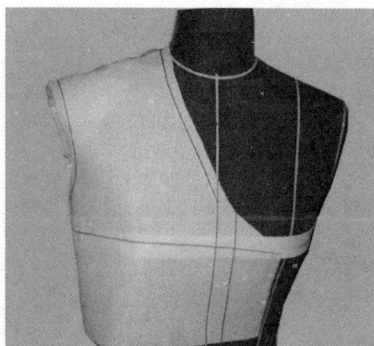

(2)在人台上做出衣身，领窝弧线与人台标识线一致。

(3)把领片布料剪口线对准人台后中线。

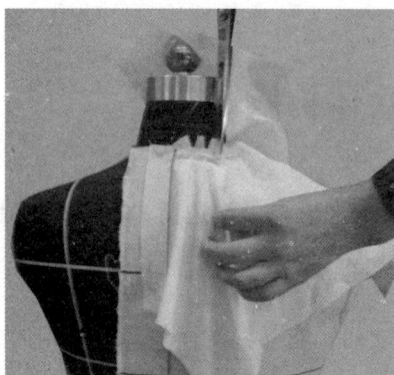

(4)在领片外侧作波浪。作波浪时，一只手捏住波浪(可任意捏波浪量)，另一只手按住领窝处。每捏一个波浪，在领窝处插一根大头针，每一个大头针处打剪口，以消除领片牵紧状态。

(5)波浪量和波浪之间的间隔均匀。做好之后检验，修正请调整领窝处大头针。

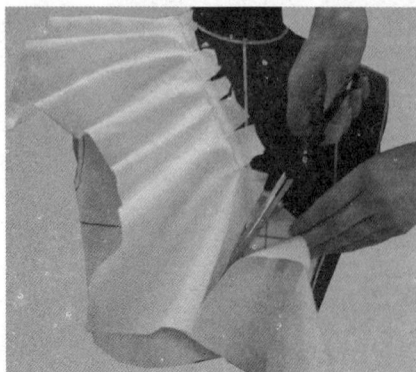

(6)确定前中处波浪造型，剪去多余量。其造型可以是任意的。

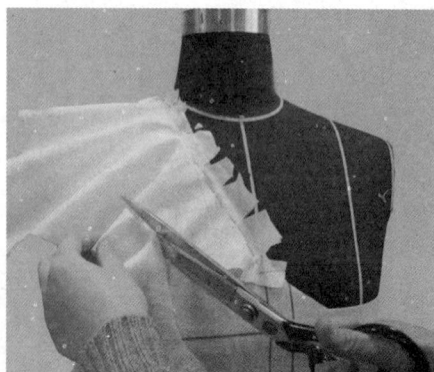

(7)确定波浪领外缘造型，剪去多余量，用记号笔画出领窝弧线标记点。

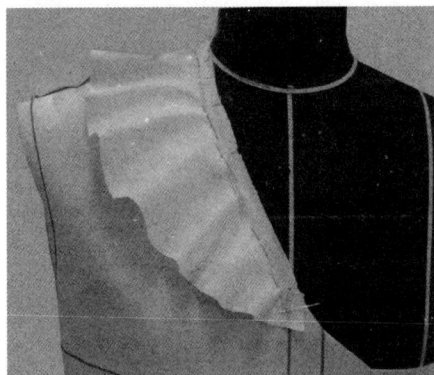
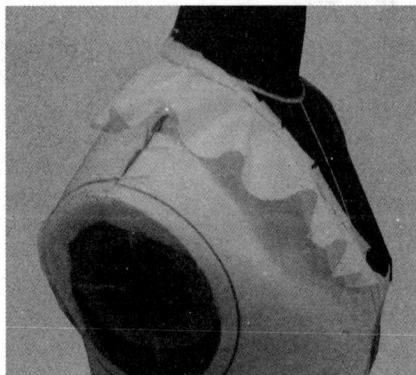

(8)把领片从衣身上拿下，连点成线，圆顺外领口弧线后放回衣身，检验其造型、圆顺度。

(9)完成后的侧面图。

图 4-27　波浪领立体构成操作步骤

第六节　领的变化方法

一、垂荡领的立体构成

垂荡领是由衣片本身的重量在前领围线处自然垂下而形成,宜用垂感好而柔软的斜丝布料。此种领子多用于夏装、礼服等。

1. 款式特征

垂荡领有肩部无褶造型和有褶造型两种,操作原理和技巧相同,图 4-28 所示的是肩部无褶的造型。

2. 布料准备

取布:由于垂荡量的不确定性,一般较难估计用布量,取布时应适当在人台上比较后再加上较多的余量。布料丝缕为 45°斜丝,因垂荡造型必须左右同时操作,取布后在布片上画出中心线,上口折进 5cm 的贴边(如图 4-29 所示)。

图 4-28

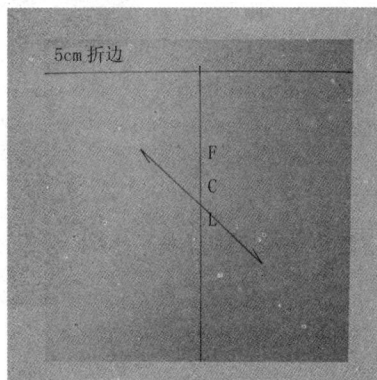

5cm 折边

F
C
L

图 4-29

3.操作方法

垂荡领的立体构成如图 4-30（1）～（5）所示。

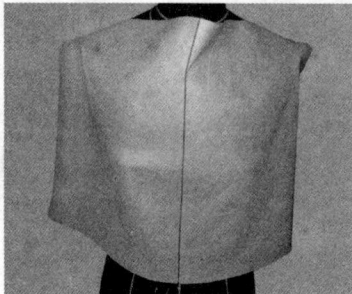

(1)留出领口的开口量(看款式而定)，面料的中心线对应人台的中心线，从胸部至腰部可任意设置松量，多余量转移至领口形成垂荡量，并于左右肩线横开领处定位，扎针固定面料和人台。

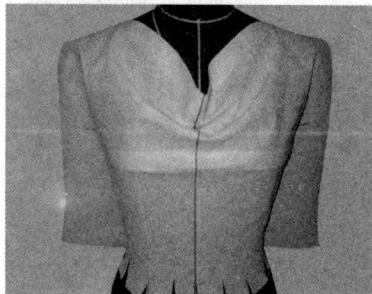

(2)整理垂荡量，领口自然形成垂荡造型。修正及提拉肩部，可适当调整垂荡量以及垂荡方向，由于肩线为平直造型，无褶裥设置，所以垂荡造型的调整度有一定的限制。

(3)修剪左右肩线、袖窿、侧缝以及腰线(垂荡可不完全对称，所以衣片也不一定要完全对称)，用记号笔画出肩线、袖窿、侧缝、腰线等处的标记点。

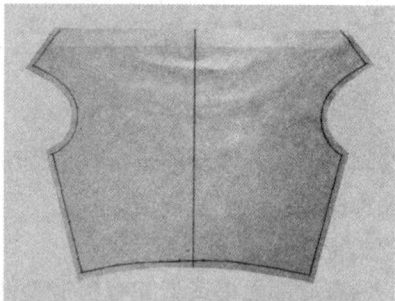

(4)取下布片，连点成线，保持线条圆顺，修剪多余量，并留出缝份。

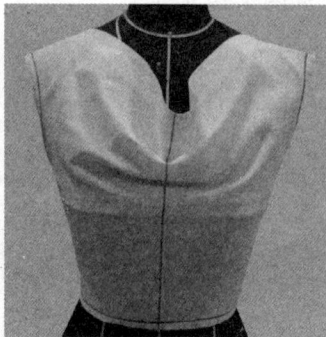

(5)把布片放回人台，检验垂荡领造型是否满足要求。

图 4-30　垂荡领立体构成操作步骤

二、领口垂荡量的变化

领口垂荡量的多少可由领口的开口量确定,另外,衣片的腰部松量不同,也可影响垂荡量的多少,腰部松量大,转移到领口的松量就相对减少,因此垂荡量相对少一些;反之,垂荡量则多一些(影响较小)(见图4-31)。

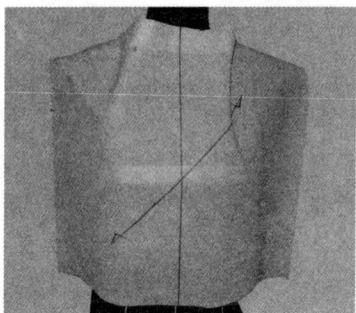

(a)腰部松量较大。

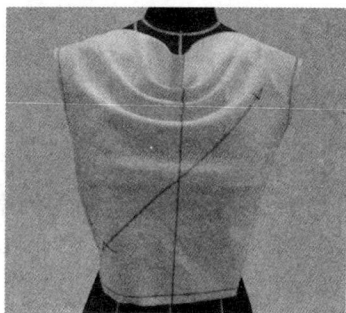

(b)转移到领口的松量相对减少,垂荡量相对较少。

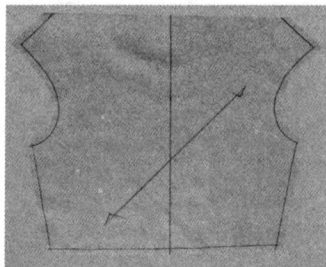

(c)完成后的衣片形态不同。

图4-31　领口垂荡量的变化

第五章　袖的立体构成

　　袖子是服装中的一个重要的组成部件。它通常有装袖、连袖、插肩袖等。这些袖子根据服装种类、材料、结构、用途、流行等因素可有各种各样的变化。

　　袖子的构成有多种形式，主要有两种，一种是在手臂模型上直接立裁完成的；另一种是采用平面纸样的方法来完成的。

第一节　手臂特征与袖子的关系

　　手臂是人体活动量较大的肢体，所以我们在进行袖子结构设计时既要考虑到袖子的美观性又要充分考虑到袖子的功能性。只有对手臂的构造、功能和形态及美的要素进行了全面的了解，才能在结构设计中更好把握袖子的造型，创造出结合了功能性的各类造型美观的袖型。

一、手臂功能五大区域分布

　　设计袖子时手臂的功能分布图，具体划分成五区域（如图 5-1 所示）。

　　(1)贴合区　从肩峰到虚线部位是袖山贴合肩圆部的区域，是支撑袖子造型的主要部位。也是加入支撑物的区域，如加入垫肩、网纱等。

　　(2)自由区　指后腋窝以下的空间。也就是设计袖窿深浅、形状的区域。同时也是前后衣片变化时袖窿底部的调整区。

　　(3)功能区　从贴合区以下到自由区为止（包含自由区）。该部位是以后腋窝为中心，手臂活动最激烈的部位。可以用袖山高低来调节运动功能的区域。

　　(4)局限设计区　从肩峰到自由区为止（包含自由区）。由于它包含了功能区，因此在设计时有一定的局限性。要在满足功能性的前提下再来进行空间设计。

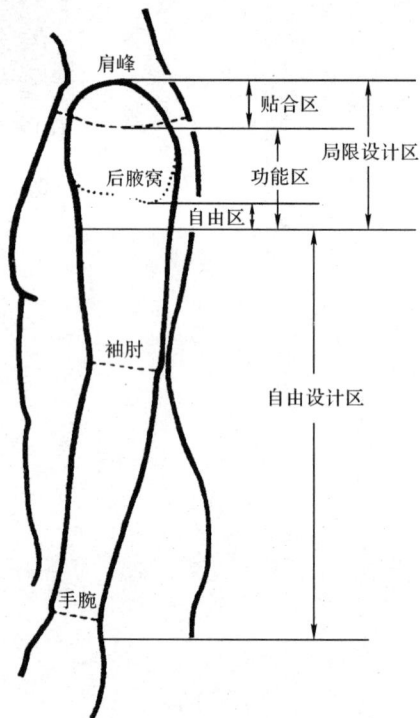

图 5-1

（5）自由设计区　功能区以下到手腕处。它是可以自由地进行袖子的长度、细度、形状设计的区域。

二、袖子结构设计原理

袖子结构设计应该是把理论转化成具体的形状，它是把手臂构造、功能、形态和美的要素应用于纸样中。通常原型袖的纸样是由美的功能和运动的功能二者结合所形成的。图 5-2 至图 5-7 表示了由这两种要素构成原型袖的原理。

图 5-2 所示是手臂向侧方方向上举 50°左右对肩部影响不大的倾斜度。这是一种便于手臂活动，下垂时又美观的抬臂位置。

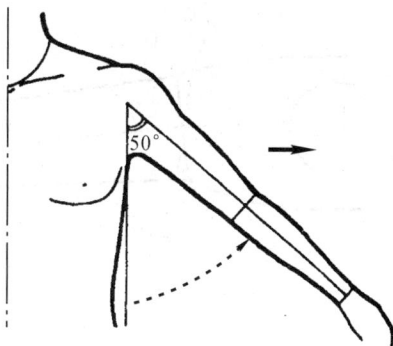

图 5-2

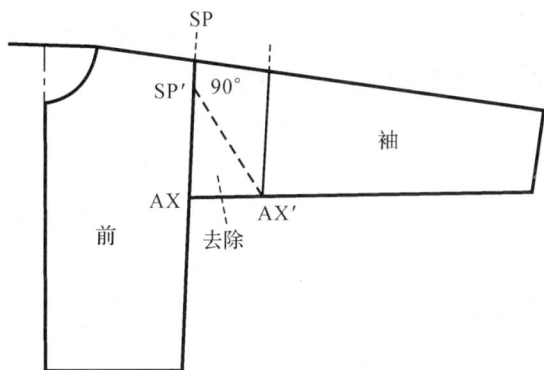

图 5-3　　　　　　　　　　　　　　　图 5-4

图 5-3 所示是具有较大活动量的 90°左右的倾斜位置。但是这种状态下的袖子，当手臂下垂时腋下就会产生许多不良的皱纹，从而影响美观。如果想成为接近上举 50°左右的袖子，就必须去除图示中多余的三角形部分。

图 5-4 所示是 90°左右的倾斜位置，去除了三角形部分的展开图。这也是图 5-7 袖子纸样的基础图。

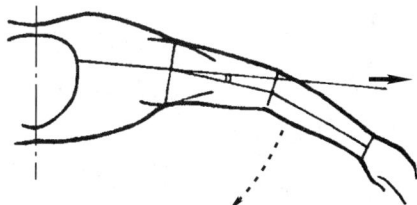

图 5-5　人体模型

图 5-5 所示是手臂的俯视图，手臂运动朝前方的状态。这表示了袖子构造必须符合这一要求。

为了符合手臂朝前运动的要求，必须如图 5-6 一样处理，后面加入向前运动时的不足量，前面去掉向前运动时的多余量。

图 5-7 是纸样的完成图，也就是在图 5-4 的展开图上，袖山弧线部位后面加入了向前运动时的不足量，前面去掉向前运动时的多余量。

这样的袖子安装角度和袖山弧线的修正，正好应用了这个原理的全部。

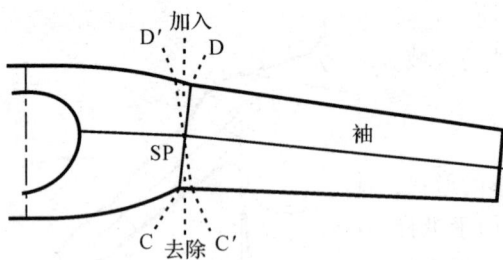

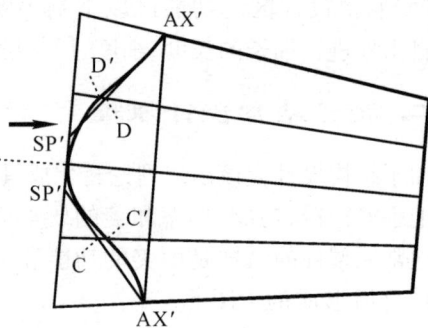

图 5-6　　　　　　　　　　　　　　　　　图 5-7

第二节　手臂模型制作

要进行立体构成袖子,手臂模型是必不可少的道具。手臂模型制作时应尽可能与实际手臂的形状相似,并能自由装卸。一般情况下只需做右臂模型就可以了。

一、手臂模型制图与裁剪

图 5-8 至图 5-10 所示是手臂模型的裁剪图,该图大、小袖的尺寸可供胸围 82cm 的人体模型作参考。

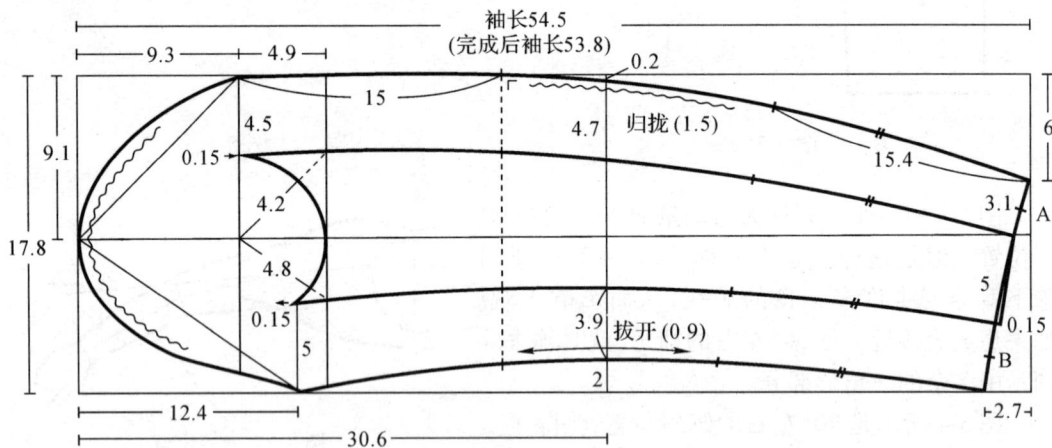

图 5-8　手臂裁剪图

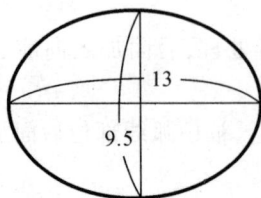

图 5-9　臂根挡板裁剪图

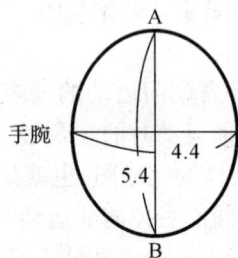

图 5-10　手腕挡板裁剪图

图 5-11 所示为手臂模型的排料图。排料时注意丝绺放正,放出缝份。

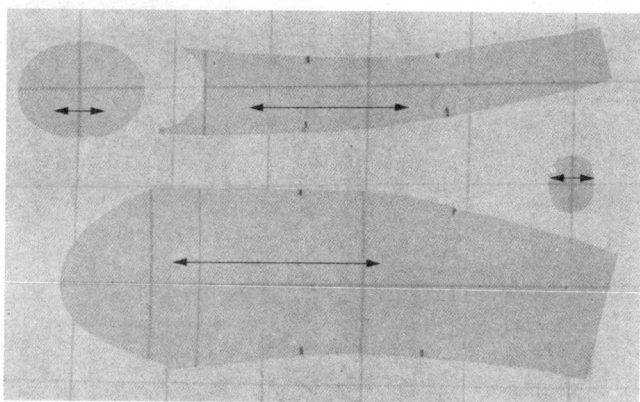

图 5-11 手臂模型排料图

二、手臂模型制作

手臂模型制作过程如图 5-12(1)~(13)所示。

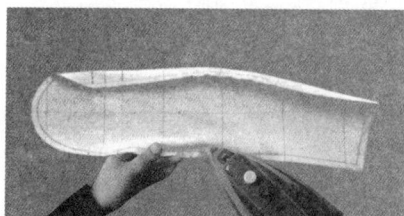

(1)大片的袖肘处在两个记号之间
用熨斗进行归拔。如图外侧归拢,
内侧拔开。

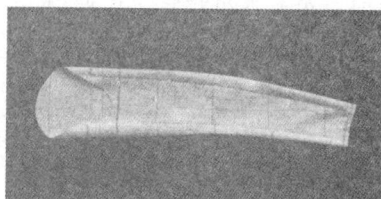

(2)把大、小片缝合后分烫,缝
头翻至反面。

(3)用硬纸板按净样剪臂根挡板和手
腕挡板,用布如图包光挡板。

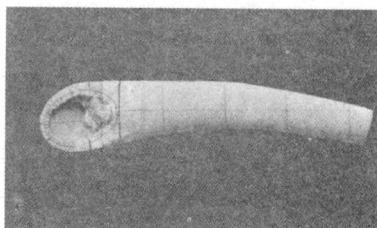

(4)手腕挡板与手臂缝合。

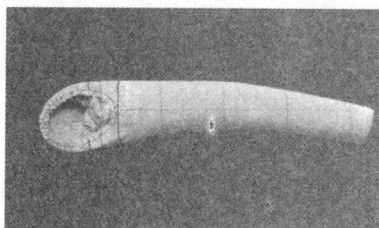

(5)用棉花塞入手臂,要塞得结
实均匀。

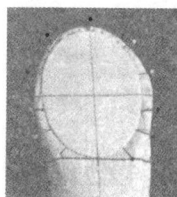

(6)把臂根挡板准确的放在
手臂根部并用针固定。

(7)用手针缝合臂根挡板。

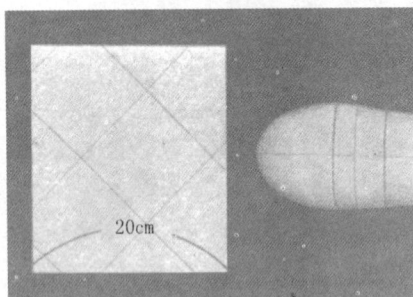

(8)完成后的手臂形状。

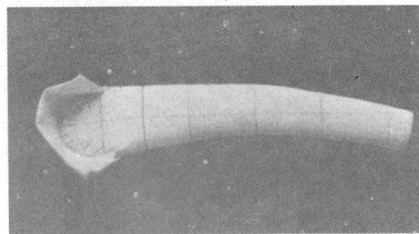

20cm

(9)为了能在人体模型上自由的装卸手臂，必须在臂根部的上端装一块肩布，肩布采用斜丝，宽是20cm，长是袖根挡板周长的1/2。

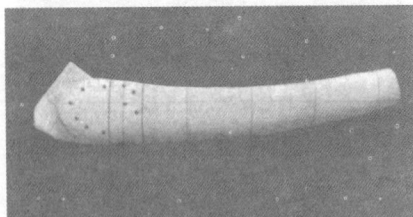

(10)把斜丝布对折后，如图缝在手臂上。

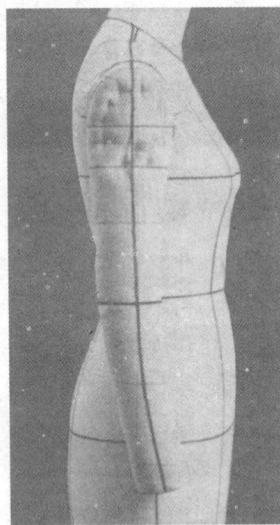

(11)为了使臂根处的棉花不移动，及臂根处平服。如图用星针把挡板与面布固定。

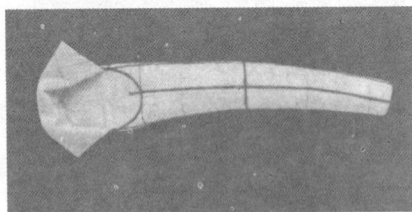

(12)用色带表出AH线、袖肘线、袖中线、袖底线。

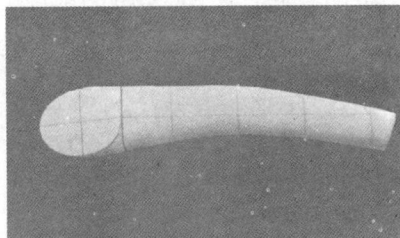

(13)手臂装在人体模型上的效果。

图 5-12　手臂模型制作步骤

第三节　应用手臂模型制作基本袖

　　应用手臂模型立体构成基本袖是立体构成训练中的重要部分。所谓基本袖即为我们常用的一些袖型,如普通的衬衫袖、灯笼袖、一片紧身袖、两片袖。

一、普通衬衫袖

1. 款式特征

普通衬衫袖(如图 5-13 所示)是由一片袖片构成的,形状为直袖管的装袖。整体比较宽松,袖口皱缩后装袖克夫,是一种基本袖型,适用面广。

2. 布料准备

取一块长 = 手臂长度 + 10cm,宽 = 手臂围度 + 15 cm 的直丝布料(如图 5-14 所示)。

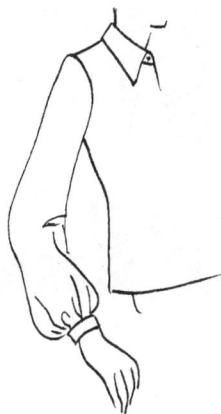

图 5-13　普通衬衫袖效果图

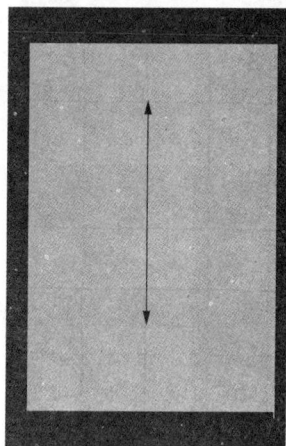

图 5-14

3. 操作方法

普通衬衫袖立体构成的操作方法如图 5-15(1) ~ (9)所示。

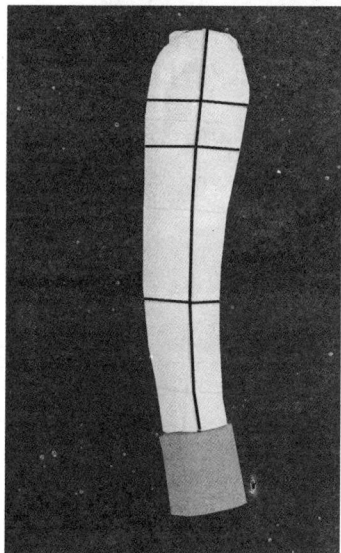

(1)在手臂模型的袖口处绕上一层厚绒布作为袖口松量。

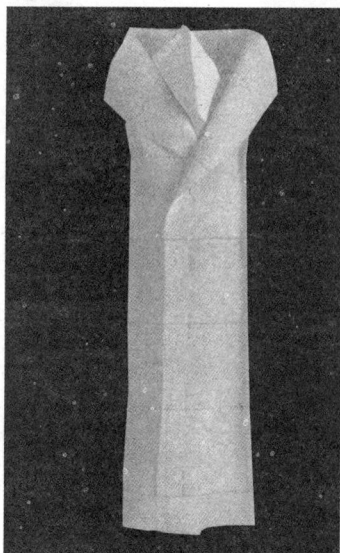

(2)把直丝布料包裹在手臂模型上,袖中心丝绺放直后先用针固定。整理布料,使袖管和袖口有合适的松度后袖底用针固定。

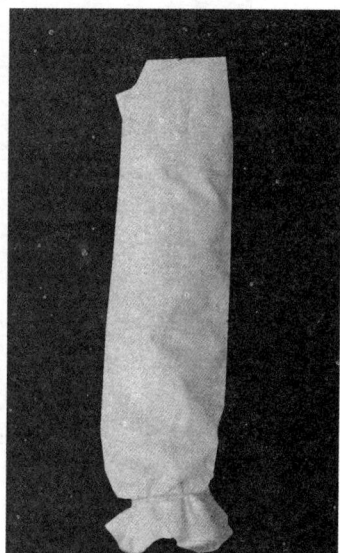

(3)在袖长减掉克夫宽的位置用一根松紧圈固定袖口。整理好袖口的碎褶和下垂量。

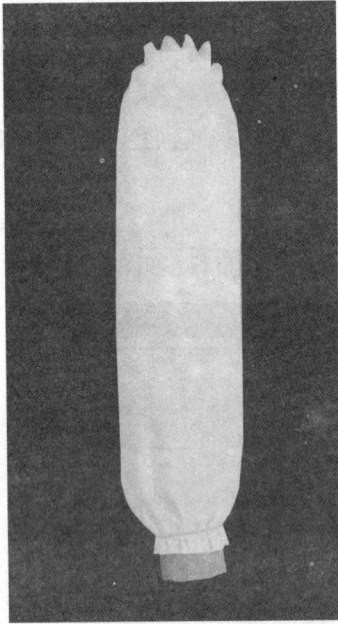

(4)用针均匀地别出袖山缝量。留出缝份剪去袖山与袖口的多余布料。

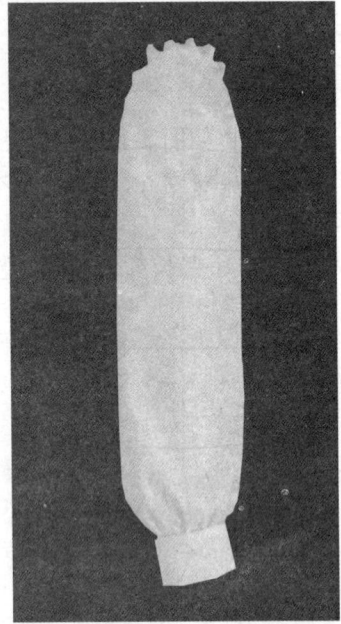

(5)装上袖克夫，袖口的开口可以根据设计开在后袖口的中间，也可以利用袖底缝处作开口。

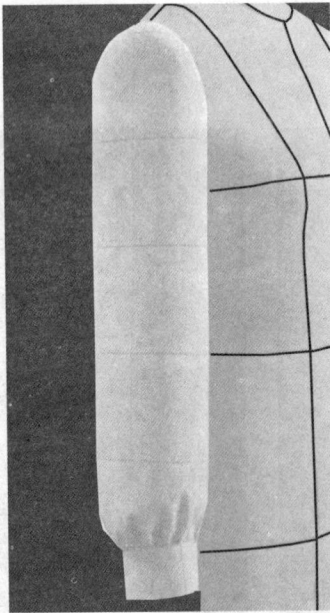

(6)把袖山头放在烫凳上，用熨斗把缝缩量烫匀。把袖子别在人体模型上观察并修正。

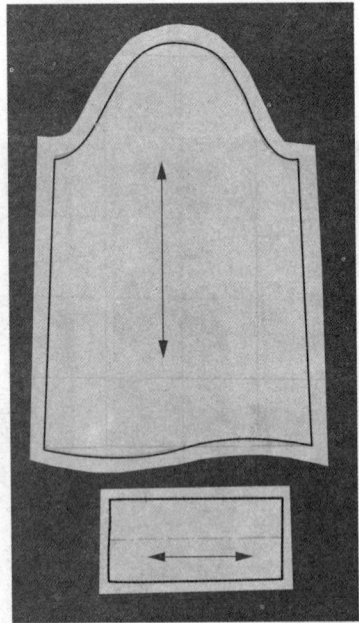

(7)在修正好的袖子上用铅笔做对位记号和净缝线记号后，展开成平面，用弧尺重新修正袖子的净缝线。

图 5-15　普通衬衫立体构成的操作方法

二、灯笼袖

1.款式特征

灯笼袖(如图 5-16 所示)也是由一片袖片构成的。形状为上小下大的灯笼形状,袖山与袖口处都有抽褶的装袖。整体比较宽松,也是一种基本袖型。

2.布料准备

取一块长 = 手臂长度 + 15cm,宽 = 手臂围度 + 25cm 的直丝布料(如图 5-17 所示)。

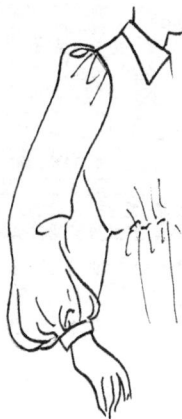

图 5-16　灯笼袖效果图

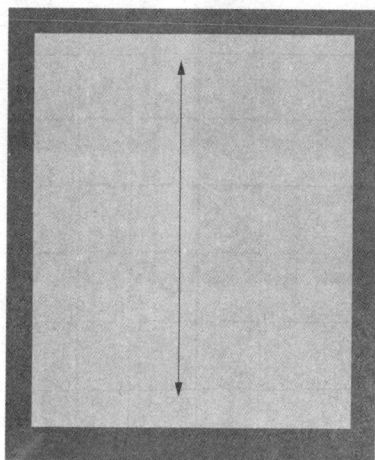

图 5-17

3.操作方法

灯笼袖的立体构成操作方法如图 5-18(1)~(6)所示。

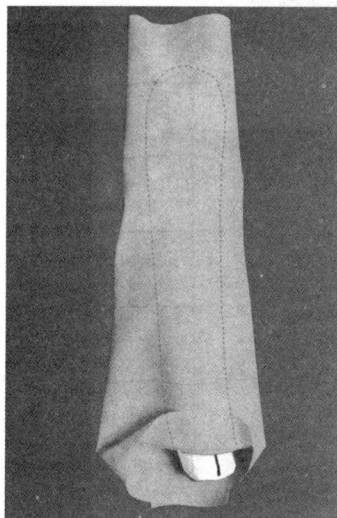

(1)把直丝布料包裹在手臂模型上。先在袖中心用针固定,并画出手臂轮廓线。按灯笼袖放出上小下大的松量。

(2)翻转手臂,整理好袖子形状,袖底用针固定。

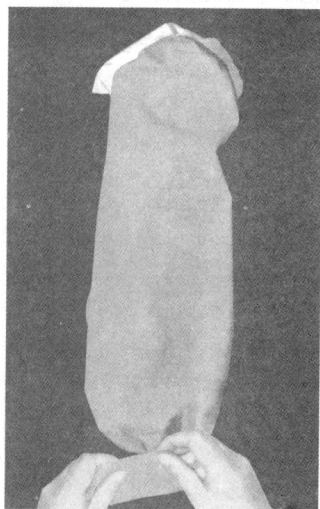

(3)袖山头用针别出褶裥量。袖口收出皱缩量后装上袖克夫(因为灯笼袖口需要下垂量及蓬松量,所以灯笼袖立体构成时要考虑这一因素)。

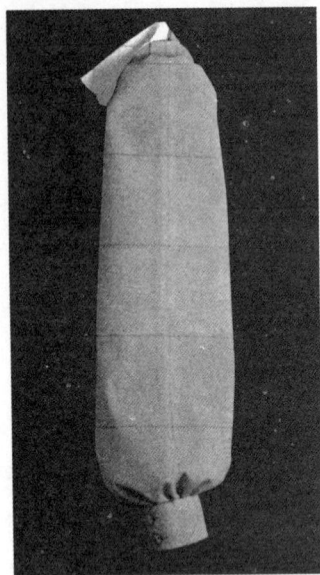

(4)用线固定袖山头褶裥。整理好袖型。

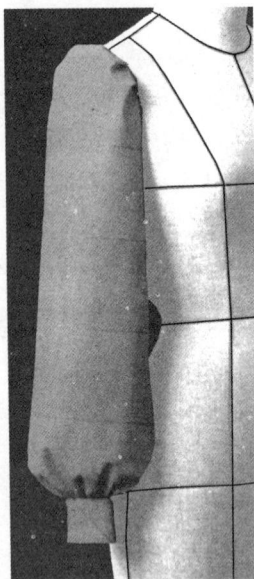

(5)把袖子装在人体模型上观察并修正。

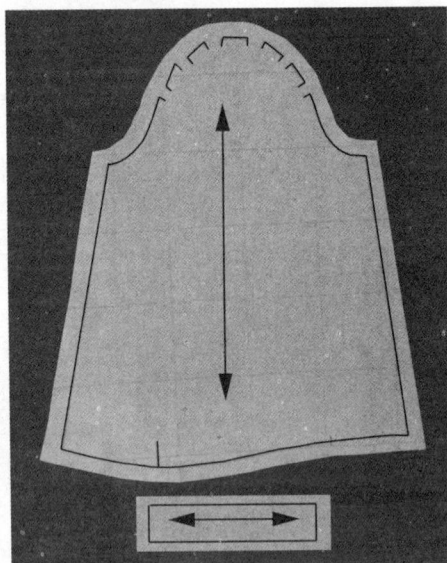

(6)在修正好的袖子上用铅笔做对位记号和净缝线记号后。展开成平面,用弧尺重新修正袖子的净缝线。

图 5-18　灯笼袖立体构成操作方法

三、一片紧身袖

1.款式特征

一片紧身袖是一种较合体的袖型,袖肘处收有袖肘省。袖子的整体造型符合手臂的形态,外观比较漂亮,常在衬衫、外套等服装中使用(如图 5-19 所示)。

2.布料准备

取一块长 = 手臂长度 + 10cm,宽 = 手臂围度 + 15cm 的直丝布料(如图 5-20 所示)。

图 5-19　一片紧身袖效果图

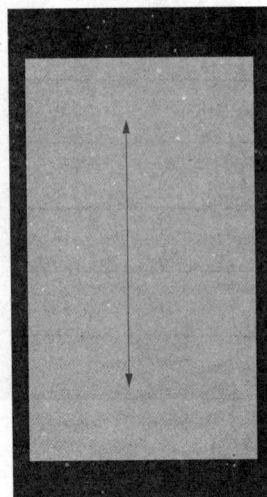

图 5-20

3. 操作方法

一片紧身袖的立体构成操作方法如图5-21(1)~(6)所示。

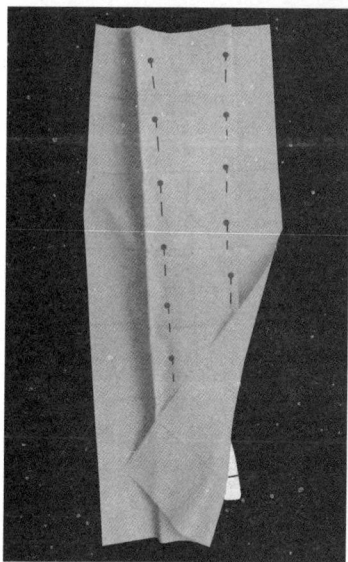

(1)把布料丝绺放直固定在手臂模型上。二侧如图别出松度。

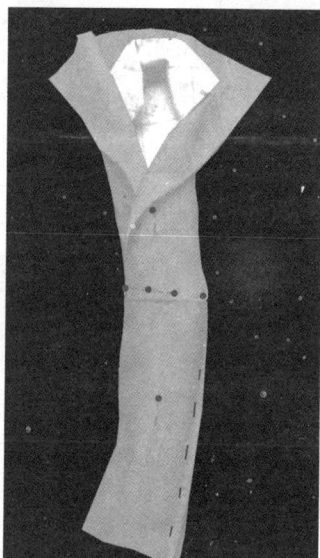

(2)翻转手臂如图整理出袖肘省。并用针固定。

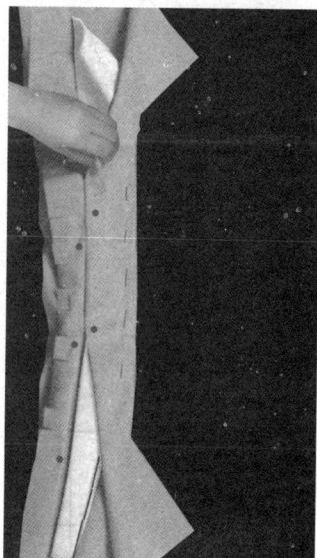

(3)如图整理好袖底缝并用针固定。

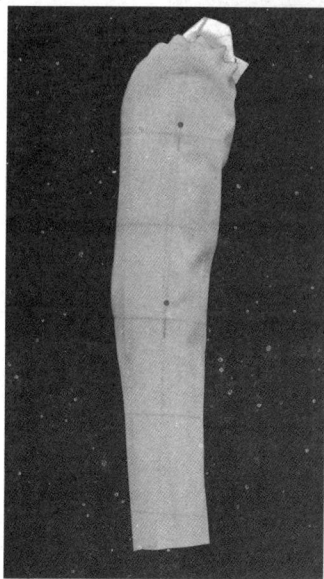

(4)粗剪袖山头形状，用线抽缩袖山头缝缩量。

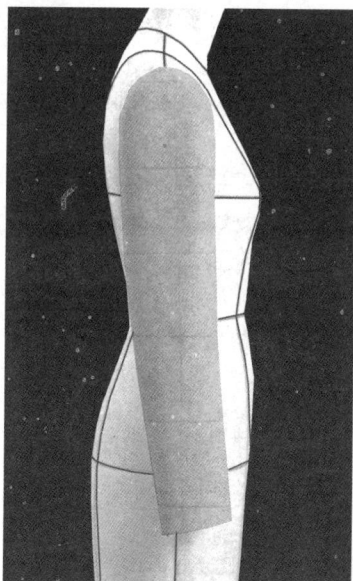

(5)把袖山头放在烫凳上，烫匀缝缩量。然后装在人体模型上观察并修正。

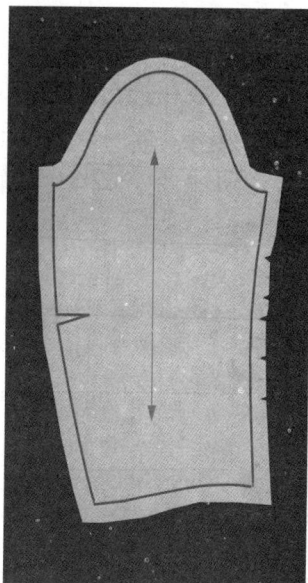

(6)在修正好的袖子上用铅笔做对位记号和净缝线记号后。展开成平面，用弧尺重新修正袖子的净缝线。

图5-21　一片紧身袖的立体构成操作方法

四、二片袖

1. 款式特征

两片袖也是一种较合体的袖型。它是由两片袖片组成的。袖子的整体造型比一片袖更符合手臂形态,外观比较挺括漂亮,常被应用在西服、套装等服装中(如图5-22所示)。

2. 布料准备

取大袖片一块,长 = 手臂长度 + 10cm,宽 = 袖臂围大(已经包括预留量)。

取小袖片一块,长 = 手臂长度 + 10cm,宽 = 20cm 的直丝布料(如图5-23所示)。

图 5-22　两片袖效果图

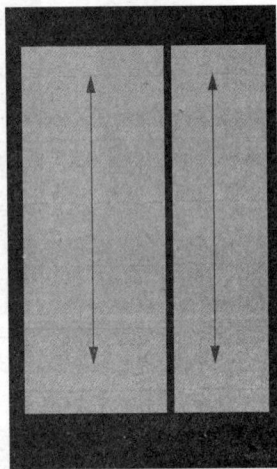

图 5-23

3. 操作方法

两片袖的立体构成操作方法如图5-24(1)～(9)所示。

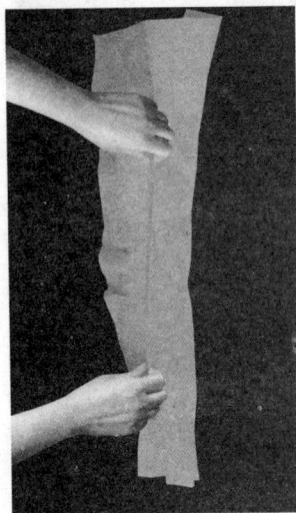

(1)取大袖布料,按直丝对准袖中线用针固定。两侧整理出松度用针固定。

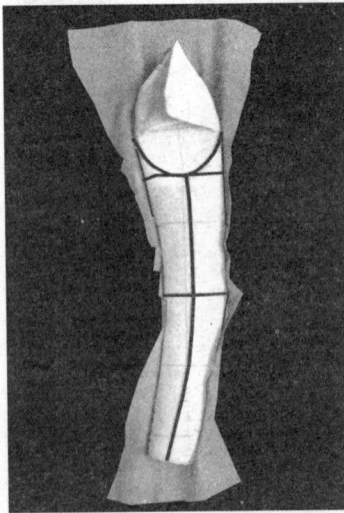

(2)翻转手臂,留出偏袖量及缝份后剪去多余布料。后袖线侧整理出缝缩量,前袖线侧剪刀口拔开。

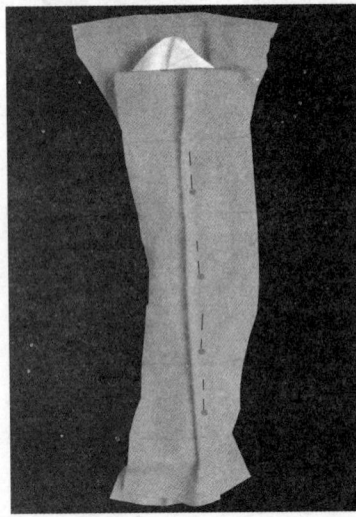

(3)小袖片中间别出松度,按直丝放在手臂模型内侧用针固定。

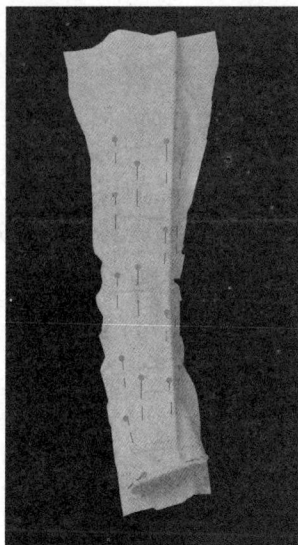

(4)翻转手臂，观察大袖
片的袖型，进行修正。
根据所需长度折进袖口，
用针固定。

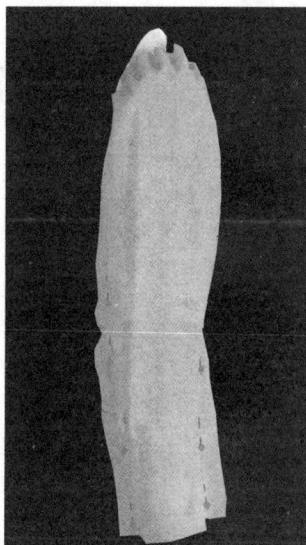

(5)放出大、小袖别出的松
度。粗剪袖出头形状，用
针均匀别出缝缩量。

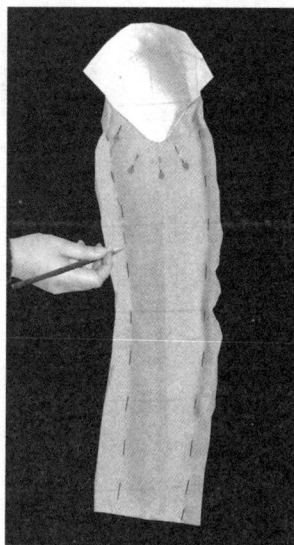

(6)修正袖孔弧线和侧缝
线，用铅笔做净缝线记
号。

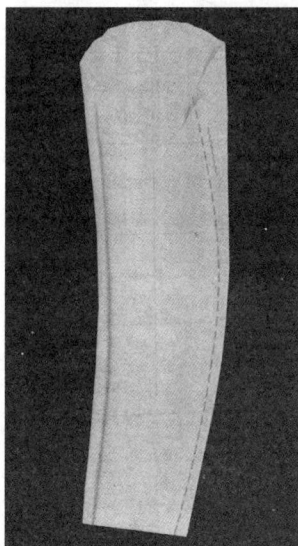

(7)取出手臂，归拔好大、
小袖片，然后用线缝合侧
缝。

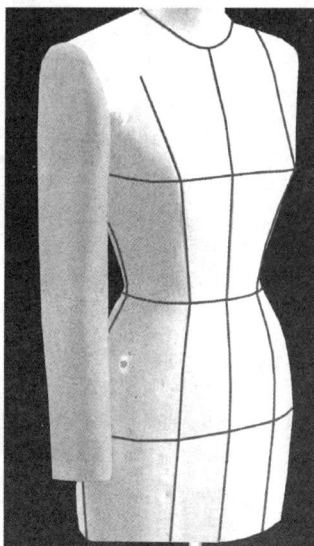

(8)用线抽缩袖山头，把袖
山头放大烫凳上烫匀缝缩
量。在人体模型上放置垫
肩后装上袖子并观察修正
袖子。

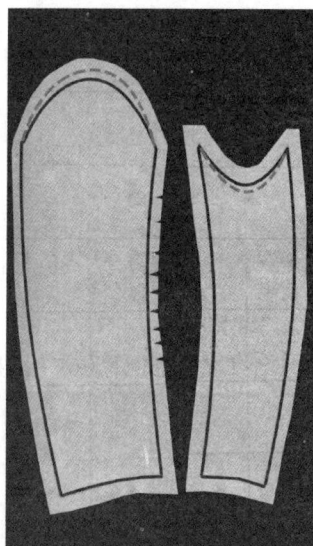

(9)把修正好的大、小袖片
展开成平面，用弧尺修正
净缝线。(图中虚线放上垫
肩后修正好的袖山净缝线)。

图5-24　两片袖的立体构成操作方法

第四节　应用平面方法制作基本袖

应用平面制图方法配置袖子,也是目前国内外立体构成中应用比较广泛的一种配袖方法。这种方法在袖子与袖窿的配合中既合理又精确,同时操作也比较简单。具体方法是先在立体上量出袖窿弧线长度及袖窿深度的数据,然后再在纸样或布料平面上画出袖子。

一、一片短袖

1. 款式特征

一片短袖是由一片袖片构成的。它常在夏装中使用。如短袖衬衫、连衣裙等(见图5-25)。

2. 布料准备

取一块长＝手臂长度＋10cm,宽＝臂围＋15cm的直丝布料(如图5-26所示)。

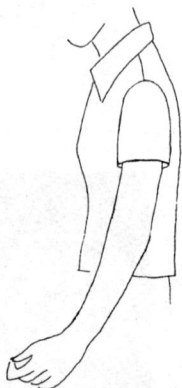

图5-25　一片短袖效果图

图5-26

3. 操作方法

一片短袖的操作方式如图5-27(1)～(7)所示。

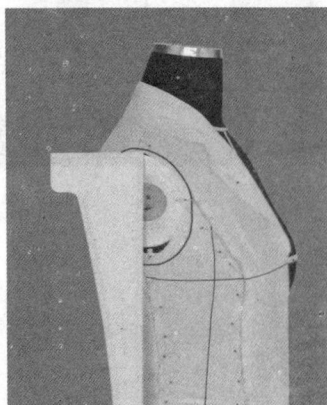

(1)如图量取袖窿深度,同时沿着袖窿弧线量取前AH长度和后AH长度。

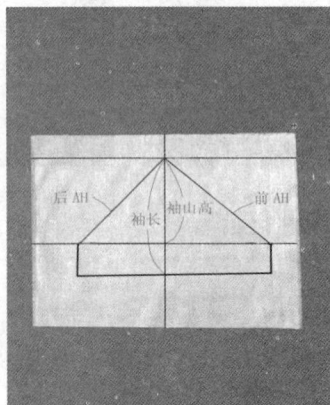

(2)所量得的袖窿深＋0.5cm为袖山高。如图以前AH长和后AH长作袖山斜线,获取袖肥。袖长可根据要求自由确定。

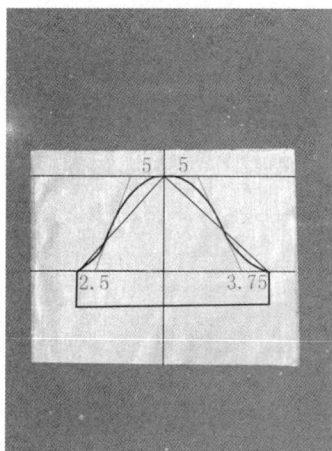

(3)如图先画前后袖山的辅助线，然后再画袖山弧线。

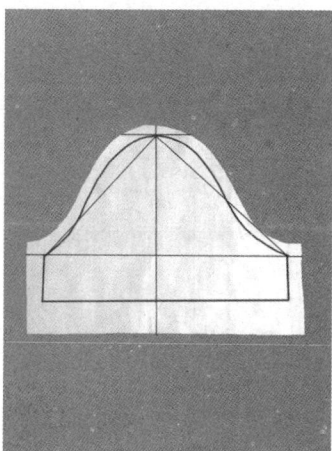

(4)在净缝线外留出缝份和袖口贴边后把多余的布料剪掉。

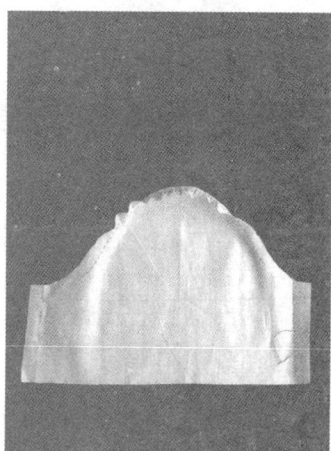

(5)在袖山头的缝份上，用针缝一道缝线后，抽缩缩缩量。然后缝合袖底缝。

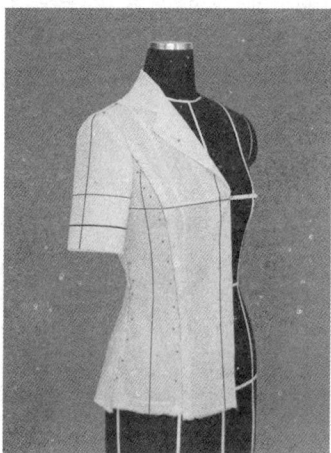

(6)烫匀袖山头的缝缩量后，袖底缝对准衣身侧缝，袖中线对准肩缝装袖。

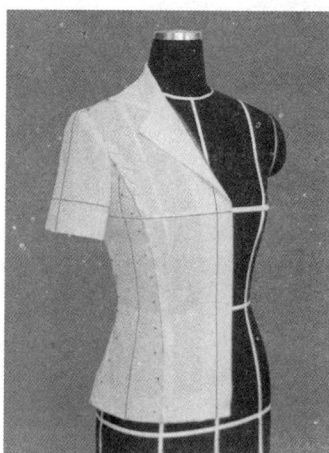

(7)折进袖口贴边。

图5-27　一片短袖的操作方式

二、两片袖

1.款式特征

两片袖也是一种较合体的袖型。它是由两片袖片组成的。袖子的整体造型比一片袖更符合手臂形态，外观比较挺括漂亮，常被应用在西服、套装等服装中（如图5-28所示）。

2.操作方法：

两片袖操作方法如图5-29(1)～(12)所示。

图5-28　两片袖效果图

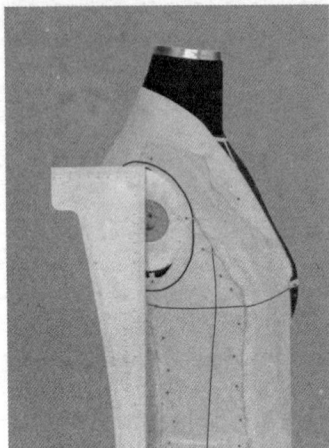

(1)图量取袖窿深度，同时沿着袖窿弧线量取前AH长度后AH长度。

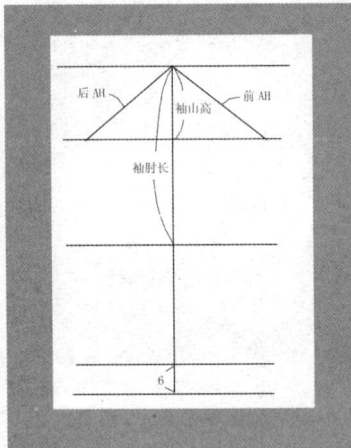

(2)在纸上如图制图。袖山高是测量所得的袖窿深+0.5cm。袖肘长=1/2袖长+2.5cm。袖长=54cm。根据前AH长度和AH长度画袖山斜线，决定袖肥。

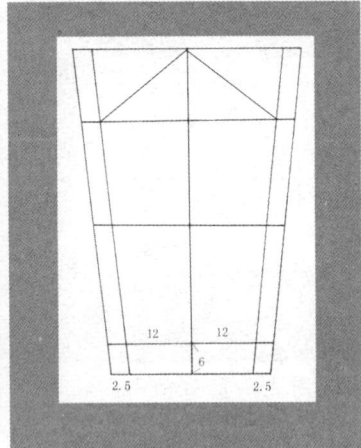

(3)定袖口大小，和袖肥连接画袖底线。袖口放出6cm余量，袖底放出2.5cm余量。

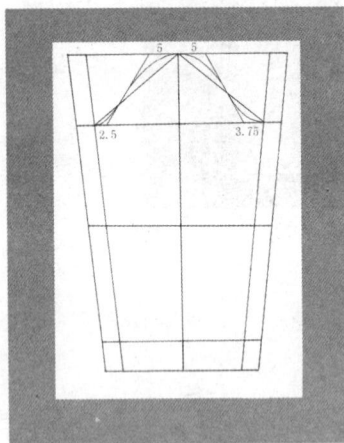

(4)如图先画出袖山辅助线，然后画顺袖山弧线。

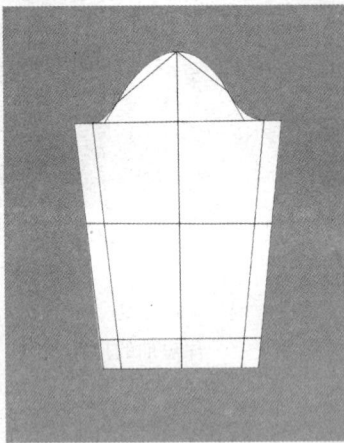

(5)如图剪出纸样。

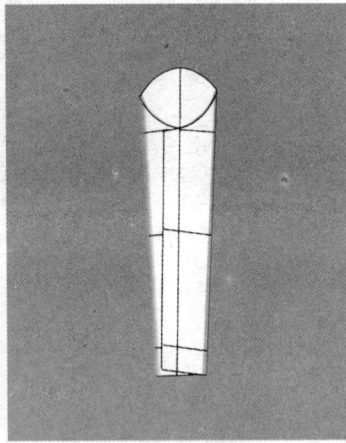

(6)底净缝线对准中线后如图折转。

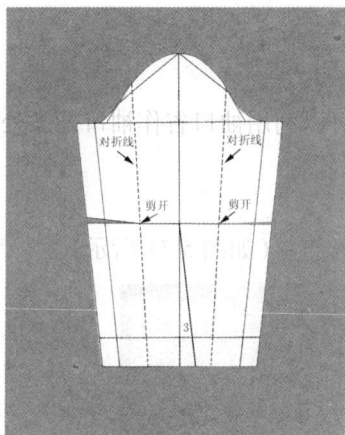

(7)袖肘处如图剪刀口。袖中线在袖口处偏3cm画线。

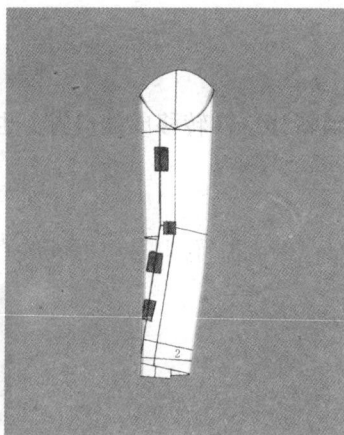

(8)袖肘线以上按对折线折转。袖肘线以下袖底净缝线对准袖口偏转线折转。并用胶带固定。

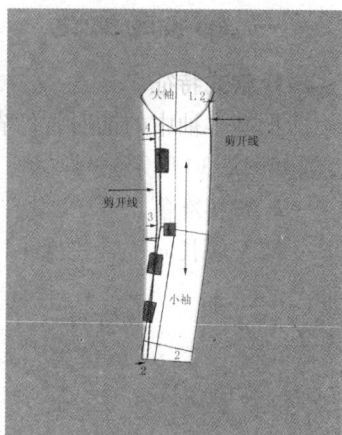

(9)如图画出大小袖的偏袖线。

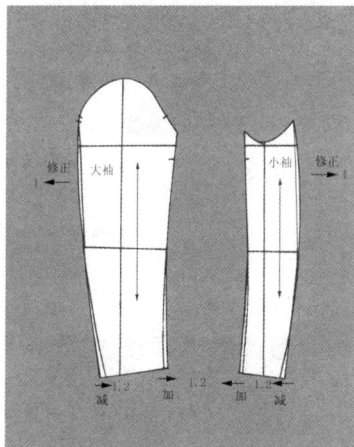

(10)展开纸样，并如图修正大小袖的纸样。

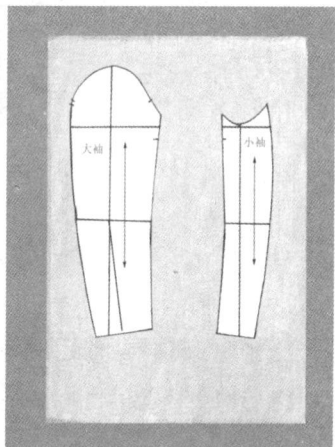

(11)取一块长60cm、宽50cm的直丝布料纸样如图放在布料上，丝缕放直。画出净缝线后放出缝份及袖口贴边后裁剪，然后缝合。

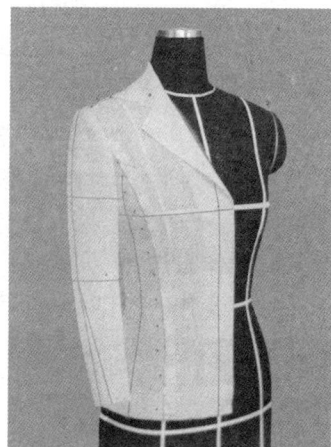

(12)袖子与衣身缝合后的效果。

图5-29　两片袖操作步骤

第五节　袖的变化方法

袖子在服装部件中占有十分重要的位置。因此在服装设计中袖子的款式设计和变化也显得很突出。立体构成中袖子的变化一般都在基本袖的基础上进行变化,也有直接在立体上制取。重要的是要注意袖的功能性与美观性的有机揉合。常见的有袖省的变化,衣身与袖的连裁与及外轮廓造型等的变化。

一、袖省的变化

1. 款式特征

把基本袖中的袖肘省像省道转移一样转移成袖口省。也可以利用袖口省作袖口开叉处理(如图 5-30 所示)。

2. 布料准备

取一块长 = 手臂长度 + 10cm,宽 = 手臂围度 + 15cm 的直丝布料(如图 5-31 所示)。

图 5-30　收袖口省的效果图

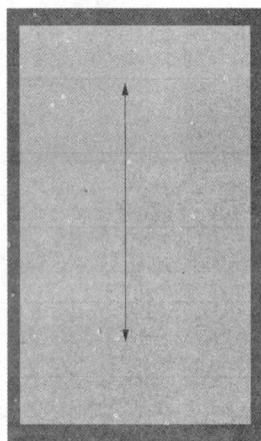

图 5-31

3. 操作方法

袖省变化的操作如图 5-32(1)~(6)所示。

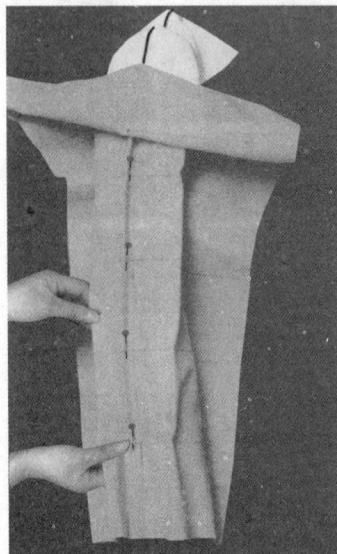

(1)把布料中心直丝对准手臂模型中心并用针固定,两侧整理出松度后用针固定。

(2)翻传手臂,整理好袖底缝,袖肘以上用针临时固定。前袖底缝缝头处剪刀口后拔开使其符合手臂形状。

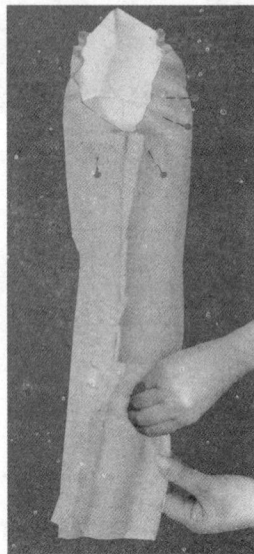

(3)用抓合固定法固定袖底缝。后袖口处根据手臂形状整理出袖口省并用针固定。粗剪袖出头,用针别出缝缩量。

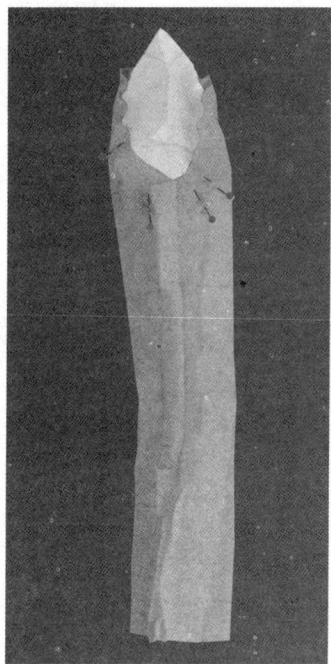

(4)用针固定，整理好后的袖子形状。

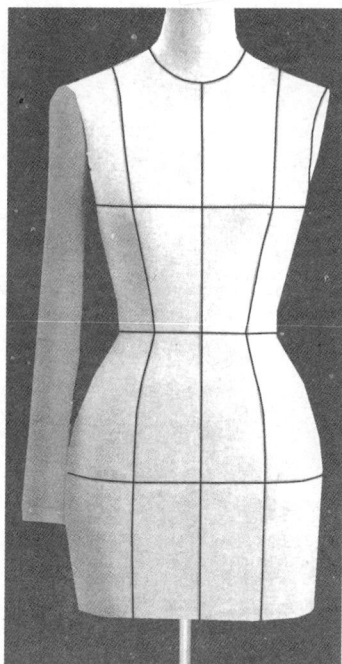

(5)袖山头用线缝缩后放在烫凳上烫匀缝缩量。放在模型上观察修正。

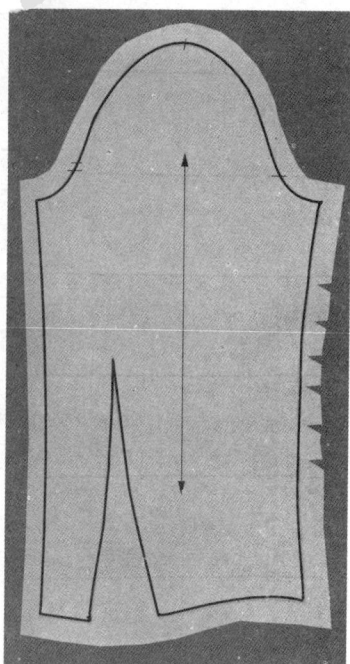

(6)修正后的袖子展开成平面。用弧尺修正净缝线及省道。

图5-32　袖省变化的操作

二、衣身与袖的连裁——插肩袖

1.款式特征

插肩袖是把衣身部分的一部分量转移到袖子上。转移量的多少和形状可根据设计需要来进行变化，袖子变化的自由度大。它比较适合外套、大衣、时装等（如图5-33所示）。

2.布料准备

取一块长＝基本袖长＋25cm，宽＝基本袖肥＋15cm的直丝布料，并如图5-34画好基础线。

图5-33　插肩袖效果图

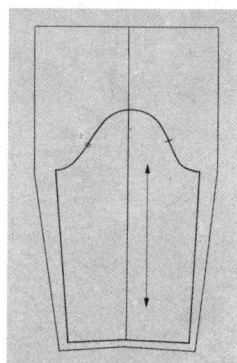

图5-34

3. 操作方法

插肩袖的立体构成操作方法如图 5-35(1)~(9)所示。

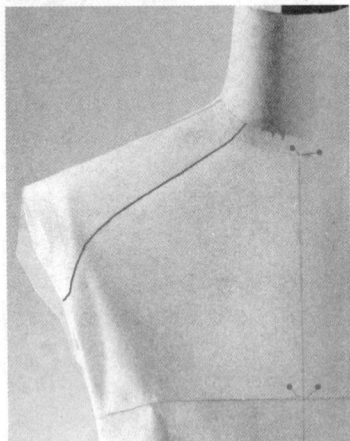

(1)在前后衣身上标出插肩线。

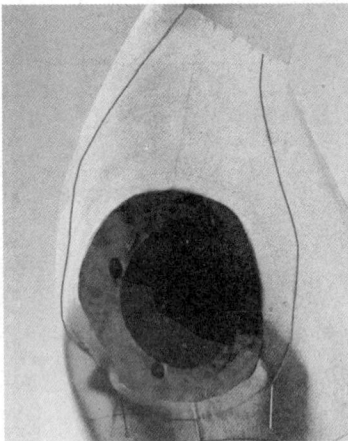

(2)如图在袖底处用针固定。

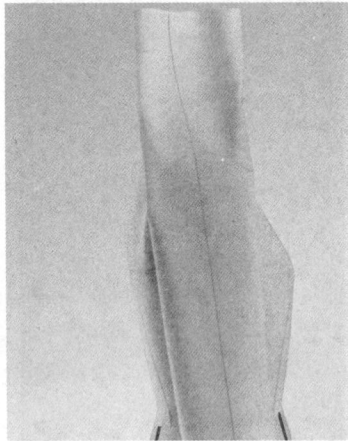

(3)在手臂上做好袖管。并在上部留出足够的布料。袖底缝与侧缝对准，决定袖子的抬手量及倾斜度后粗剪袖底。并与袖窿固定。

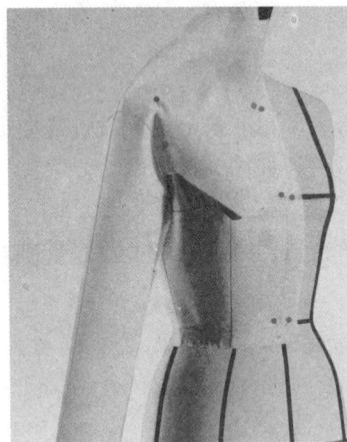

(4)在袖窿弧线与插肩布转折处打刀口，使插肩布覆盖在衣身上面。

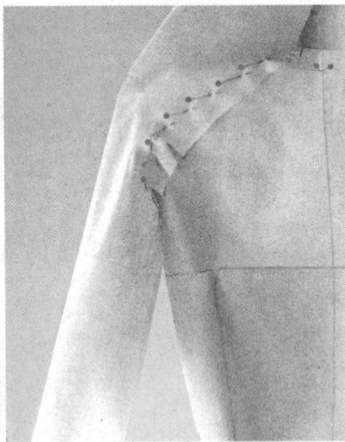

(5)用针固定前、后插肩线，并整理出肩部的多余量。

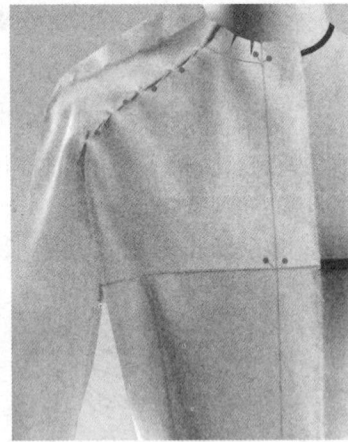

(6)折光前、后插肩线，并用斜针固定。用针别出肩部多余量，留出缝头后把多余部分剪掉。

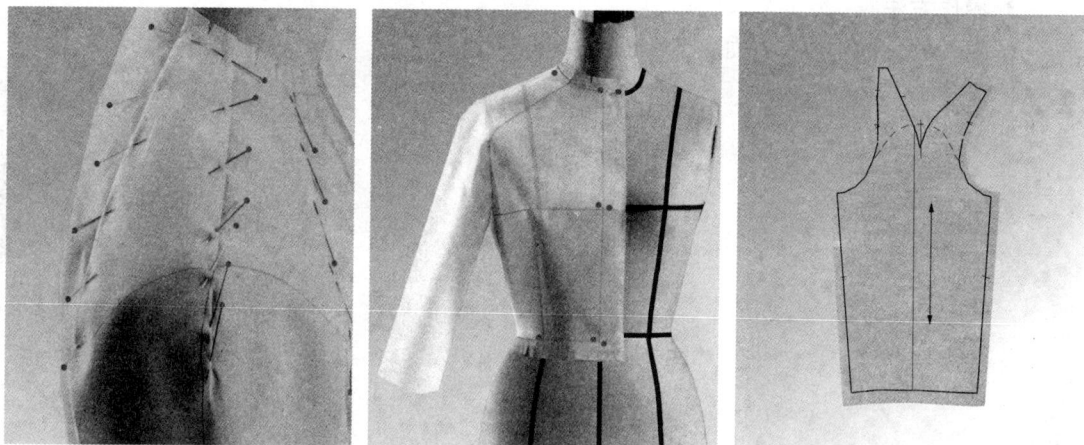

(7)肩缝折光后用斜针固定。　(8)完成后的插肩袖造型。　(9)修正后的袖子展开成平面用弧尺修正净缝线。

图 5-35　插肩袖立体构成操作方法

三、外轮廓造型

（一）羊腿袖

1. 款式特征

羊腿袖的造型是肘关节以上部分膨松、夸张的造型,肘关节以下部分为合体的细长造型（如图 5-36 所示）。

2. 布料准备

袖布:取一块长 = 基本袖长 + 50cm,宽 = 基本袖肥 60cm 的直丝布料。尼龙网纱:取一块长 50cm,宽 100cm 的细尼龙网纱。

图 5-36　羊腿袖效果图

3. 操作方法

羊腿袖的立体构成操作如图5-37(1)～(5)所示。

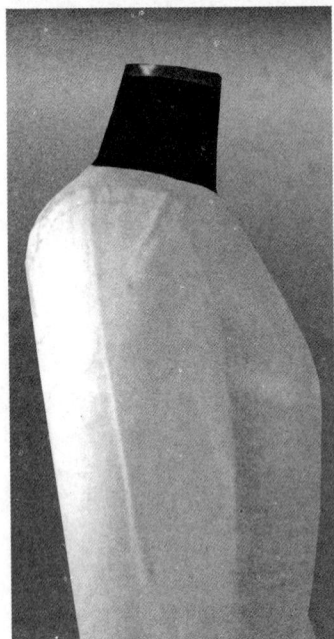

(1)在人体模型上安装手臂后做内袖。

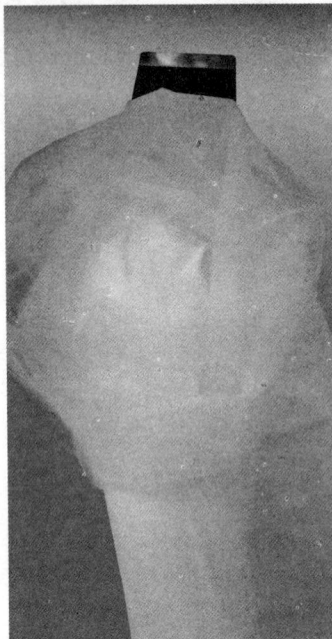

(2)袖肘上段装上有硬挺度的尼龙网纱里衬,做成蓬起状。

(3)如图将面料固定在手臂上,袖山前、后打褶,袖肘处采用细裥收口。

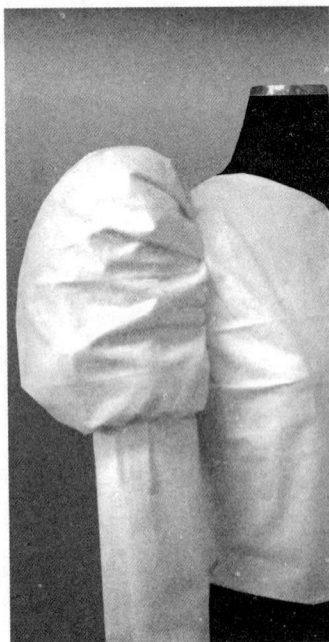

(4)修掉袖山及袖肘处的多余面料,并折光与内袖缝合。

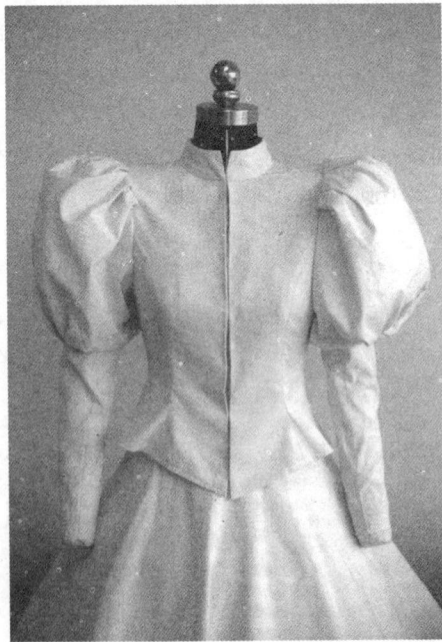

(5)羊腿袖整体效果。

图5-37　羊腿袖操作方法

（二）罗马袖

1.款式特征

罗马袖的袖山部分采用叠褶来夸张造型,袖肘以下是比较合体的造型(如图5-38所示)。

图5-38 罗马袖效果图

2.布料准备

袖布:取一块长 = 基本袖长 +50cm,宽 = 基本袖肥40cm 的直丝布料。

3.操作方法

罗马袖的操作方法如图5-39(1)~(6)所示。

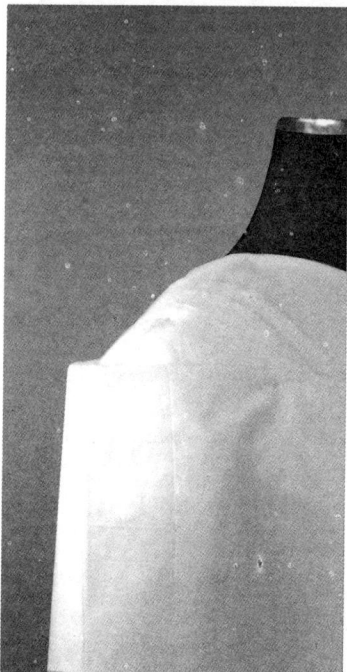

(1)在人体模型上安装手臂后做好内袖。在内袖外面如图固定打褶布。

(2)设计好褶裥大小,自上而下折叠褶裥,一边折叠,一边固定。

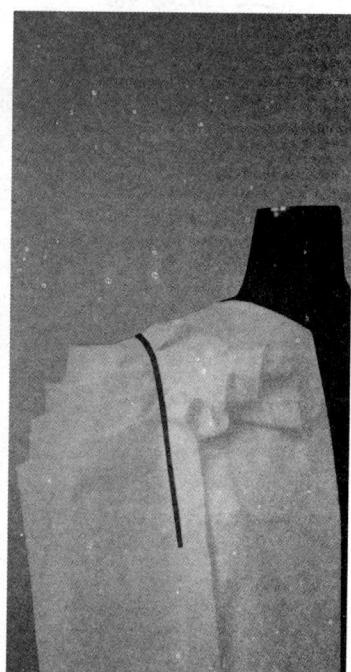

(3)整理好褶裥后,用色带标出袖山线。

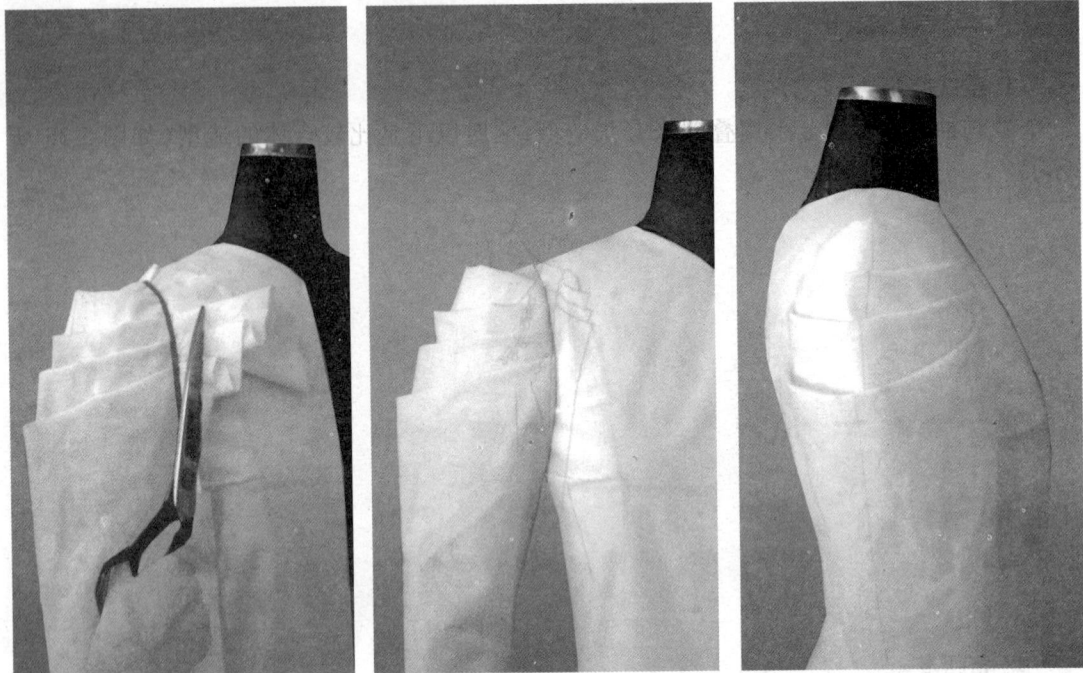

(4)如图剪掉袖子多余布料。　　(5)折光与内袖缝合。　　　(6)罗马袖完成后的侧面图。

图5-39　罗马袖操作方法

（三）花球袖

1.款式特征

花球袖的造型是在袖山部位,做成像一朵盛开的绣球花的形状(如图5-40所示)。

图5-40　花球袖效果图

2.布料准备

袖布:花球袖布取一块长250cm,宽150cm的白坯布内袖布取一块长40cm,宽30cm的白坯布。

龙纱网:取一块长230cm,宽130cm细尼龙网纱。

3.操作方法

花球袖的操作方法如图5-41(1)～(4)所示。

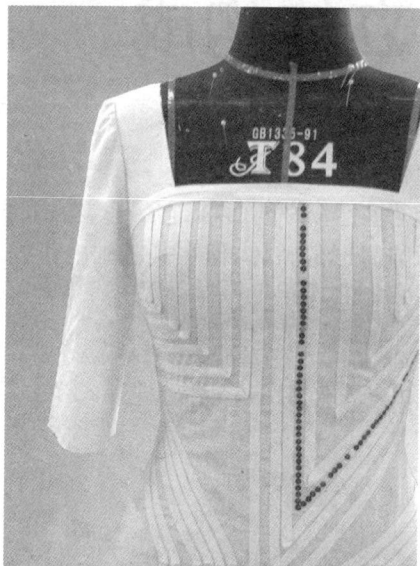

(1)做内袖。方法与普通袖一样。

(2)把尼龙网纱及袖布如图先打褶。

(3)在内袖外面先将打褶的尼龙网
纱做成蓬松状与内袖固定。

(4)将袖子的面布如图做成花球状包
裹在尼龙网纱外面。

图5-41　花球袖立体构成的操作方法

第六章　裙的立体构成

　　裙子是妇女较为理想的服饰。一般都喜欢选用悬垂性较好的面料,它飘逸、动感的特点最能体现女性婀娜多姿的体态。它的基础型是一个圆筒形的整体,但在其基础上作任意的分割、剪展和加褶等变化,裙款变化就显得千姿百态,丰富多样。

第一节　下体体型特征与裙的关系

一、下体体型特征

　　下体即人体的下半身,包括下肢带(腰、腹、臀部)和下肢(胯部、腿部和足部)。其中腰围线把人体分成上半身和下半身,即腰围线是人体上、下半身的分界线,它的位置及状态是支撑下半身服装(裙、裤)美的功能。而下肢是支撑人体站立时的重要部位,它不仅与上身的运动功能有联系,且本身具有宽广的运动范围。

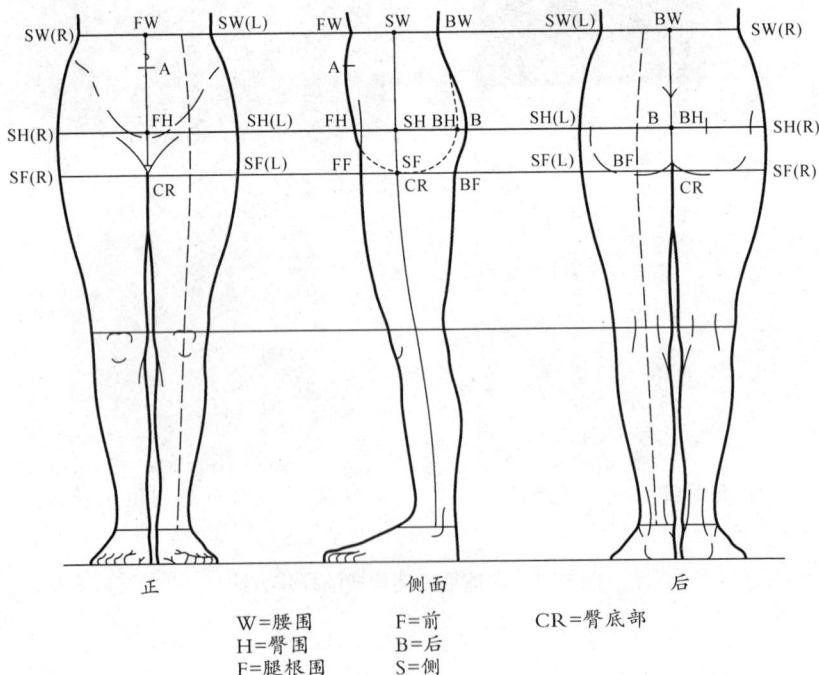

W=腰围	F=前	CR=臀底部
H=臀围	B=后	
F=腿根围	S=侧	

图 6-1

82

女士下体的体型特征是腰细而前倾,腹部略微前凸,臀部明显后凸,大转子和髋部凸点使侧身腰臀部位形成明显的抛物线,则正视腰臀部位近似于上小下大的正梯形(如图 6-1 所示);而图 6-2 所示是女性腰围与臀围的截面重合图,可见女性腰细骨盆宽大(即臀腰差大),下体较发达;另由于女性骨盆宽厚使臀大肌高耸,促成后腰部凹陷,而腹部前挺,故侧视女性下体显出优美的"S"形曲线。

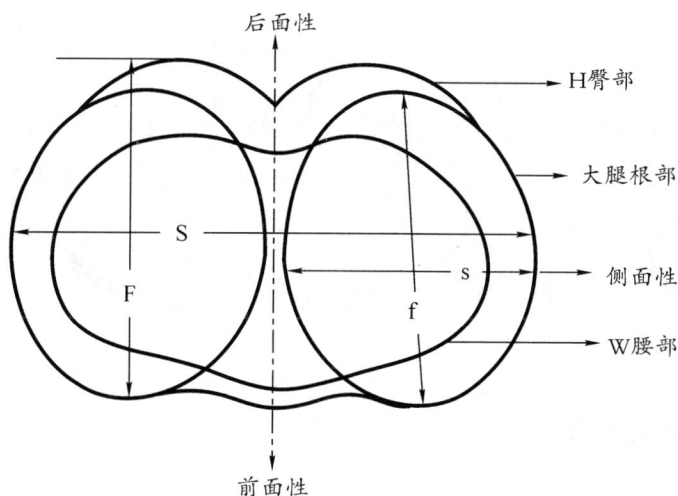

图 6-2

二、下肢体与裙的关系(下肢体的功能分布)

下肢体的功能分布如图 6-3 所示。

(1)贴合区 指由裙子、裤子的腰省等所形成的密切贴合区,是研究贴合性的部分。

(2)作用区 此区包含臀沟和臀底易偏移的部分,是考虑裤子运动功能的中心。

(3)自由区 是臀底剧烈偏移调整用的空间,是裤子裆部自由造型的空间。

(4)设计区 裙子、裤子设计时,进行外轮廓造型变化设计的区间,即此区域也应用美的效果的原则。

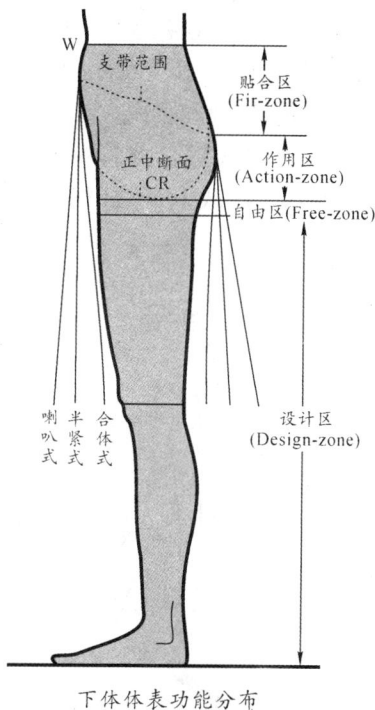

第二节 波浪裙的立体构成

波浪裙又称圆裙、斜裙或喇叭裙。这类裙的腰部无省道,外形是上小下大,呈放射状,垂挂下来形成波浪裙摆,下摆有平齐的圆形、参差不齐的方形或一边长一边短的圆形等造型变化,如图 6-4 所示。另外裙摆波浪的个数、大小影响裙摆的角度,有 90 度斜裙、180 度半圆裙、

下体体表功能分布

图 6-3

360 度圆裙等,且分别一片、两片或四片等组成的波浪裙。下面以选用较薄坯布做两片的平下摆圆裙的立体构成为例。

图 6-4

一、平下摆两片圆裙

1. 款式特征

腰部无省道,外形呈放射状的波浪,下摆与地面水平,结构为两片圆裙(如图 6-5 所示)。

2. 布料准备

(1)取料

一片圆裙:2 倍裙长 + 20cm 为边长的正方形的布;两片圆裙:长 = 2 倍的裙长 + 20 ~ 25cm,宽 = 裙长 + 10 ~ 12cm 的长方形布两块。

(2)熨烫、画丝缕线

不喷水的熨烫布面平整,丝缕垂正,并在布中间画垂线,离布边 10cm 画横线,沿垂线剪口,剪至离水平线 1cm 处(如图 6-6 所示)。

图 6-5

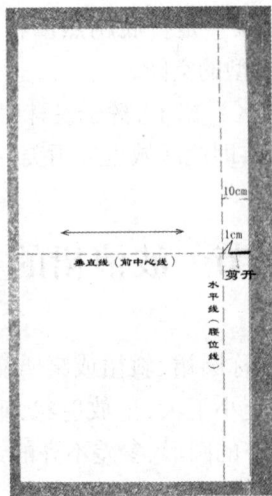

图 6-6

3. 操作方法

平下摆两片圆裙立体构成操作方法如图 6-7(1) ~ (9) 所示。

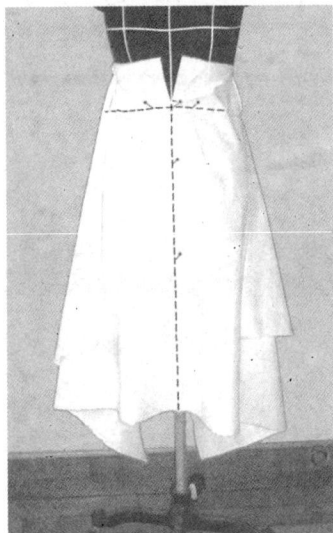

(1)披布将布放在人模上，垂线对准前中心线，水平线对准腰围线，用针固定。

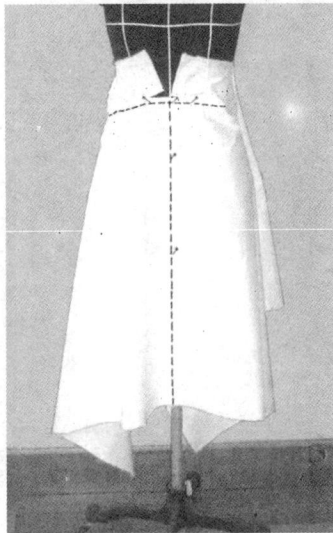

(2)确定第一个波浪的位置用针固定，第一个波浪与前中心1.5~2.5cm，如图整理好第一个波浪，在腰口线留1cm缝头剪横刀口。

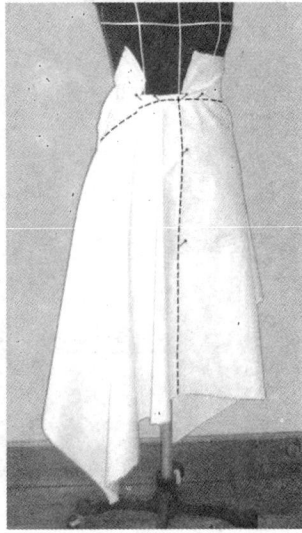

(3)确定第二个波浪的位置用针固定，波浪间距为3~5cm，沿腰口线1cm缝头剪横剪口。

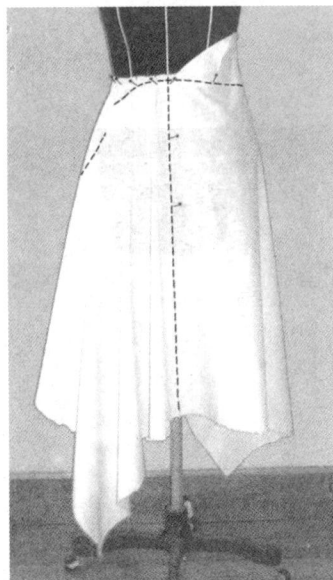

(4)同方法依次做右边的波浪，要求波浪大小均匀，最后粗剪侧缝。

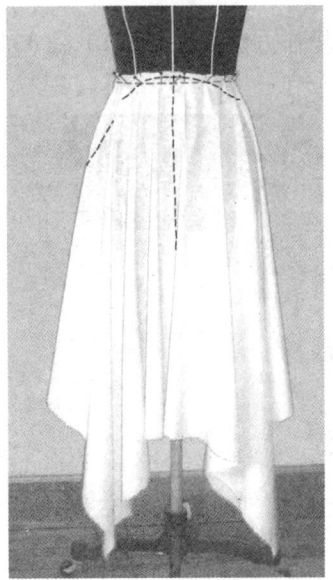

(5)同方法依次做左边的波浪，剪侧缝，要求左右波浪均匀、对称；并同样方法制取后片。

(6)确定裙腰线、侧缝线和下摆线与地面水平，前后侧缝对齐，用铅笔画出腰口、侧缝和下摆的净缝线。

(7)粗剪裙下摆。

(8)前后裙片缝合，装上腰头，在人模上试样修正。如图是圆裙完成图。

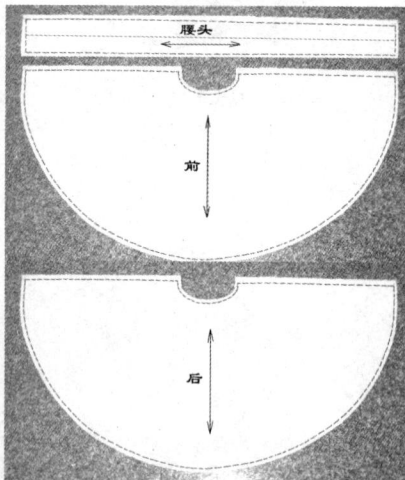

(9)将所取得的裙片留1cm缝头裁剪完整，如图展开成平面。

图6-7 两片圆裙立体构成操作方法

二、波浪裙下摆变化立体构成

波浪裙下摆变化立体构成操作方法如图6-8(1)～(3)所示。

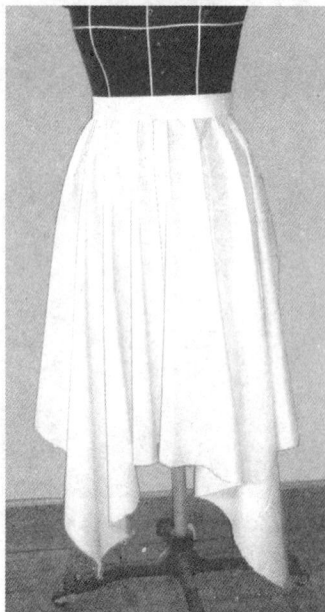

(1)方形裙的裙下摆参差不齐。

(2)斜底摆大圆裙。

(3)斜底摆小圆裙。

图6-8 波浪裙下摆变化立体构成操作方法

第三节　褶裙的立体构成

褶是服装造型设计的主要表现形式之一。褶又有多种状态,如抽褶(即碎褶)、顺褶、对褶和垂褶等,各种形态的褶赋予服装立体造型的美感。下面举两款褶裙的立体构成的例子。

一、碎褶裙的立体构成

1.款式特征

碎褶裙是一种宽松、随意的裙款(如图 6-9 所示),其在结构上不采用省道处理臀腰差,而采用自由的碎褶。面料一般选用细平布、人造棉和丝绸。

2.布料准备

(1)取料

取两块布,长 = 裙长 + 10 = 70 ~ 80cm,宽 = 臀围/2 × 2 + 10 = 100cm。

(2)熨烫、画线

不喷水的熨烫布面平整,丝缕垂正,并在布中间画垂线,离布边 5cm 画横线,并沿横线以 1cm 左右的针距用手缝针缝缩(如图 6-10 所示)。

图 6-9　碎褶裙效果图

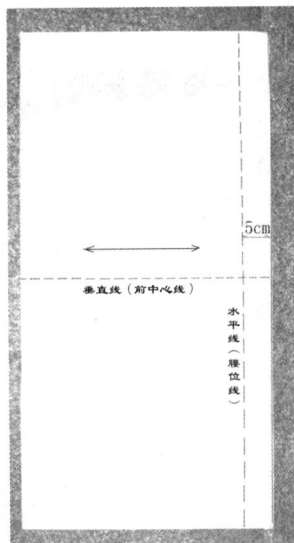

图 6-10

3.操作方法

碎褶裙立体构成的操作方法如图 6-11(1) ~ (5)所示。

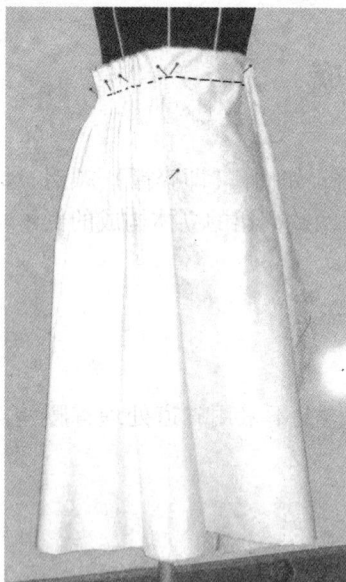

(1)披布，布的垂线对准人体模型前中心，横线对齐腰围线，用针固定。首先在前裙片右边抽褶并整理均匀，整理腰口弧线时，布料逐渐下降至侧缝用针固定。

(2)用同样方法把前裙片左边抽褶并整理均匀；也用同样方法制取后裙片，并如图用色带标出裙腰线、侧缝。

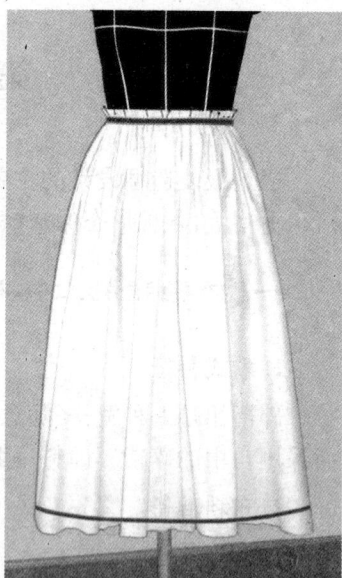

(3)用色带标出裙下摆线，下摆线与地面水平，腰口留1cm缝头，其余修剪。

(4)修剪裙下摆，别上裙腰，观察并修正裙子的形态。

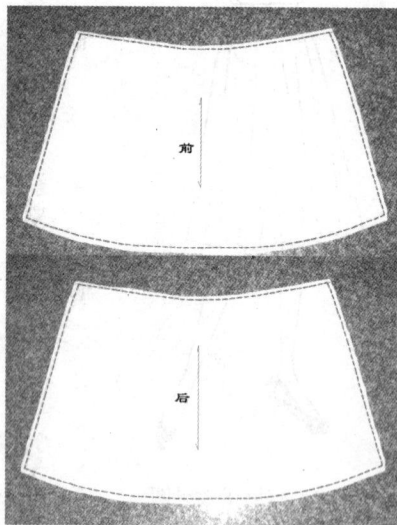

(5)描画裙腰围、侧缝、下摆边的净样线，如图展开后，用弧尺、直尺修正净缝线。

图6-11　碎褶裙立体构成的操作方法

二、斜褶直身裙的立体构成

1. 款式特征

斜褶直身裙的款式特征为裙褶集中在腰左侧呈放射状向裙身扩展的变化直身裙,其内部结构是将腰省转变成侧褶的形式,通过褶量与褶方向的变化产生律动,为简洁的直身裙增添几分活泼轻松感(如图6-12所示)。造型设计时,注意把握褶量,太多显臃肿夸张,太少又缺乏立体效果。

2. 布料准备

(1)取料

前裙片:长 = 裙长 + 40 = 90 ~ 100cm,宽 = 臀围/2 + 40 ~ 50 = 85 ~ 95cm。

后裙片:长 = 裙长 + 10 = 60 ~ 70cm,宽 = 臀围/2 + 10 = 55cm。

(2)熨烫、画丝缕线

不喷水熨烫布面平整,丝缕垂正,距左侧布边40cm处画垂线,距上布边5cm画横线,再从上横线向下18cm处画第二条横线(如图6-13所示)。

图6-12 斜褶直身裙效果图

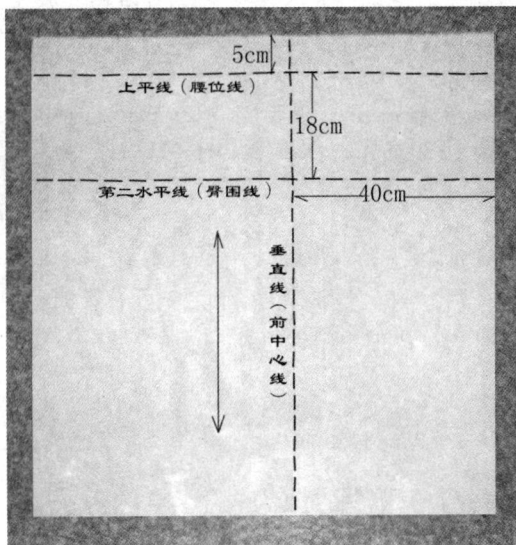

图6-13

3. 操作方法

斜褶直身裙的立体构成操作方法如图6-14(1)~(6)所示。

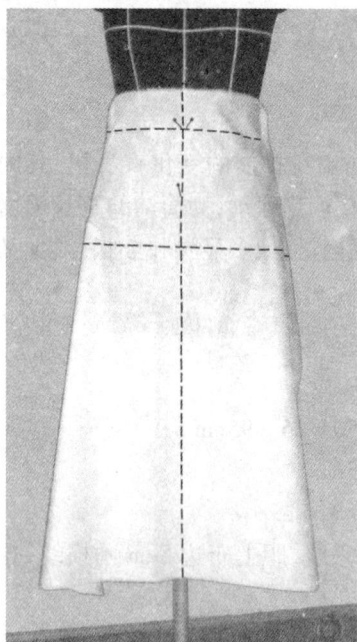

(1)披布，布的垂线对齐人体模型前中心线，上横线对齐人体模型的腰围线，下横线对齐臀围线用针固定。

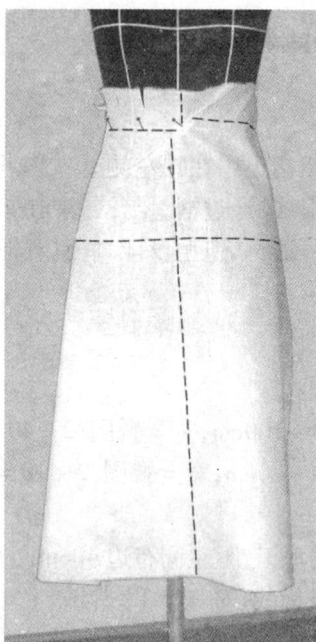

(2)将右侧臀腰差量向左侧推，从前中心位置开始做第一个斜褶，褶量=3~4cm。

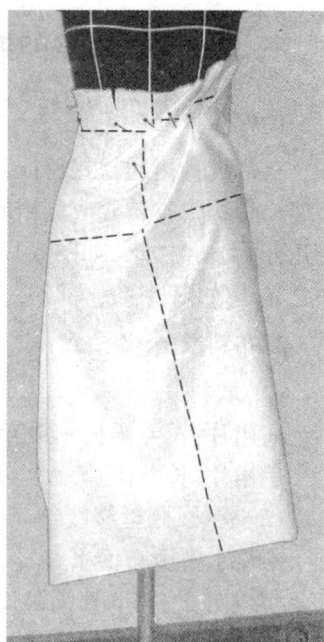

(3)再将右侧面料拉向左侧，依次做斜褶。

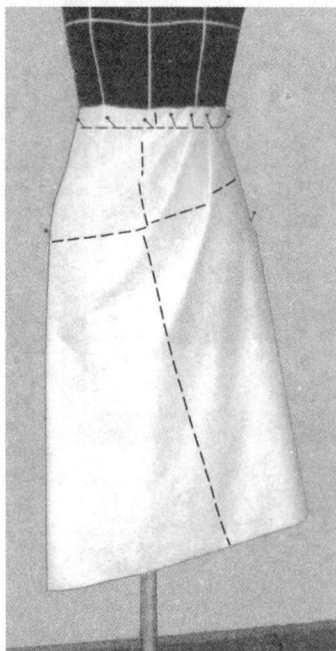

(4)做四个斜褶排列至左侧腰线，褶的疏密节奏与整体的平衡统一。由于裙片被向上斜拉，布的垂线也随之倾斜至左侧缝。

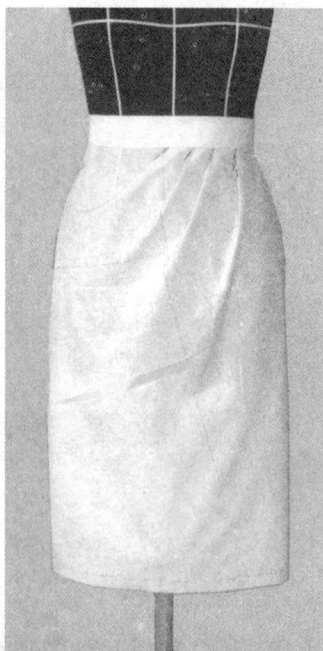

(5)裙褶造型确定后取臀围处放松量1cm，描画腰线和侧缝，留缝头1cm修剪，裙长取55cm修整裙摆呈水平状。

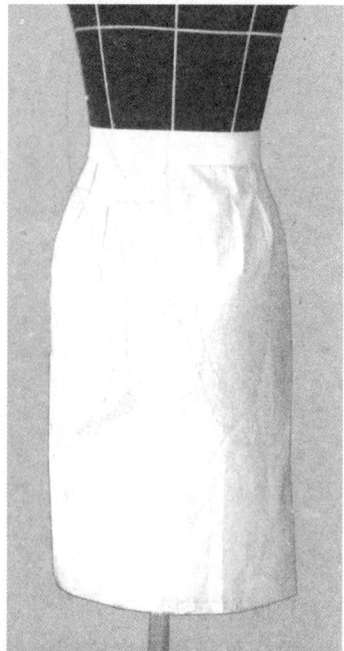

(6)后裙片为直身裙造型。做腰省，臀围放松量1cm，前后侧缝连接自然，下摆保持平齐，描画、修剪，最后别上腰头。

图6-14 斜褶直身裙的立体构成操作方法

三、育克顺褶裙的立体构成

1. 款式特征

育克顺褶裙是一种横向分割、裙摆单方向均匀褶裥的裙款，在结构上不采用省道处理臀腰差，而采用育克片处理臀腰差关系（如图6-15所示）。

2. 布料准备

（1）取料

取育克布两块，长＝腰位至中＋8＝20cm，宽＝臀/2＋5＝50cm。

取裙摆布两块，长＝裙摆长　＋10＝40～60cm，宽＝臀围/2×3＋5＝140cm。

（2）熨烫、画丝缕线

不喷水熨烫布面至平整，丝缕垂正并在布中间画垂线，离育克布上边5cm画水平线（如图6-16所示）。

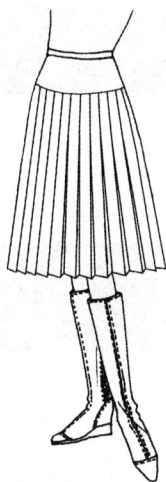

图6-15　育克顺褶裙效果图

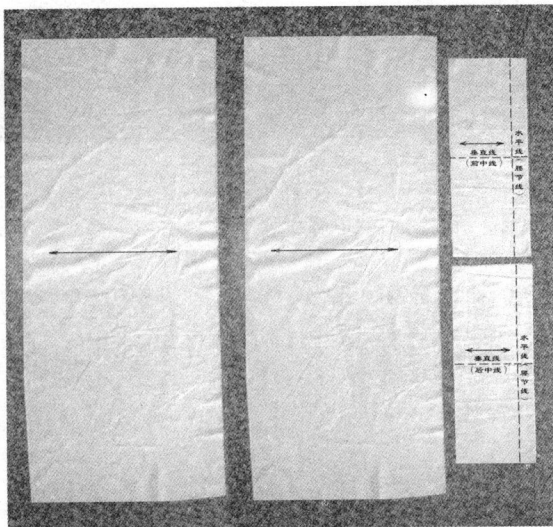

图6-16

3. 操作方法

育克顺褶裙的立体构成如图6-17（1）～（13）所示。

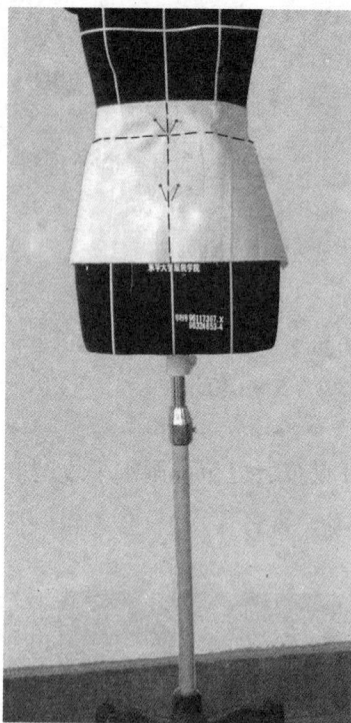

(1)披布，育克布的垂线对准人体模型前中心，水平线对齐腰围线，用双针固定前中。

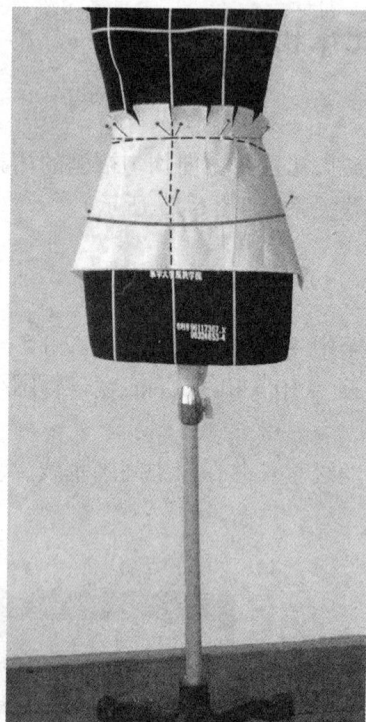

(2)向左右侧扶平育克片，腰节以上边扶边剪口，依次用针固定，并标示中臀分割线，描画腰围线和侧缝线。

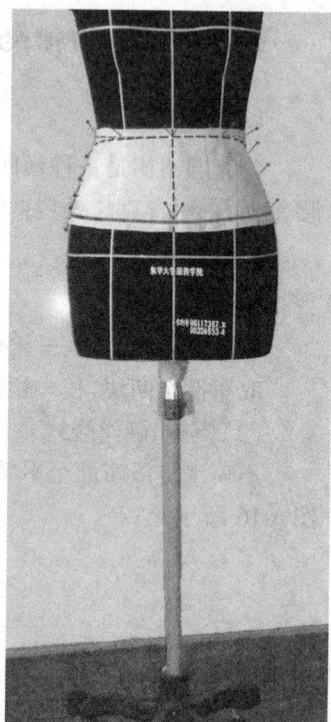

(3)按净样留1cm缝头，修剪多余量。

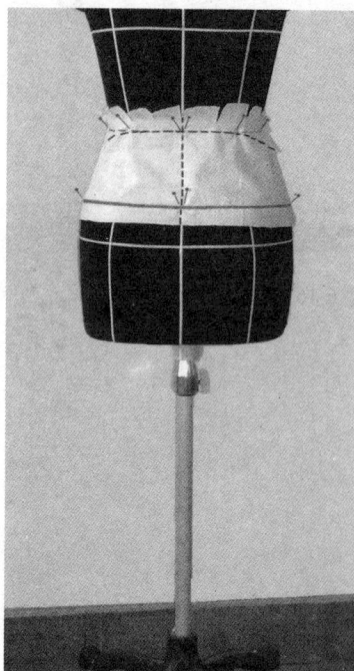

(4)同方法做后育克。

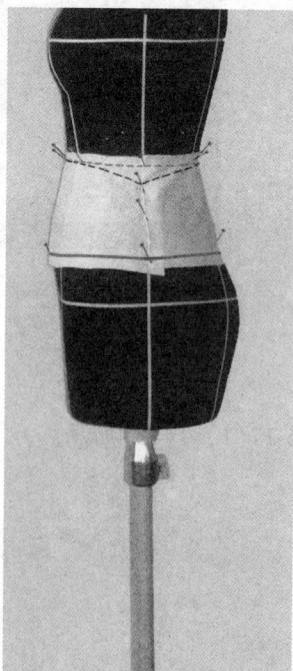

(5)后侧缝缝头折倒，盖别于前侧缝，前后侧缝对齐。

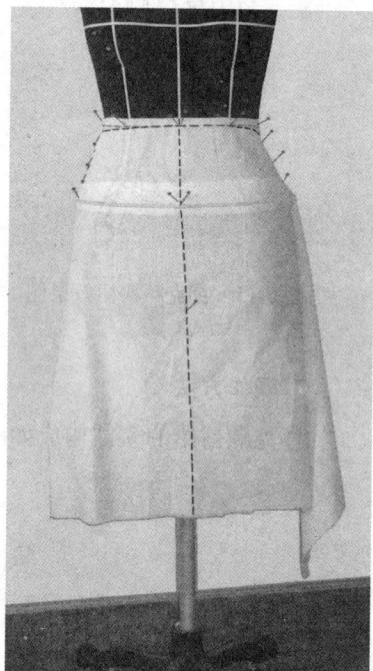

(6)前裙摆垂线对齐前中线固定。

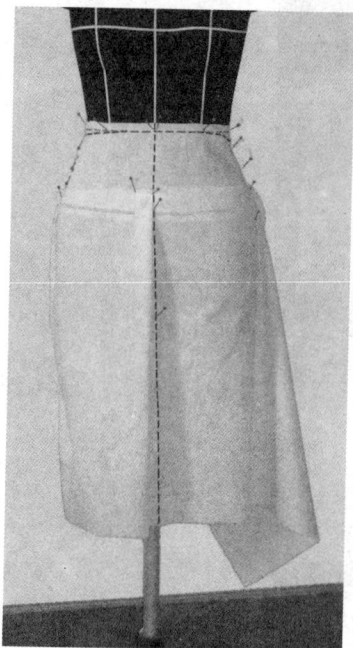

(7)在前中线做褶裥，褶宽、褶量按款式定。

(8)同方向依次做褶裥，褶宽均匀、褶量相等。

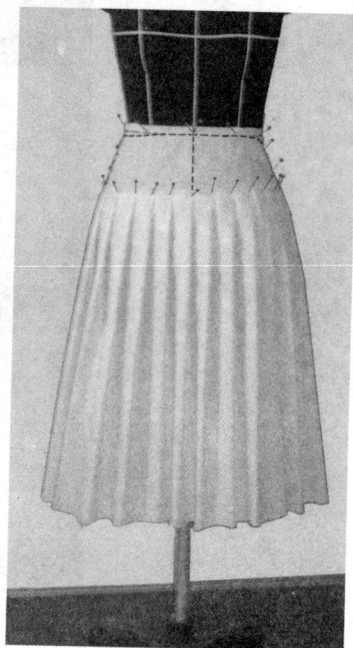

(9)同方法做另一边的褶裥。

(10)将育克下边缝头折倒，盖别在裙摆褶裥上用别针固定。

(11)按立裁设定裙摆的褶宽、褶量，熨烫均匀、平整。

(12)重新固定到人模上观察修正，装上腰头即为育克顺褶裥。

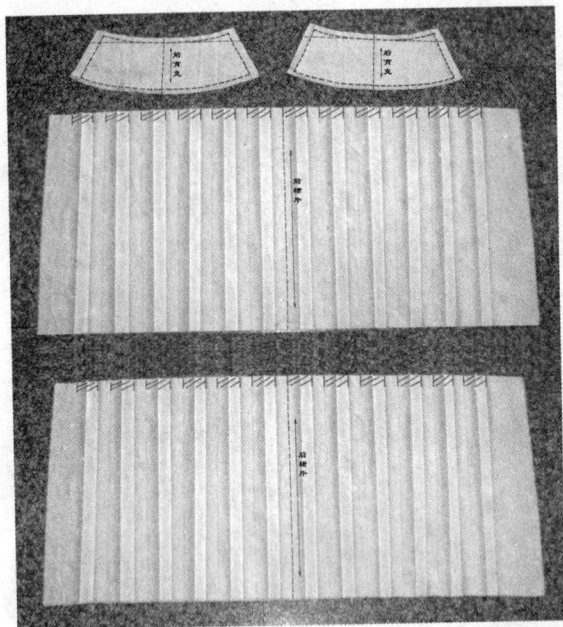

(13)展开后用弧尺、直尺修正净样线如图。

图 6-17　育克顺褶裙立体构成操作

第四节　裙的变化方法

裙款变化丰富,分类方法五花八门。一般采用长度、廓型和腰位高低等三种分类法。按长度分有超短裙、短裙、齐膝裙、中庸裙、长裙和曳地裙;按廓型分有窄裙、直筒裙、A 字裙、斜裙、圆裙(波浪裙)、喇叭裙及灯笼裙等;按腰位分有高腰裙、连腰裙、装腰裙、无腰裙及低腰裙;如按不同形式结合,再加上分割、褶裥的结构处理,裙款变化更加丰富。

下面举几款裙子立体构成的例子。

一、灯笼裙的立体构成

1. 款式特征

灯笼裙是一种在腰位、裙摆采用自由褶,而裙身如灯笼型的宽松、随意隆起状的裙款(如图 6-18 所示)。

2. 布料准备

(1)取料

里裙片取两块布,长 = 里裙长 + 5 = 40 ~ 45cm,宽 = 臀围 1/2 + 10 = 55cm。

外裙片取两块布,长 = 里裙长 + 30 = 70cm,宽 = 臀围 1/2 × 2 ~ 3 = 120cm。

(2)熨烫、画丝缕线

要求熨烫时不喷水,烫完后布面平整,丝缕垂正。每块布中间画垂线,距上布边 5cm 画横线,再从上横线向下 18cm 处画第二条横线(如图 6-19 所示)。

图6-18　灯笼裙效果图

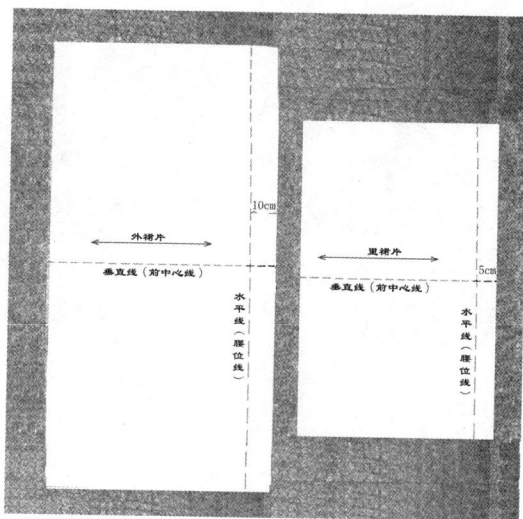

图6-19

3. 操作方法

灯笼裙立体构成的操作方法如图6-20(1)～(6)所示。

(1)里裙片立体构成同基本裙。做腰省，臀围放松量1cm，前后侧缝连接自然，下摆保持平齐。

(2)外裙处立体构成同碎褶裙。腰部抽褶并整理均匀，腰口弧从前中逐渐下移至侧缝用针固定，修下摆平齐。

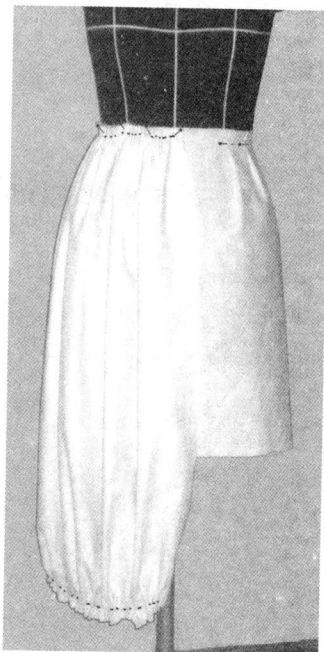

(3)外裙下摆抽缩与里裙下摆等长。

(4)将里外裙下摆缝合腰围缝合，整理外裙摆蓬松如灯笼状。

(5)别上腰头即灯笼裙正面图。

(6)灯笼裙侧面图。

图6-20　灯笼裙立体构成方法

二、斜向鱼尾裙的立体构成

1. 款式特征

斜向鱼尾裙是在基本裙上作斜向分割成两节，上部保持贴体状，下部呈波浪造型的裙摆，其整体造型如鱼尾型，体现女性婀娜多姿的体态(如图6-21所示)。

2. 布料准备

(1)取料

上裙片：取两块布长＝里裙长＋5＝50～55cm，宽＝臀围1/2＋10＝55cm。

下裙片：取两块正方形布，边长＝2×裙摆长＋20～25＝80cm。

(2)熨烫、画丝缕线：要求熨烫时不喷水，烫完后布面平整，丝缕垂正。上裙布中间画垂线，距上布边5cm画横线，再从上横线向下18cm处画第二条横线；下裙布中间画垂线，即可(如图6-22所示)。

图 6-21　灯笼裙效果图

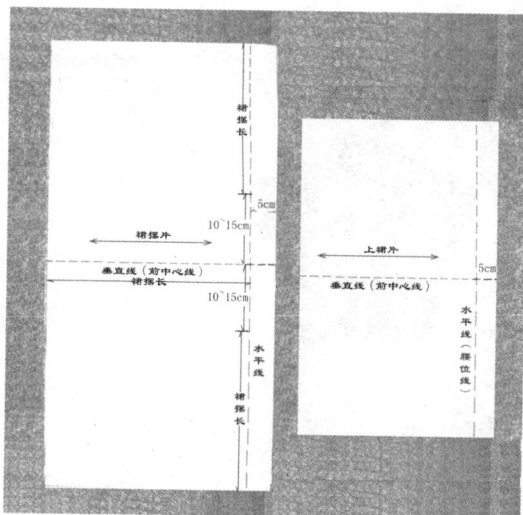

图 6-22

3. 操作方法

斜向鱼尾裙立体构成操作方法如图 6-23（1）～（5）所示。

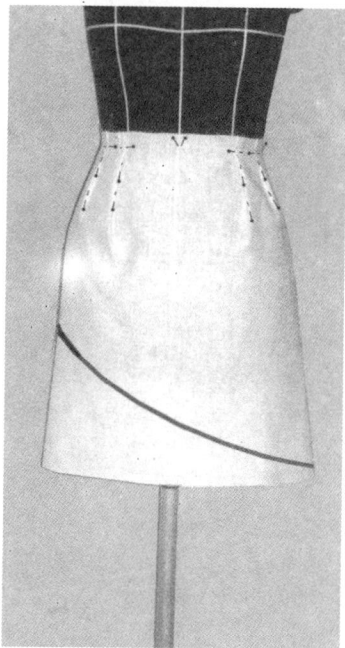

(1)上裙片立体构成同基本裙。做腰省，臀围放松量1cm，前后侧缝连接自然，下摆贴斜向分割标示线。

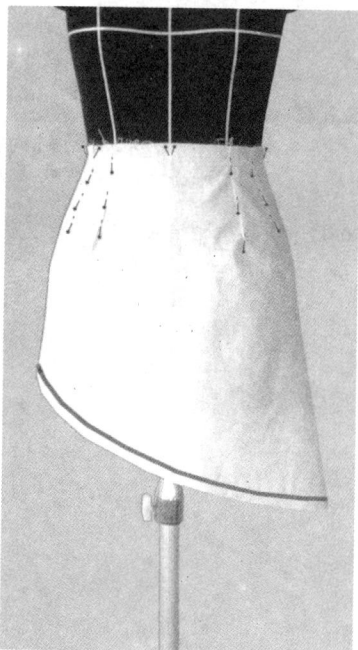

(2)确定下摆斜向分割线留1cm缝头，将多余量修剪，并描画、修剪腰线、侧缝。

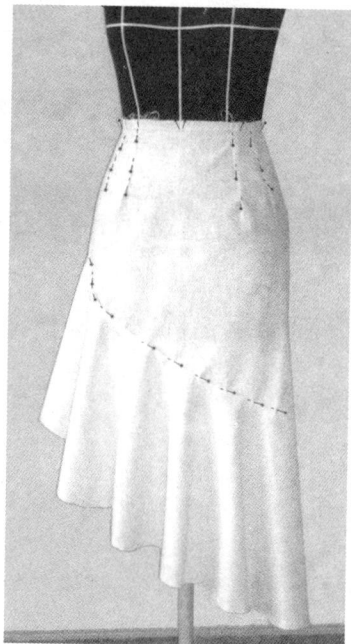

(3)在上裙片的斜向下摆边上，做下裙片的波浪裙摆，做法同圆裙(波浪裙)，确定裙摆造型描画下裙片净样型，留1cm缝头修剪。

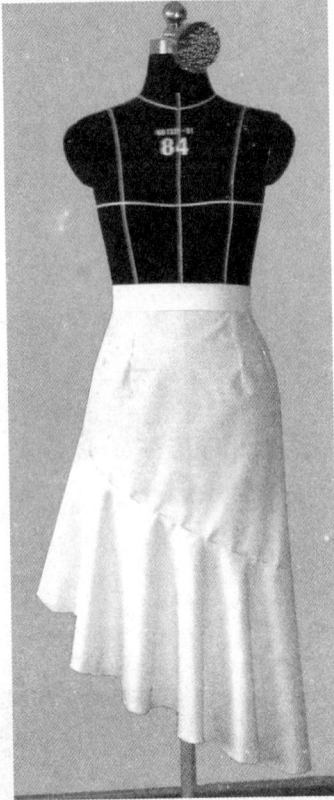

(4)别上腰头即斜向鱼尾裙
完成。

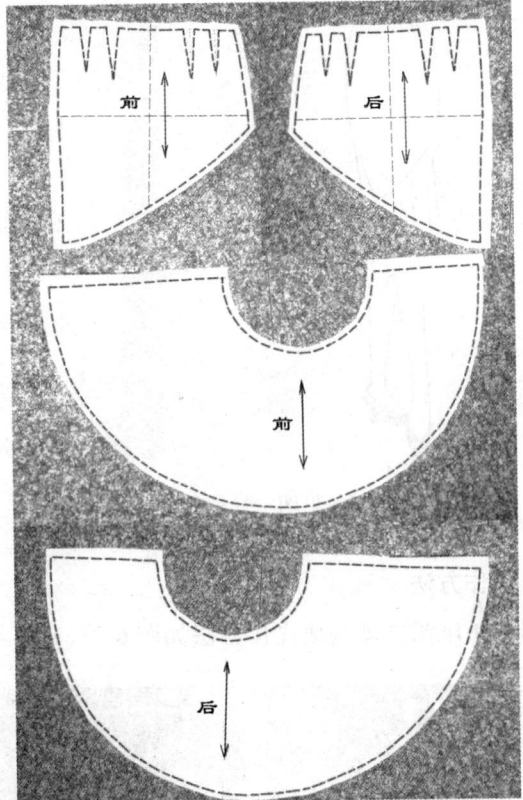

(5)将所取得的斜向鱼尾裙片留1cm缝头裁
剪完整，如图展开成平面。

图6-23　斜向鱼尾裙立体构成操作方法

第七章　成衣类服装的立体构成

成衣是服装应用的主要品种之一。为制作出和谐美观、穿着舒适的效果,把握服装的整体造型特征,胸、腰、臀各部位余量的加放,衣身与领子、袖子的配合及局部细节的处理都是非常重要的。

第一节　衬　衫

一、肩育克衬衫

1. 款式特征

该款衬衣肩部设有育克,分割线的碎褶体现自然休闲的风格,下摆呈流畅的圆弧形,配上男式衬衫领,整体简洁大方(如图7-1所示)。

图7-1　肩育克衬衫效果图

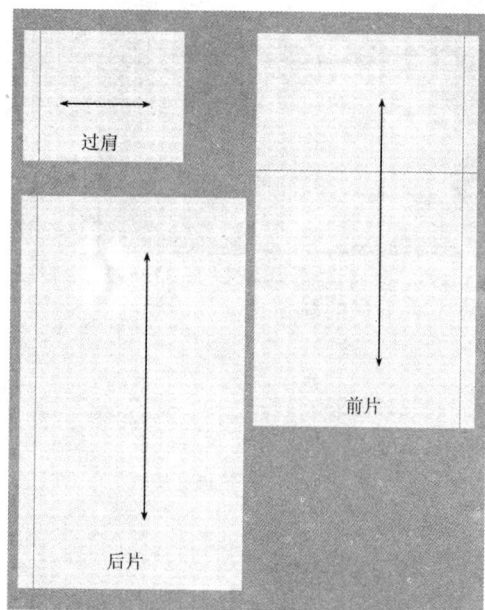

图7-2

2. 布料准备

肩育克料:长25cm,宽20cm;前片料:长为衣长+余量10cm(约60cm);宽为前中15cm(约35cm),标出前中心线和胸围线。

后片料:长宽同前片,标出后中心线(如图7-2所示)。

3. 操作方法

肩育克衬衫立体构成操作方法如图7-3(1)~(14)所示。

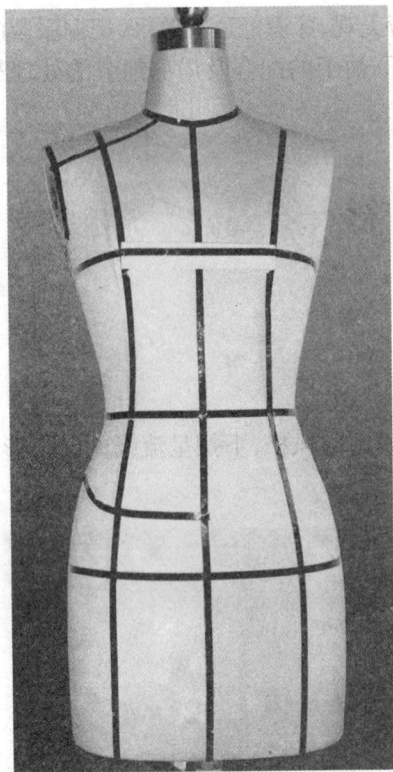

(1)在人台的前面粘贴好肩部的分割线和下摆的弧线形。

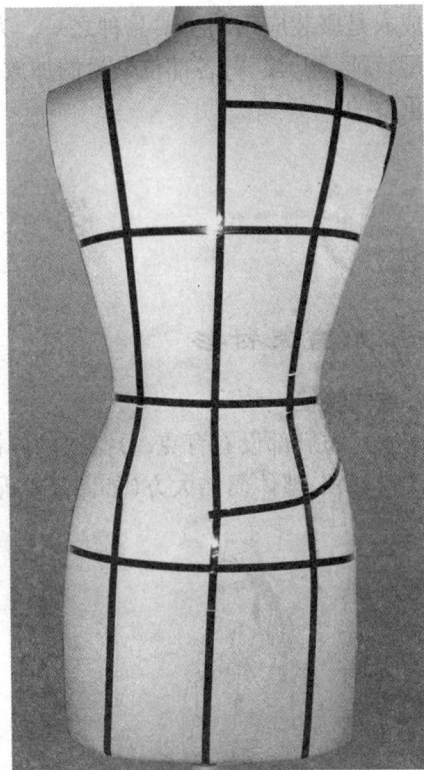

(2)在人台的后背粘贴好肩部的分割线和下摆的弧线形。

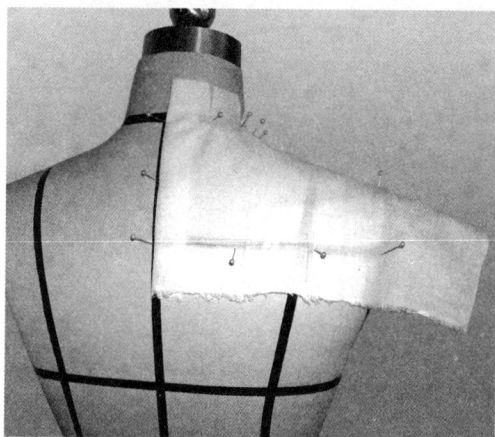

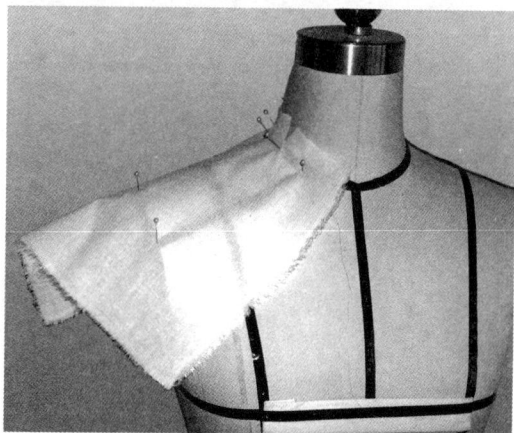

(3)将坯布上的丝缕线对齐人台的后中心线固定好，顺着人台的肩部推抚布料，领窝处打剪口，在背宽处放出松量。

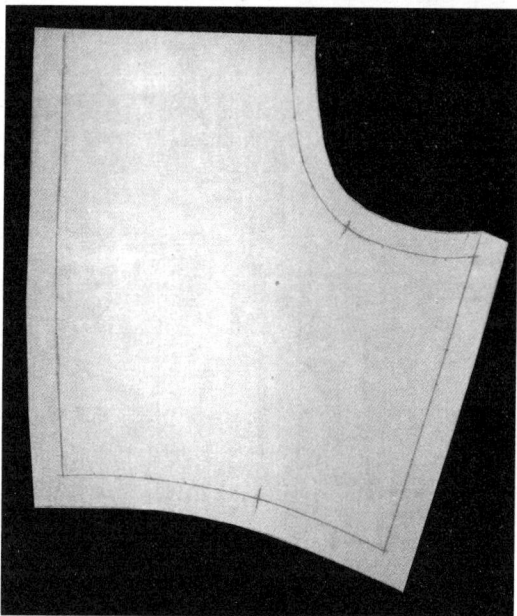

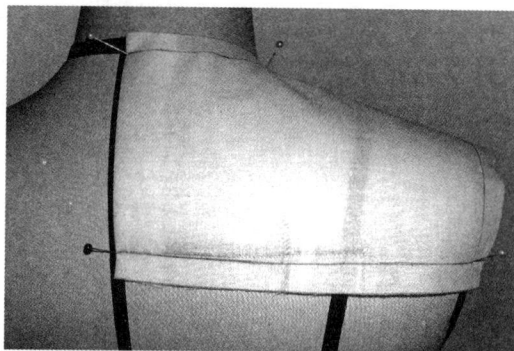

(4)做标记后取下，注意在侧颈点处和肩点处需做对位记号，放出缝份后剪下。

(5)放回人台。

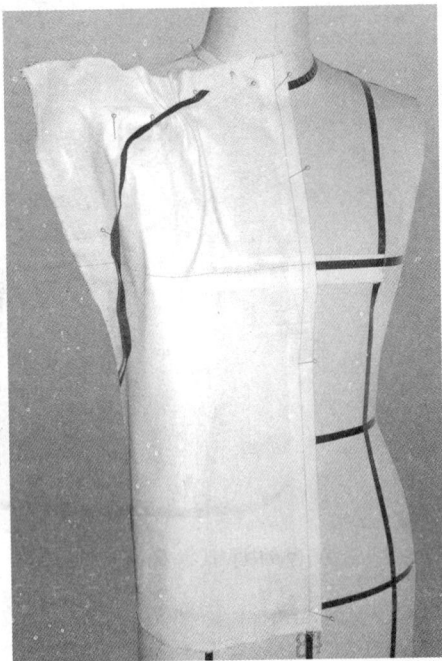

(6)将留取1.5cm搭门的前片对准人台的前中心线固定，使胸围线保持水平，多余的量在分割线上形成自然的碎褶。

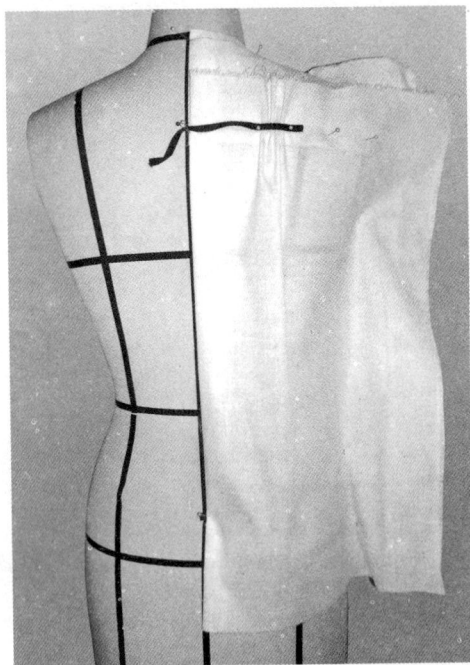

(7)将后片布料对齐后中心线固定在人台上，在肩胛骨附近采取抽碎褶的造型。

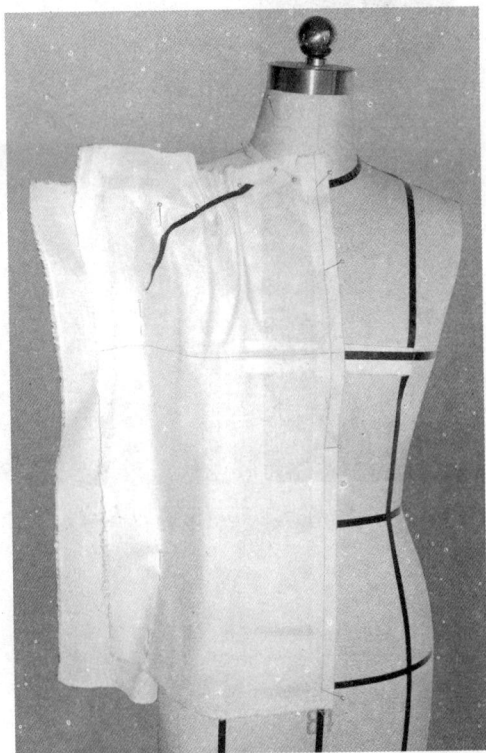

(8)前、后片的侧缝别在一起，注意在胸围、臀围处放出松量。

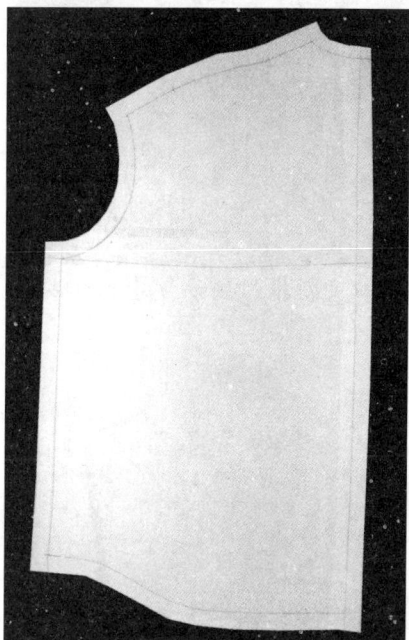

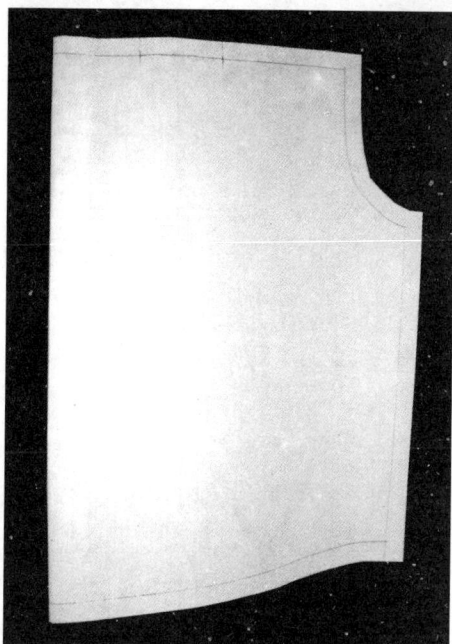

(9)做标记后取下，注意碎褶处的对位记号。

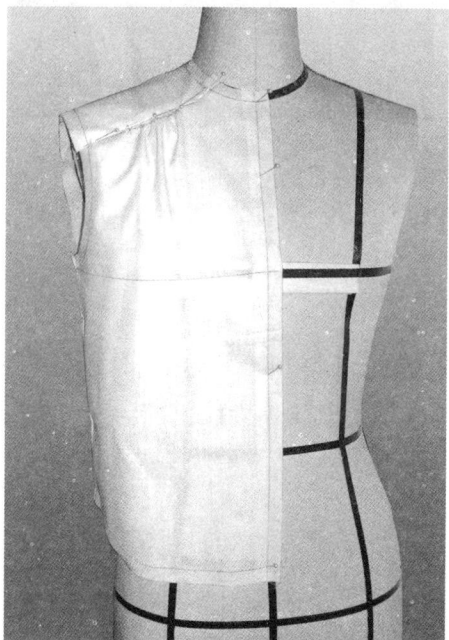

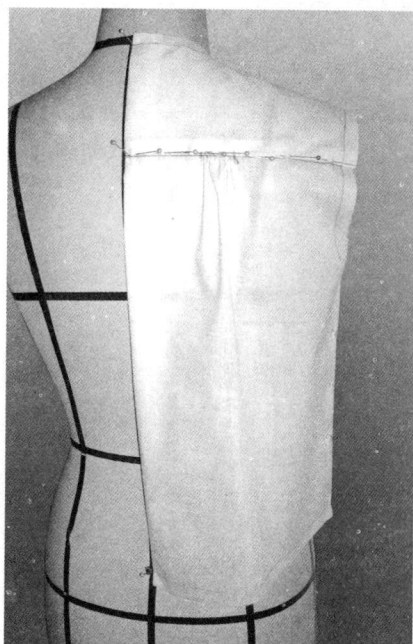

(10)拼合后放回人台。

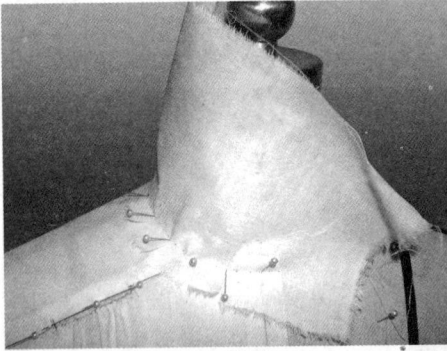

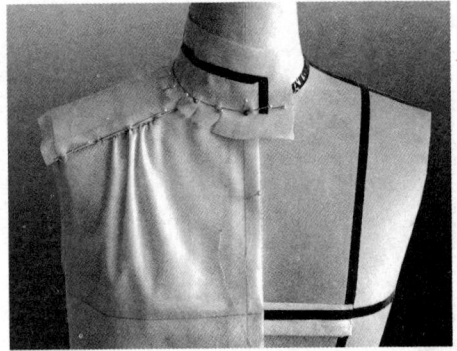

(11)将长方形领座的裁片从后中沿领窝绕向前止口处，根据领子与脖子的贴合程度决定弧线，并定出领座高。

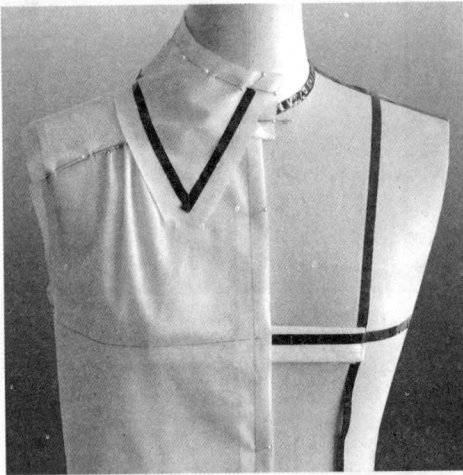

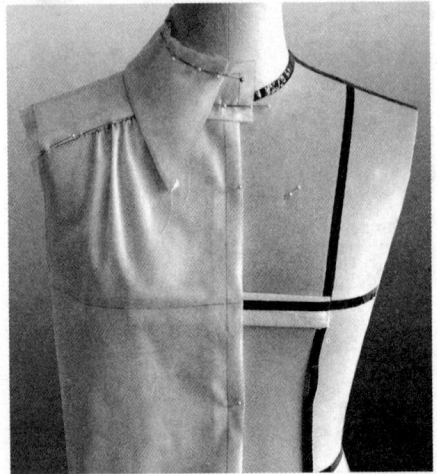

(12)将翻领固定在领座上，定出翻领造型。

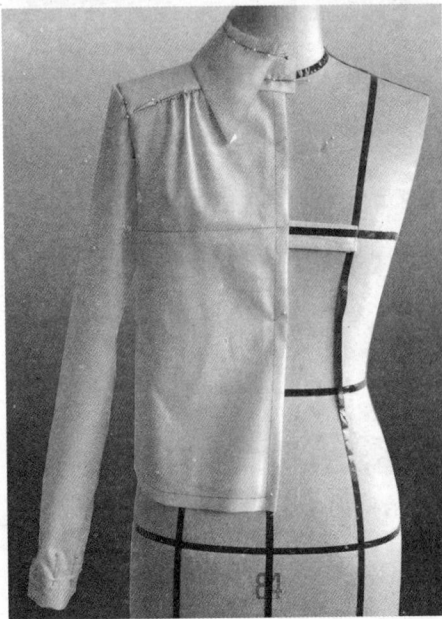

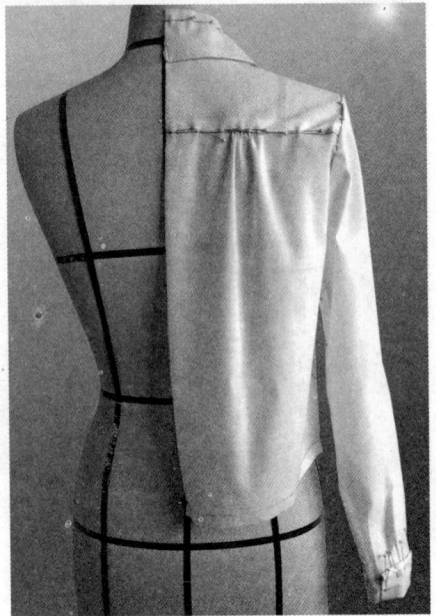

(13)用平面法或立裁法配上袖子，注意袖肥、袖长与衣身整体的协调。

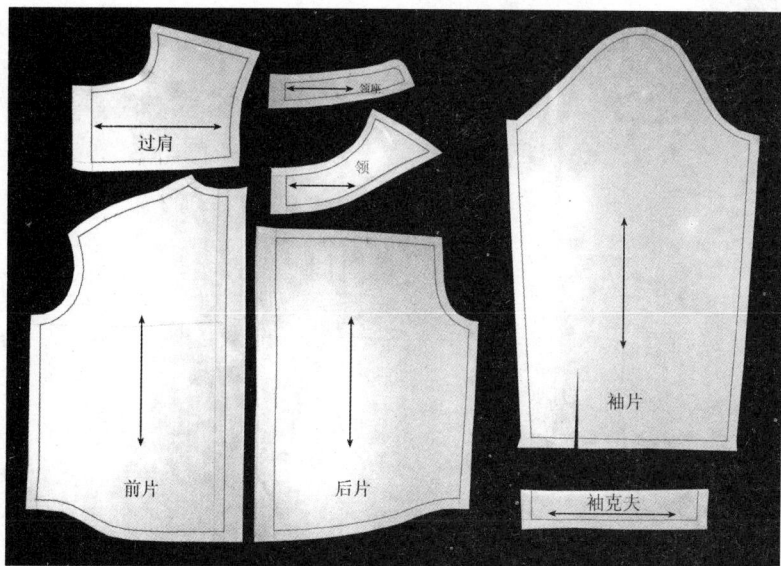

(14)把衣片展开成平面。

图7-3 肩育克衬衫立体构成操作方法

二、条纹合体衬衫

1. 款式特征

该款衬衫采用面料条纹的组合形成丰富的视觉效果,领口、门襟处与袖口处的碎褶花边互相呼应,合体的收腰造型勾勒出女性的线条美(如图7-4所示)。

2. 布料准备

前上片:长25cm,宽20cm。

前下片:长60cm,宽35cm;为使条纹效果明显,可在前上片和前下片上标出条纹。

后片:长65cm,宽35cm,标出后中线(如图7-5所示)。

图7-4 条纹合体衬衫效果图

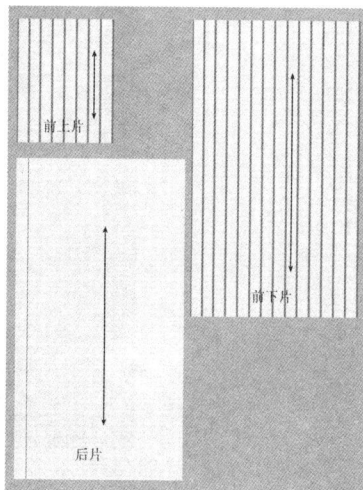

图7-5

3. 操作方法

条纹合体衬衫立体构成操作方法如图7-6(1)~(8)所示。

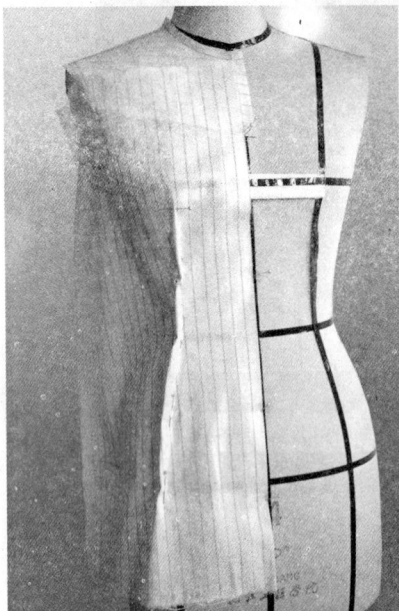

(1)先完成前上片，使直丝缕平行于前胸处的斜向分割线。将前下片布料沿前中心线固定在人台上，抚平前胸处、腋下，使多余的量集中在腰部，别出腰省，可以看到腰省两侧条纹的变化。省尖距BP点2cm左右。

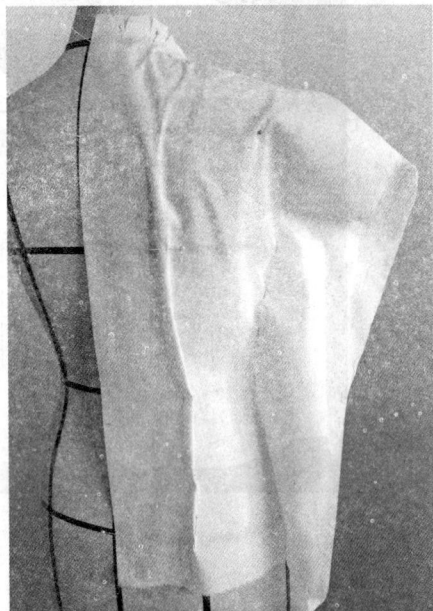

(2)沿后中心线固定后片，背宽处放出松量，保持丝缕平直，在腰线上别取后腰省。

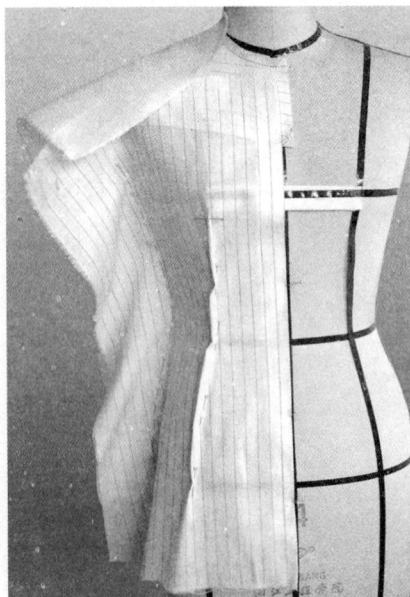

(3)前后片在侧缝处别合，用针别出优美的侧缝弧线，注意在胸、腰、臀处留取必要的松量。

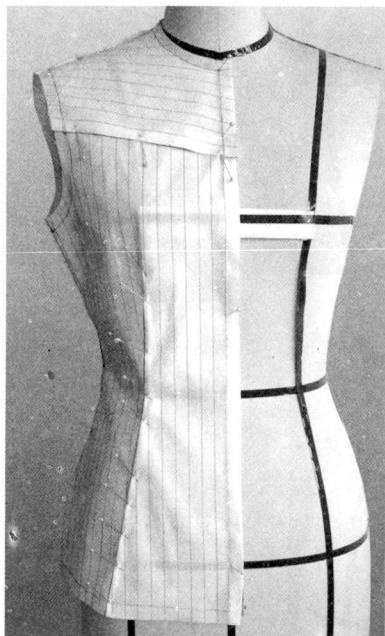

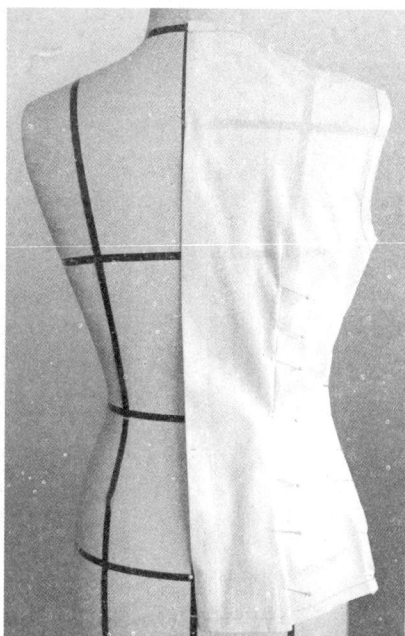

(4)作标记,注意在腰部作对位记号,放缝后别合放回人台,取衣长后折下摆。

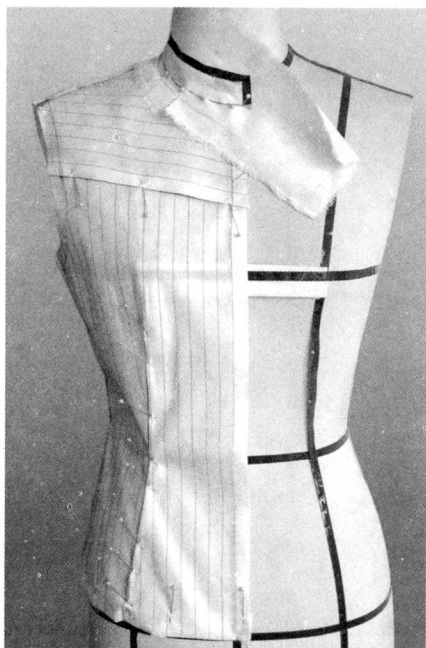

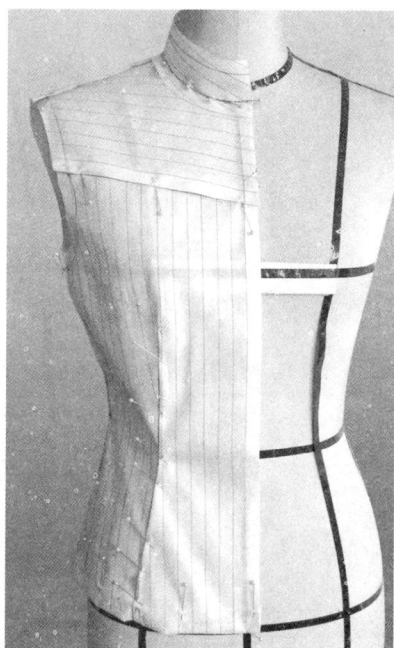

(5)将立领的裁片从后中心开始于领窝方向绕向前领口,定出立领造型。

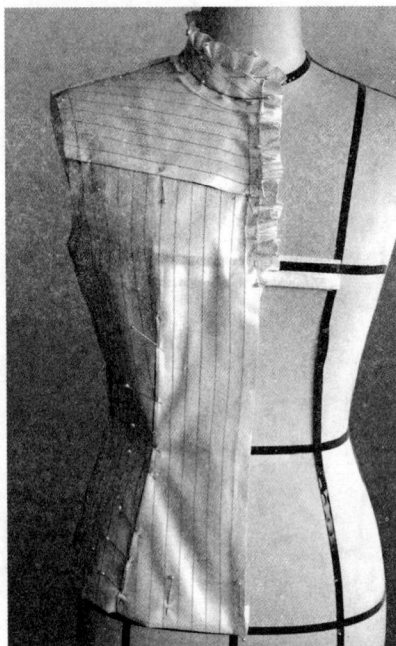

(6)在领口和门襟处装上碎褶花边。

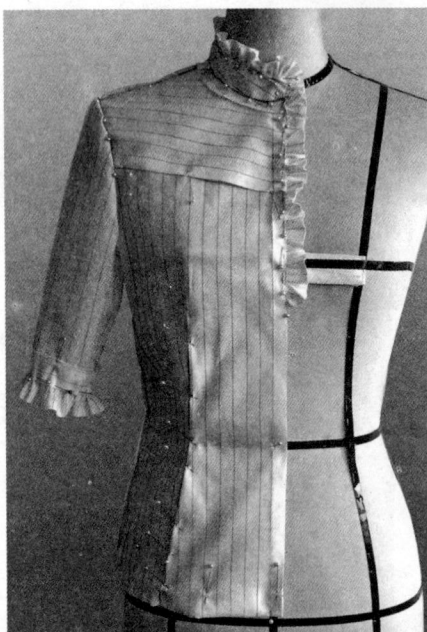

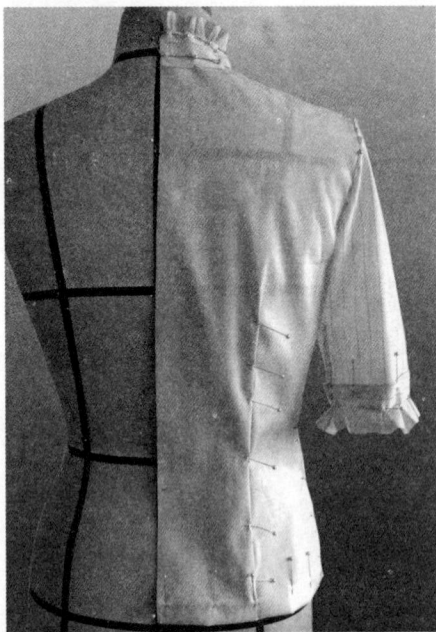

(7)配上袖子及袖口碎褶花边。

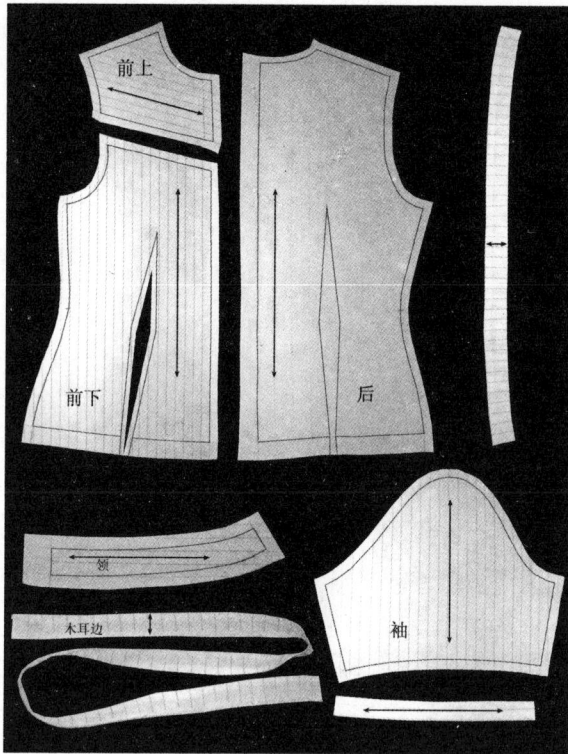

(8)把衣片展开成平面。

图7-6 条纹合体衬衫立体构成操作方法

第二节 连衣裙

一、公主线连衣裙

1. 款式特征

弧线流畅的公主线巧妙地使腰部贴合人体,从中臀围处加放出宽大的下摆,形成的对比更突出纤细的腰,是最能体现女性线条美的经典款式(如图7-7所示)。

2. 布料准备

前中片:长100cm,宽30cm　　　前侧片:长100cm,宽42cm

后中片:长100cm,宽30cm　　　后侧片:长100cm,宽42cm

四片都标上臀围线,在前中片和后中片上分别标上前中心线和后中心线,在前侧片和后侧片上标上居中线(如图7-8所示)。

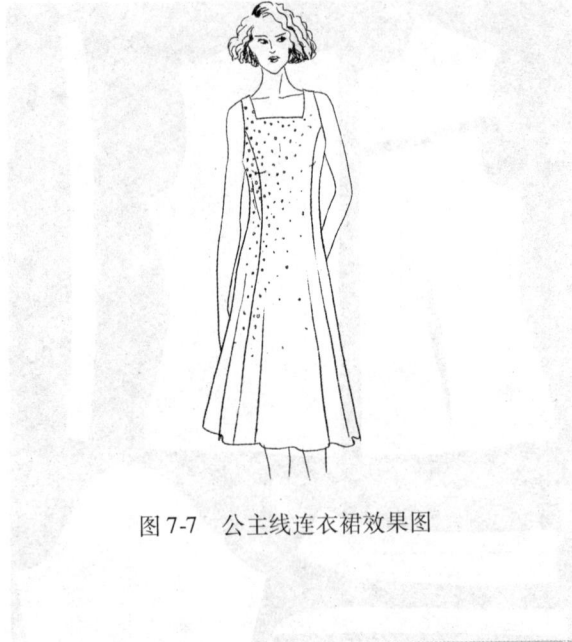

图 7-7　公主线连衣裙效果图

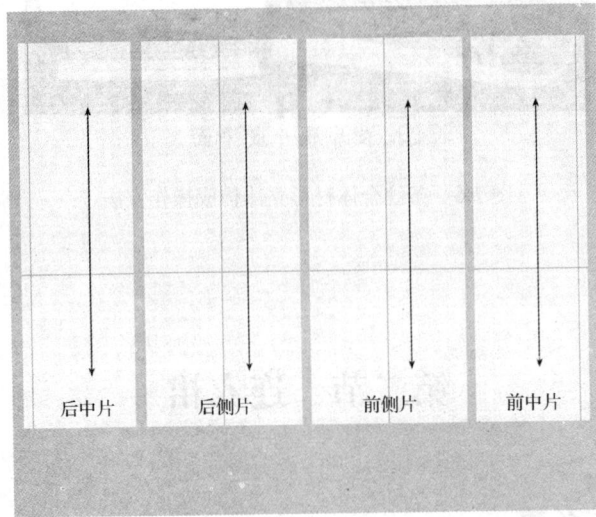

图 7-8

3. 操作方法

公主线连衣裙立体构成操作方法如图 7-9(1) ~ (11)所示。

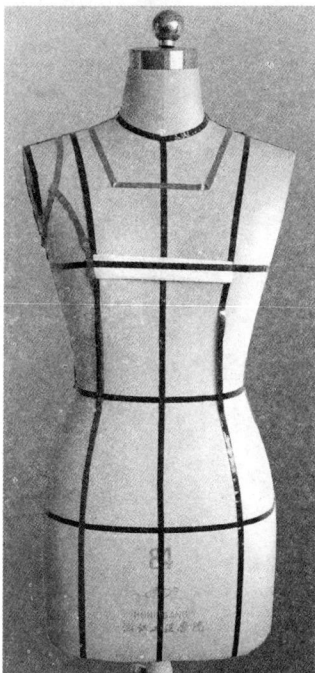

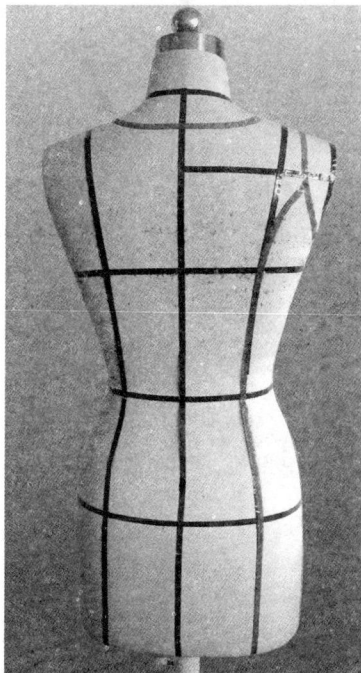

(1)在人台上粘贴好领口、袖窿造型线和前后袖窿公主线,要求前片的公主线通过BP点2cm以内,线条优美流畅。

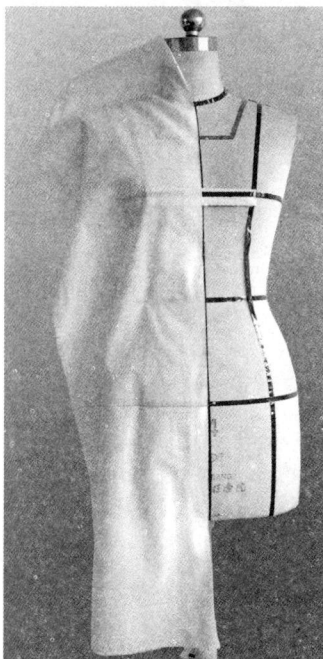

(2)将前片布料对齐人台前中心线固定在人台上,用两针交叉固定BP点处,抚平前胸部,固定领口、肩点、公主线与袖窿交点处。

(3)将前侧片放上人台,直丝缕对齐公主线与侧缝之二分之一处,保持胸围线、腰围线、臀围线水平,固定BP点以上公主线、腋底点。

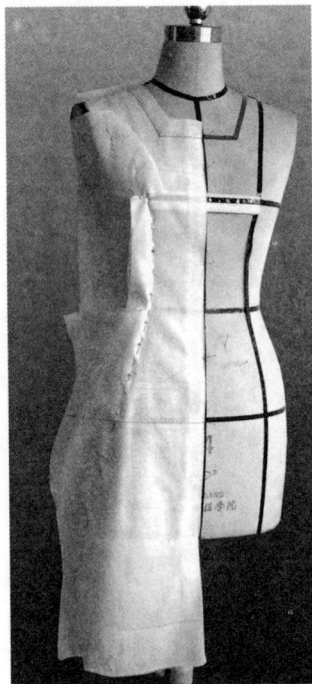

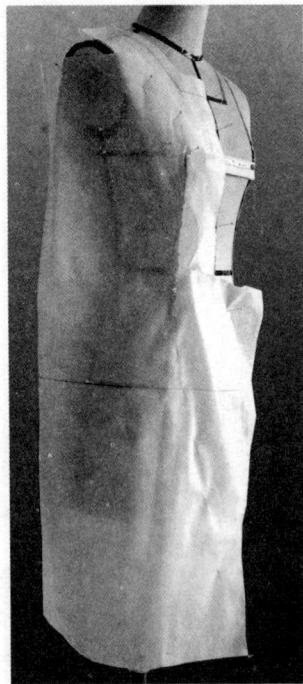

(4)前中片与前侧片在BP点以下沿人台上粘贴的公主线别合，在腰部打剪口后，用针将两片加放出摆围。

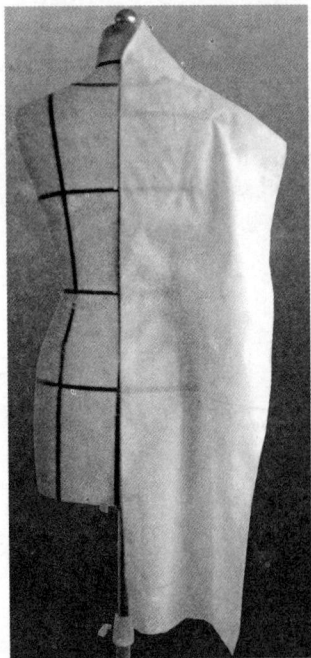

(5)后中片对齐人台的后中心线固定，背宽处放出松量，保持丝缕水平，固定侧颈点、肩点、公主线与袖窿交点。

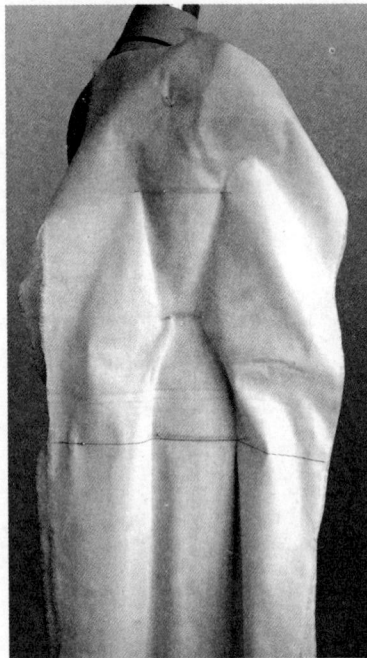

(6)后侧片放上人台，同前侧片一样，直丝缕对准公主线与侧缝的二分之一处，保持胸围、腰围、臀围丝缕水平。

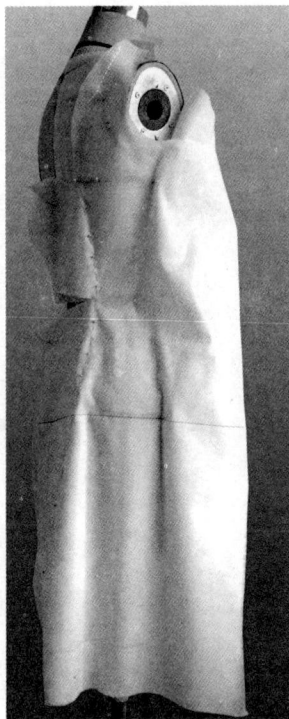

(7)后中片与后侧片沿人
台上粘贴的公主线别合，
在腰部打剪口后，用针
将两片加放出摆围。

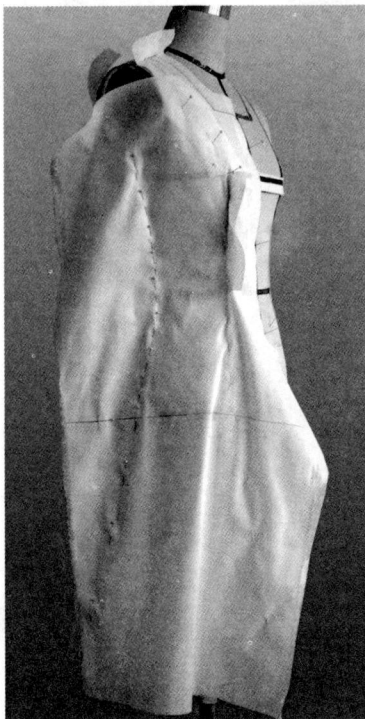

(8)前后侧片别合，注意在胸围、腰围、臀部松量的平衡，别出
优美的侧缝弧线。

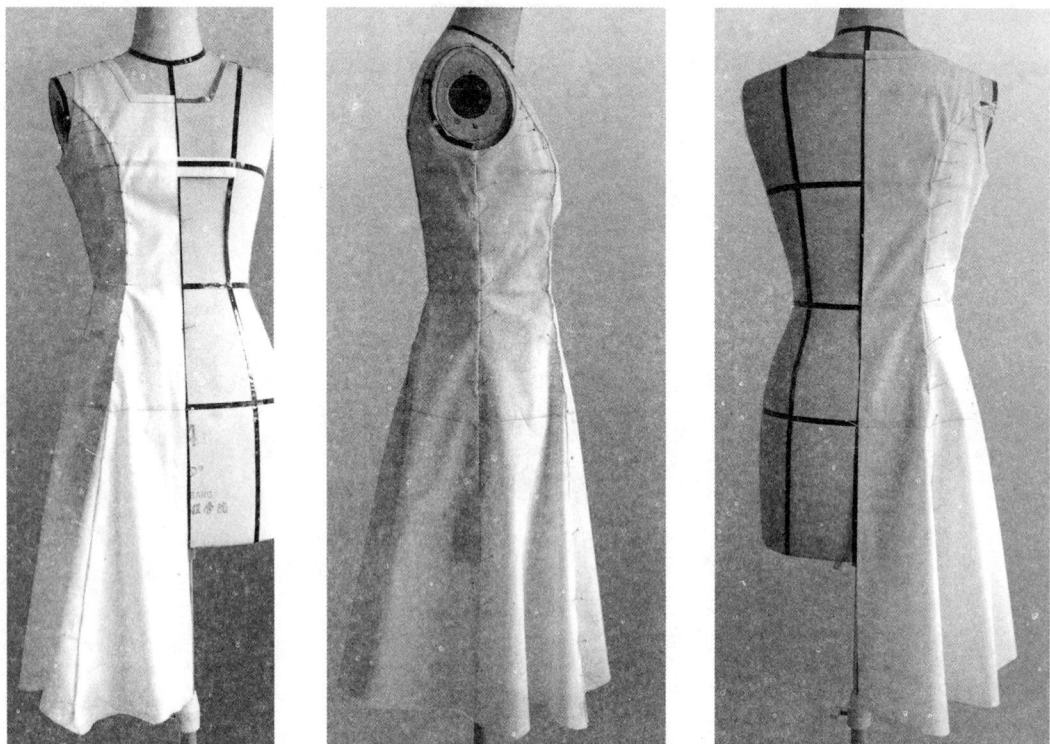

(9)做标记，注意在腰部需设置对位记号，前中片与前侧片在BP点上下2cm处各设一对位记号，后中片与后侧片在弧线转折处也需设一对位记号。取下放缝，放回人台。

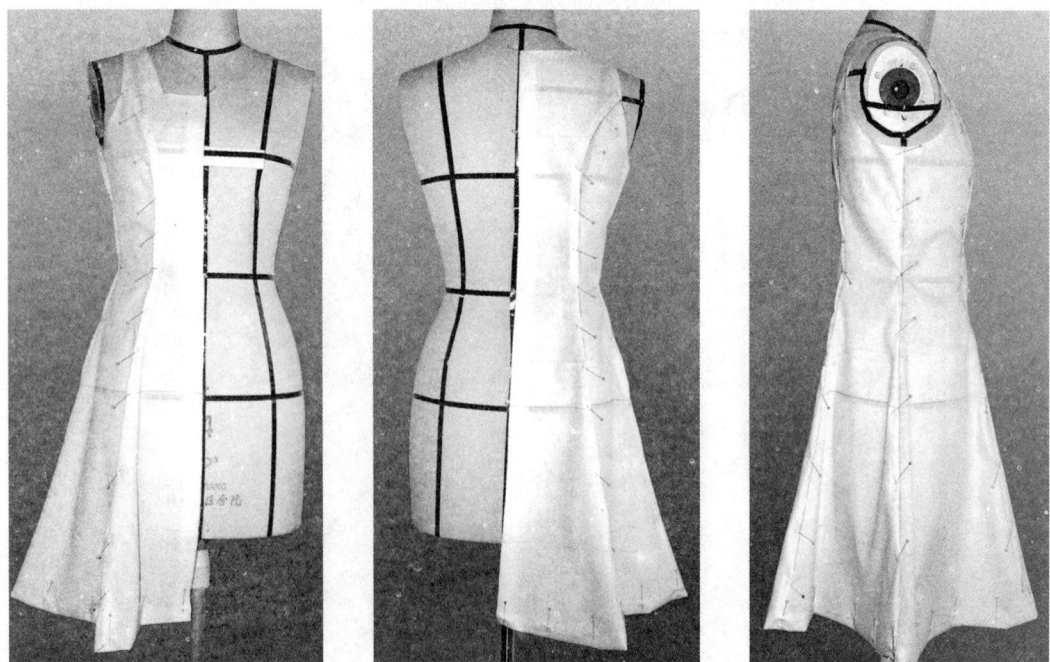

(10)定出裙长后折取下摆。

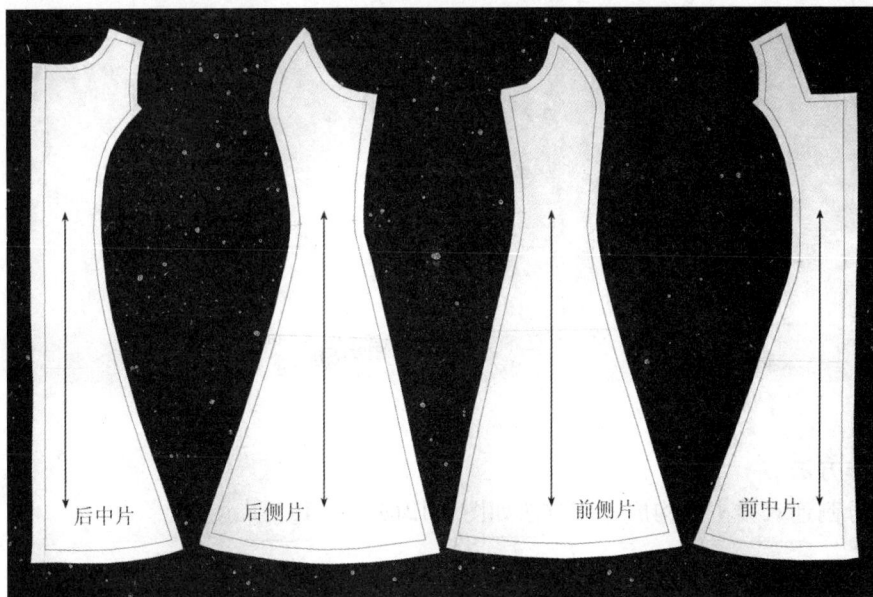

后中片　后侧片　前侧片　前中片

(11)把衣片展开成平面。

图7-9　公主线连衣裙立体构成操作方法

二、腰部分割连衣裙

1. 款式特征

腰部育克贴体,碎褶巧妙地烘托出胸部造型。配上自然飘逸的波浪裙更显女性的妩媚(如图7-10所示)。

2. 布料准备

前腰片和后腰片:长15cm,宽28cm;分别标出前、后中心线。

前衣片和后衣片:长45cm,宽28cm;前片标出胸围线和前中心线,后片标出后中心线。

前裙片和后裙片:长95cm,宽75cm;分别标出前、后中心线。如图7-11所示。

图7-10　腰部分割连衣裙效果图

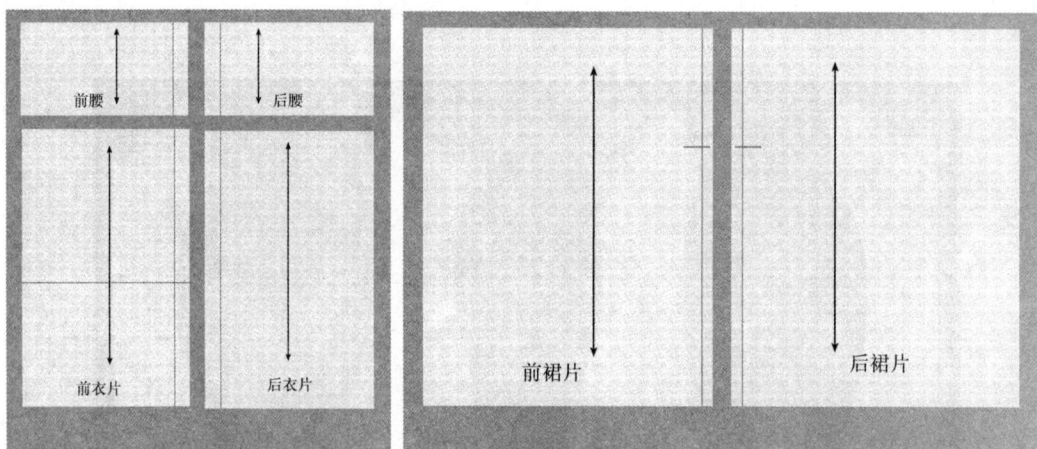

前腰　　后腰

前衣片　　后衣片

前裙片　　后裙片

图 7-11

3. 操作方法

腰部分割连衣裙主体构成操作方法如图 7-12(1)～(10)所示。

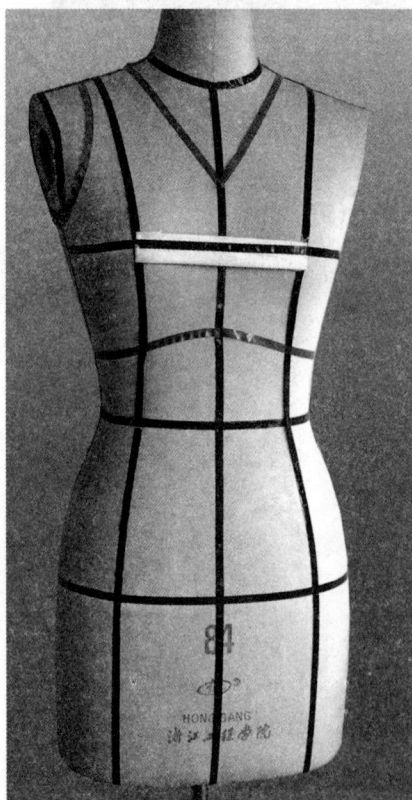

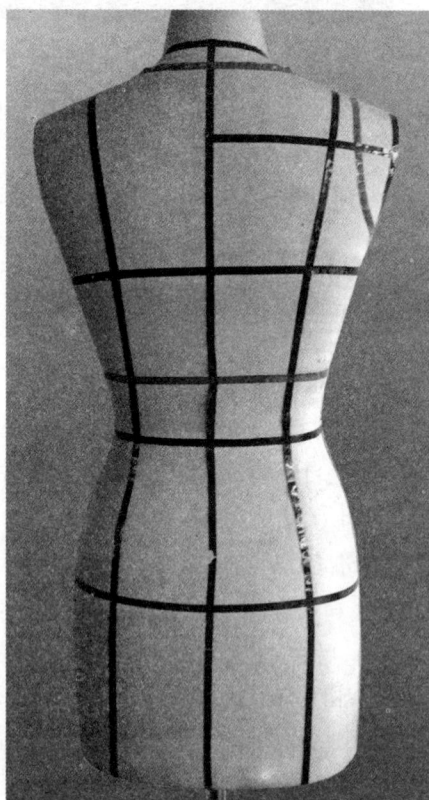

(1)在人台上粘贴好领口、袖窿造型线和腰部育克分割线。

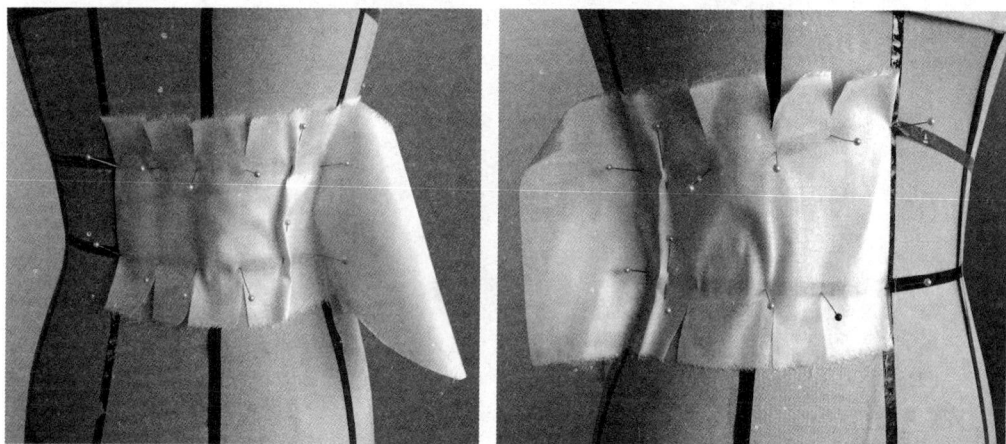

(2)取腰片用布料直丝缕对齐中心线，沿分割线上下同步抚平、用针固定、打剪口，直至侧缝，在靠近侧缝处别取少量松量。

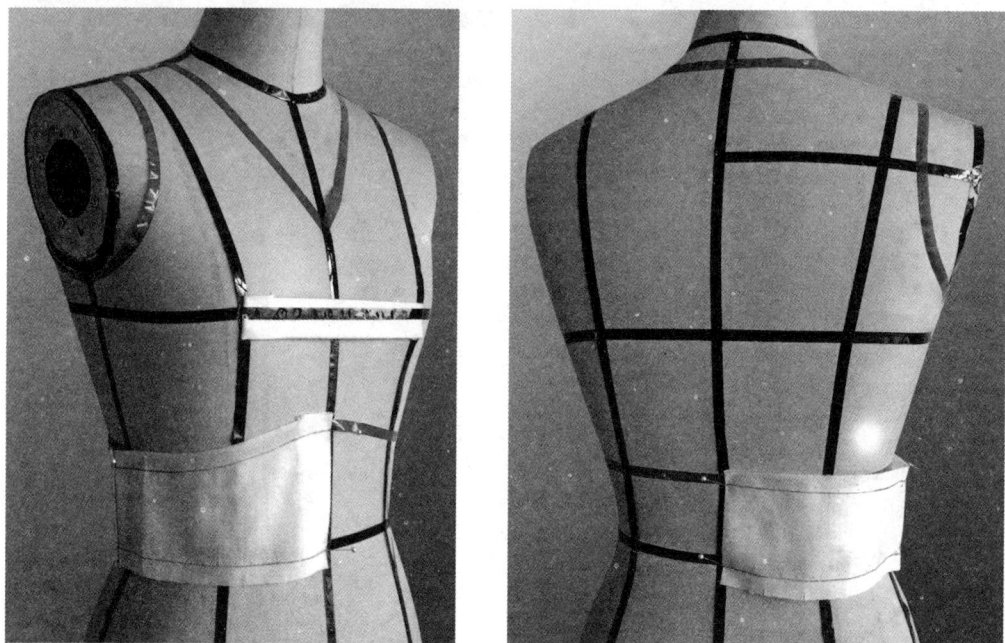

(3)做标记，取下放缝后放回人台。

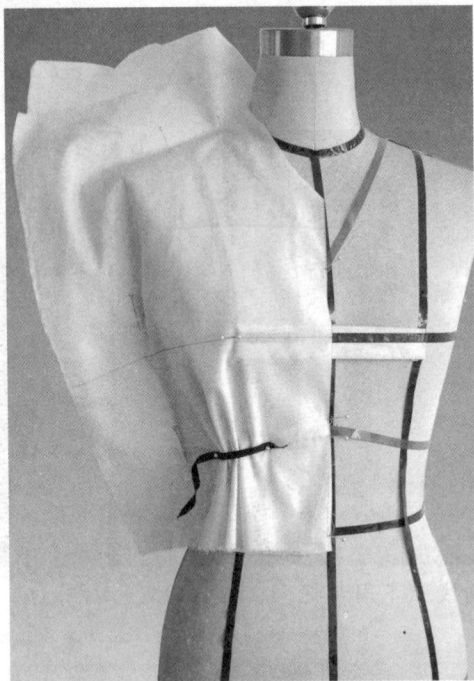

(4)将前衣片布料对齐前中心线固定，沿领口、肩部、袖笼、侧缝抚平，多余的量就集中至分割线处，采取抽碎褶的设计造型。

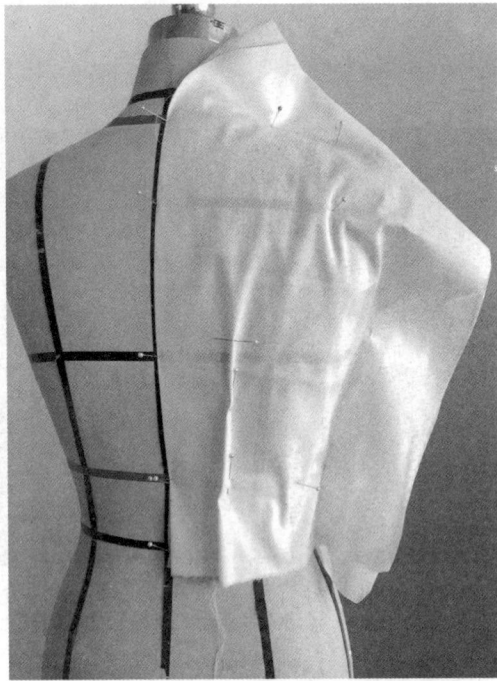

(5)后片布料对齐中心线固定，背宽处放松量，并保持丝缕水平，固定侧颈点、肩点，别取腰省。前后片侧缝别在一起，在胸围处放出必要的松量。

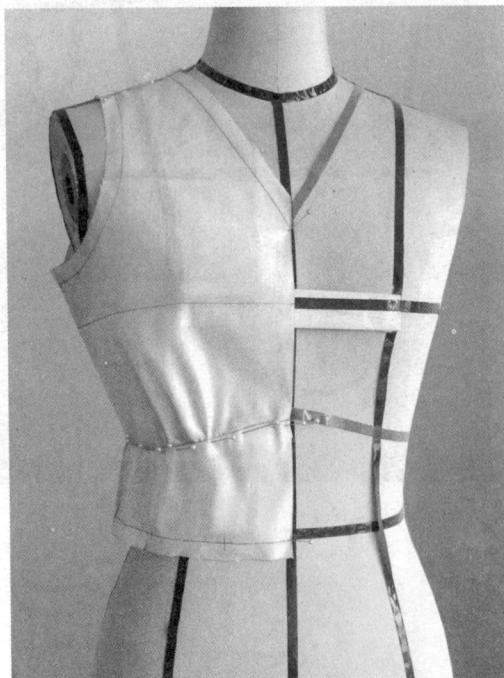

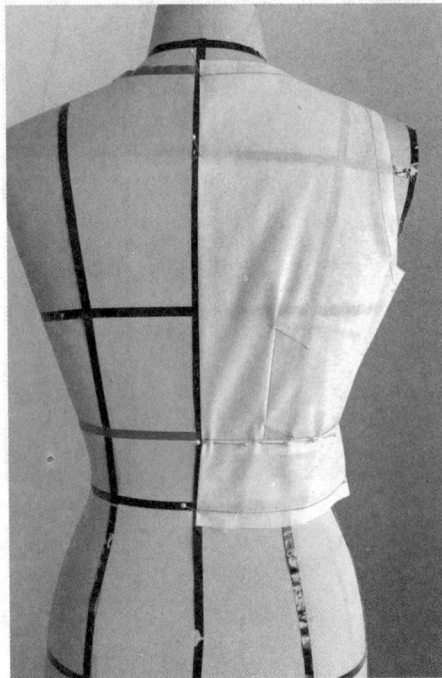

(6)做标记，注意碎褶处的对位记号，取下放缝后放回人台。

(7)将前裙片布料在前中心线固定好，腰部打剪口后使面料下垂形成波浪造型，直至侧缝。后裙片相同。

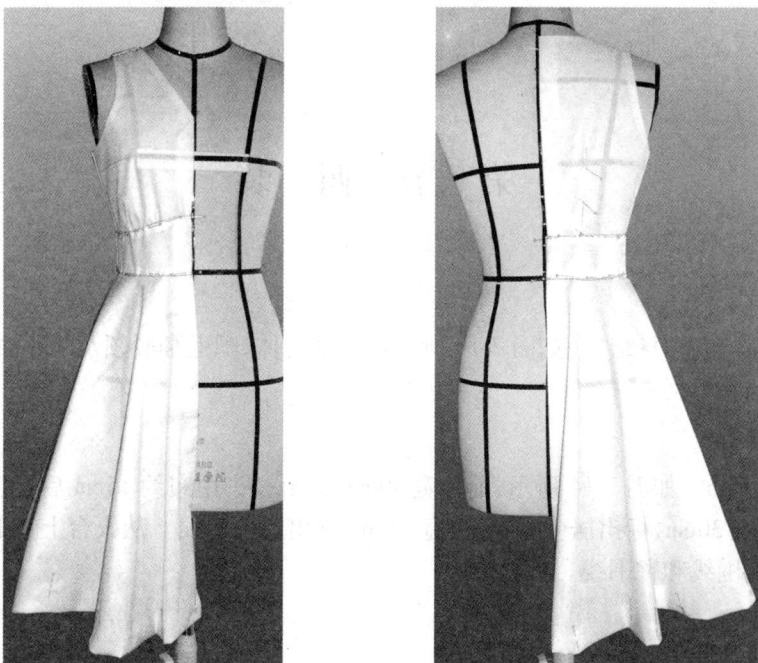

(8)完成的前、后立体造型。

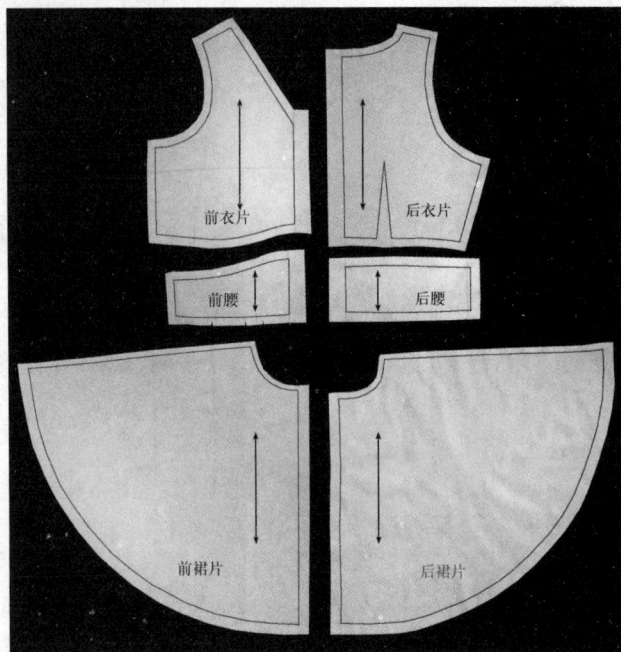

(9)把衣片展开成平面。

图7-12　腰部分割连衣裙立体构成操作方法

第三节　西　装

1. 款式特征

此款西装为三开身结构（如图7-13所示），腰部合体，配上翻驳领及两片袖造型，是职业女装和时装的基本型之一。

2. 布料准备

布料长75cm。如图7-14所示，前片宽50cm，留出驳头用布约15cm后标出前中心线和止口线；侧片宽30cm，标出居中线；后片宽35cm，标出后中心线。从人台上量取尺寸后在三片上都标出胸围线和臀围线。

图 7-13 西装效果图

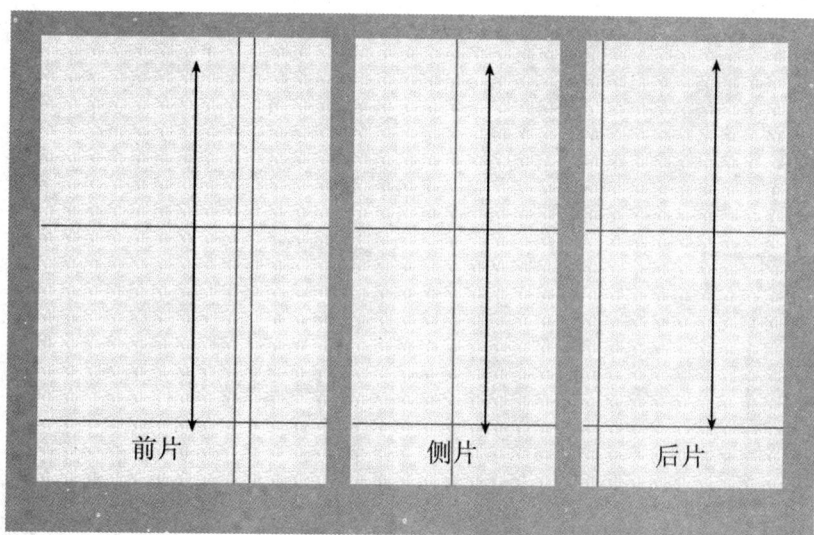

前片 侧片 后片

图 7-14

3. 操作方法

女西装立体构成操作方法如图 7-15(1)～(19)所示。

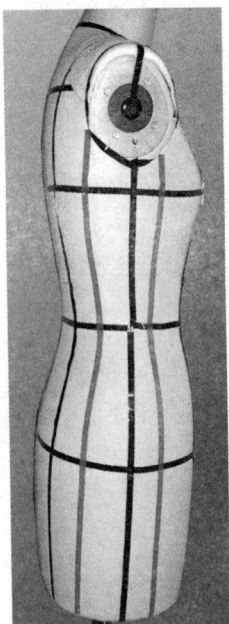

(1)在人台上放置垫肩，贴好侧片的分割线，贴置时注意位置的准确性和线条的美观性。

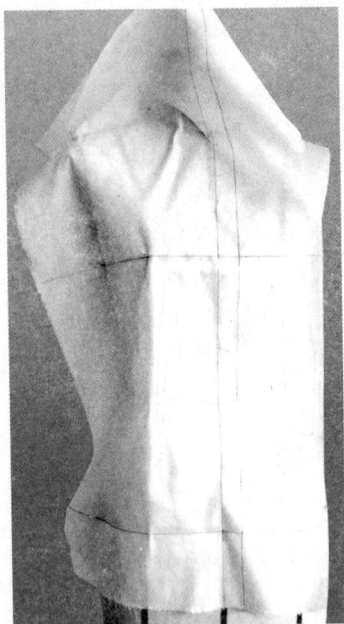

(2)布纹线对准人台上标识的前中线、胸围线、臀围线，固定前片布料于人台。

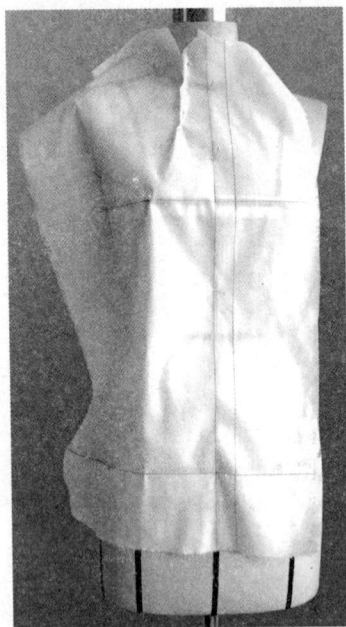

(3)保持胸围处丝缕的水平，将胸围线以上的余量推至领口部位，设置一领口省。

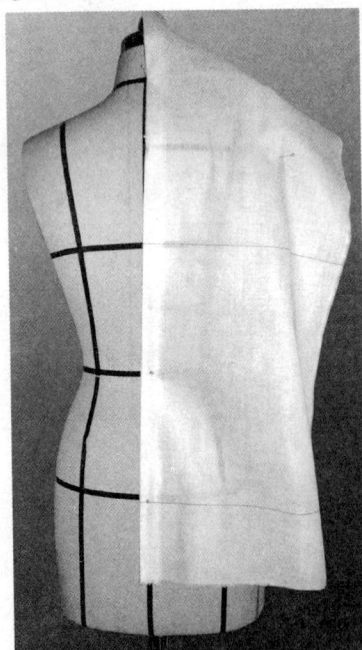

(4)固定后片用布，保持背宽处丝缕的水平并放出松量，由于后中断开的结构，所以在后腰处向外移出1.5cm左右，后臀处移出1cm左右。

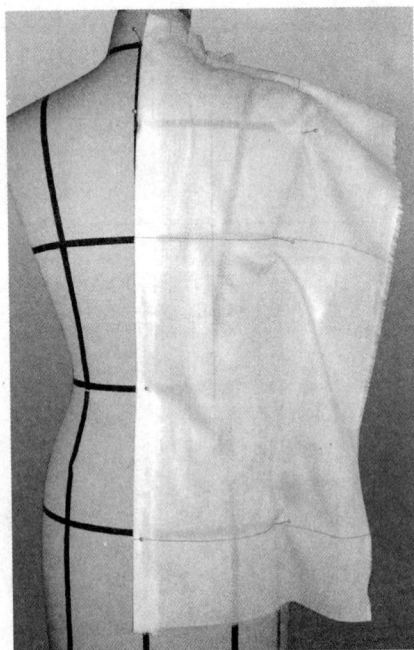

(5)背宽线以上的部分松量可推至肩线处，缝制时借助工艺手段处理。

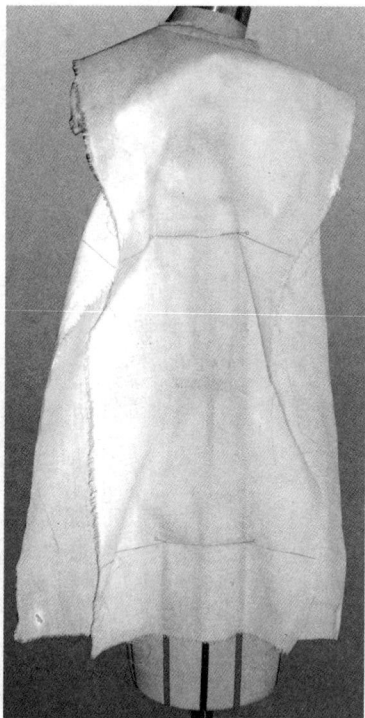

(6)将侧片放上人台，对齐胸围线和臀围线，直丝缕居中。

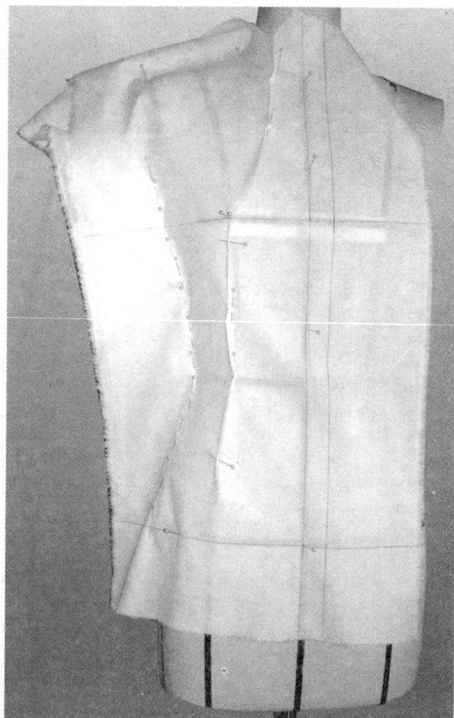

(7)侧片与前片沿人台上的分割线别合，注意在胸、腰、臀部放出比例适合的松量。为使腰部合体，可在前片上再收腰省。

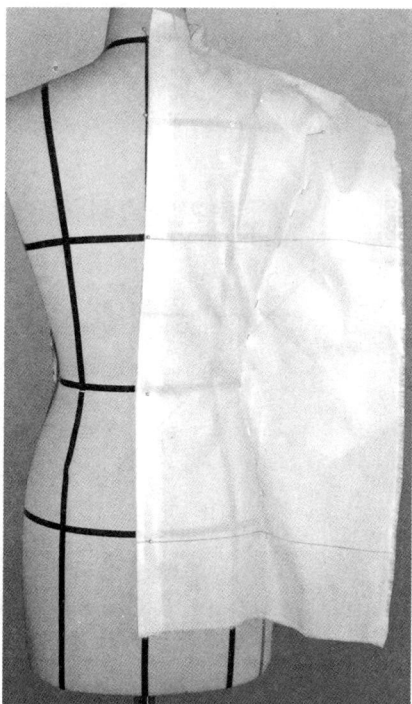

(8)侧片与后片沿人台上的分割线别合，同样注意在胸、腰、臀部放出比例适合的松量并与前片协调。

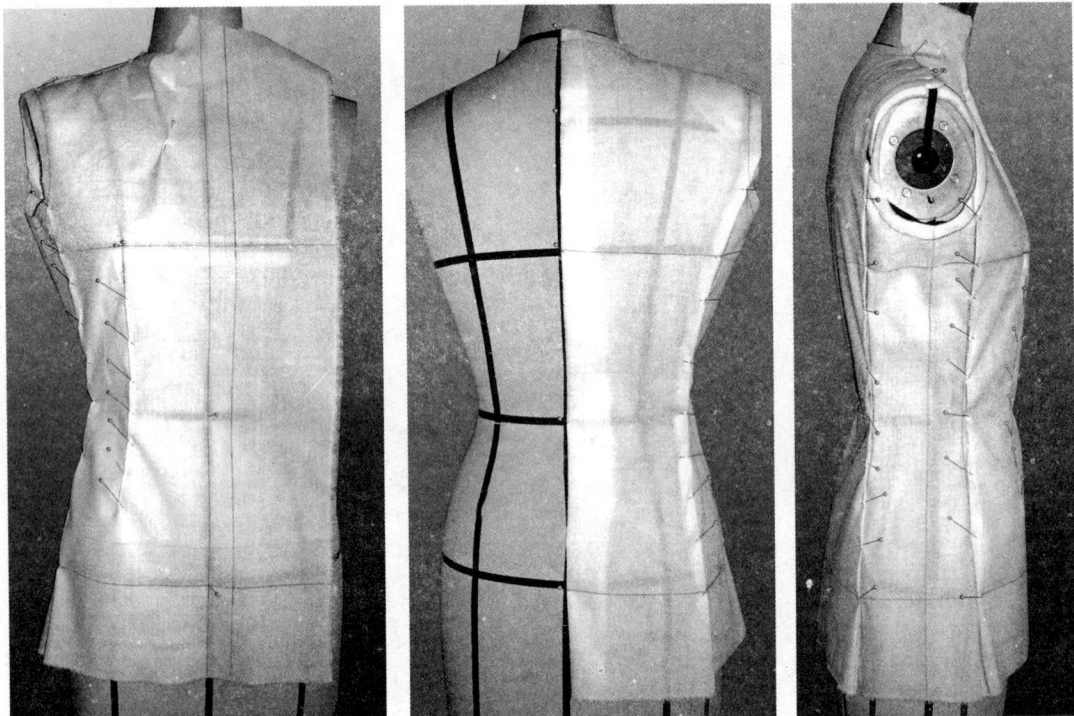

(9)做标记，取下放缝后别合放回人台。

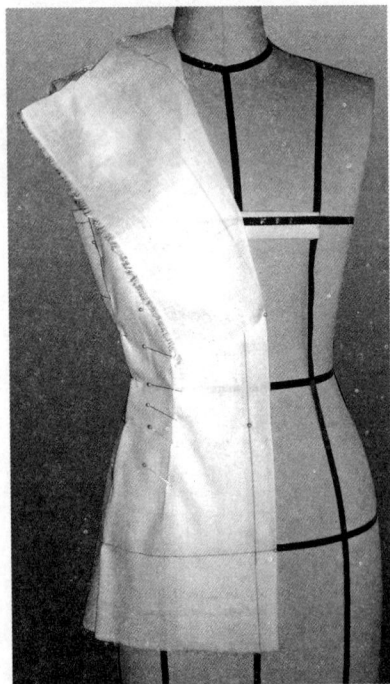

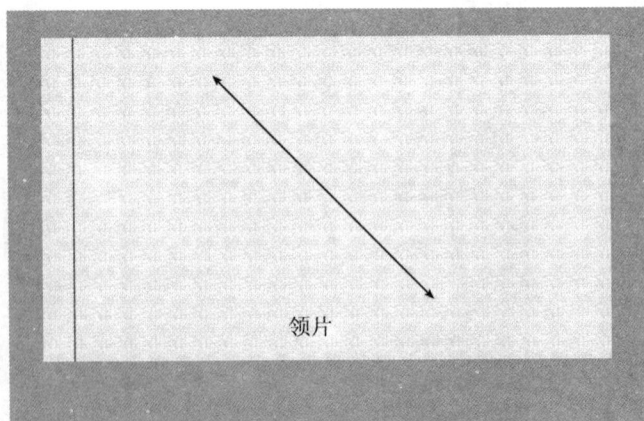

领片

(10)确定驳点位置，用针固定后剪横向的刀至门襟止口，驳点以下的面料内折，驳点以上的面料向外翻折。

(11)取长45cm宽25cm的斜料作为领片用料，标出后中心线。

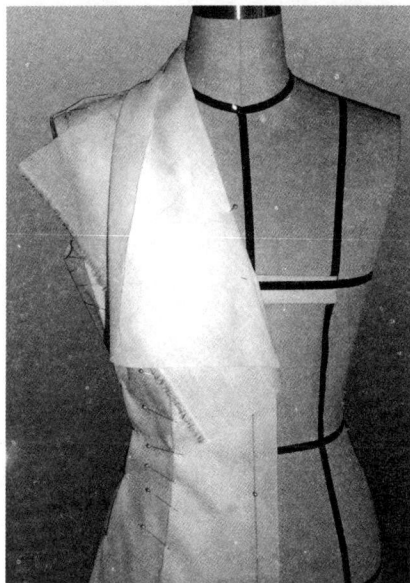

(12)固定后领中，调整翻领线与前片的翻折线相连成直线。

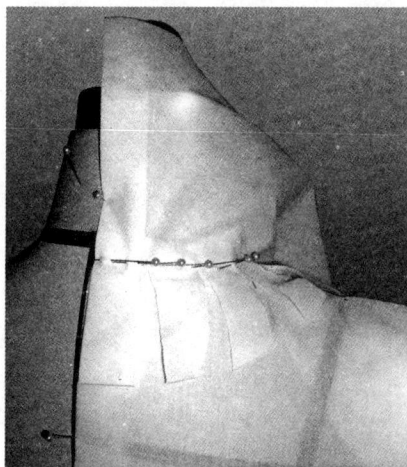

(13)后领片翻起，固定领片。

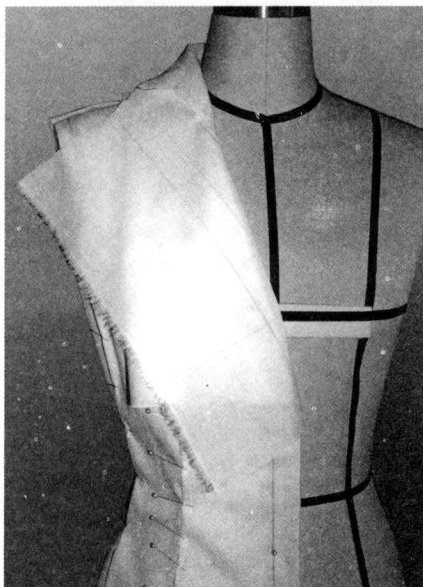

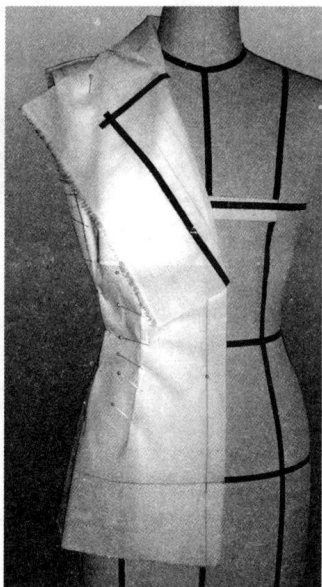

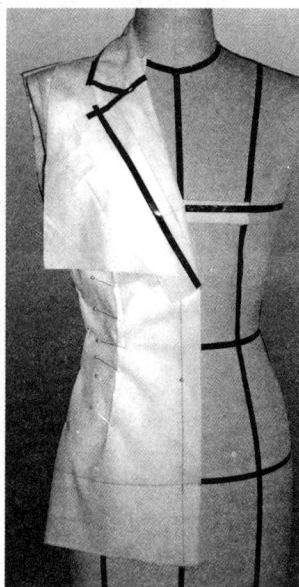

(14)将后领片置于前衣片下，贴置驳头的造型并适当修剪。

(15)贴置领片的造型。

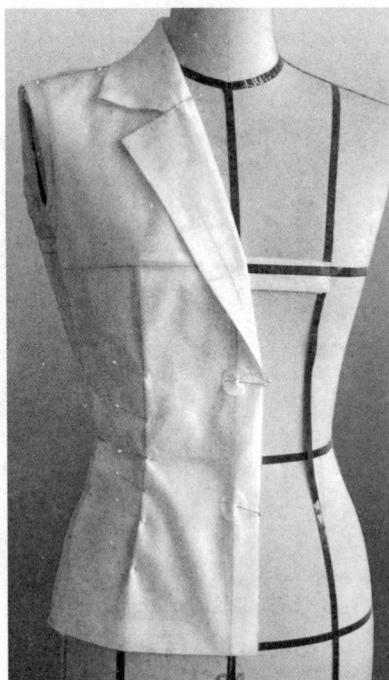

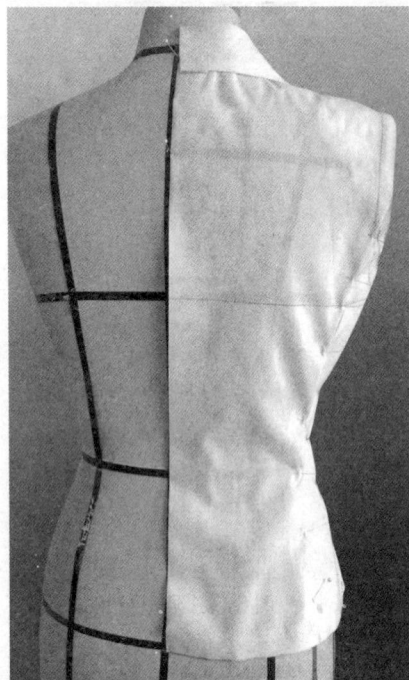

(16)完成的领子正面与背面造型。

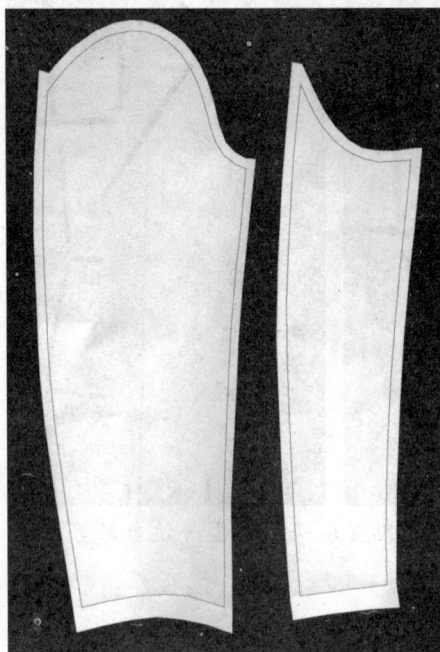

(17)由于两片袖的造型比较固定，可采用平面法配上。

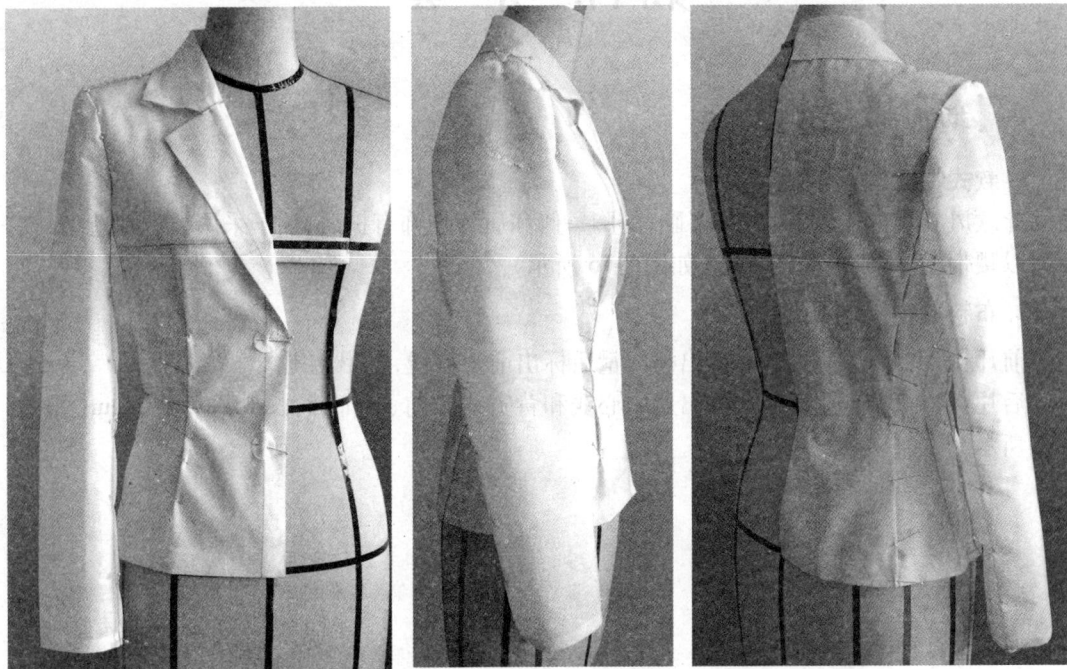

(18)完成的立体造型。

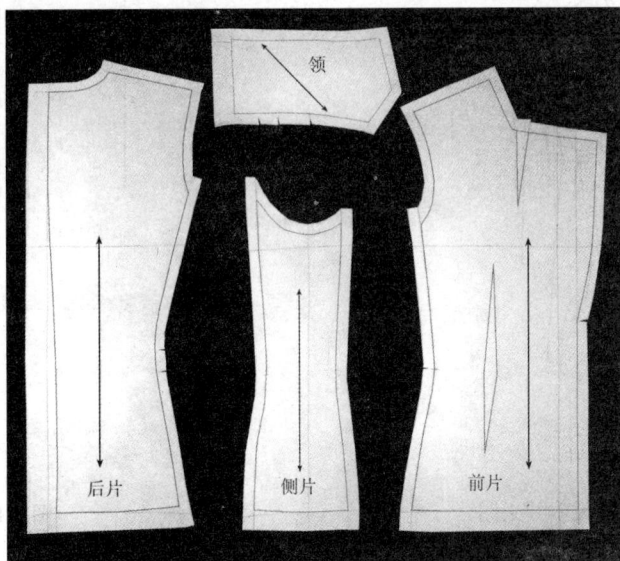

(19)把衣身展开成平面。

图 7-15

第四节　外　套

一、插肩袖风衣

1. 款式特征

此款风衣较宽松,驳头可关可翻,前胸一侧和后背均饰有护肩,袖子采用插肩袖造型,腰部束以腰带,整体风格简洁大方(如图 7-16 所示)。

2. 布料准备

前片:长 110cm,宽 45cm,留出叠门量后标出前中心线,标出胸围线。

后片:长 110cm,宽 35cm,标出后中心线和背宽线。前、后饰片:长 35cm,宽 28cm(如图 7-17 所示)。

图 7-16　插肩袖风衣效果图

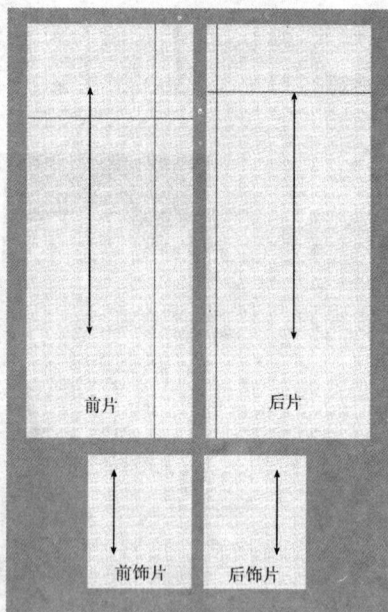

图 7-17

3. 操作方法

插肩袖风衣立体构成操作方法如图 7-18(1)～(15)所示。

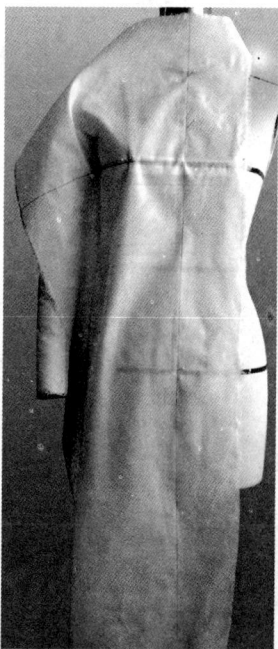

(1)将前片布料的中心线向外移0.5cm，对齐胸围线固定前片于人台，松量推至袖窿处。

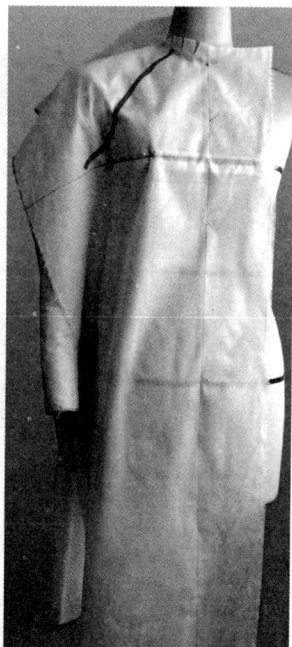

(2)在前衣片上用胶带标出插肩袖的位置。

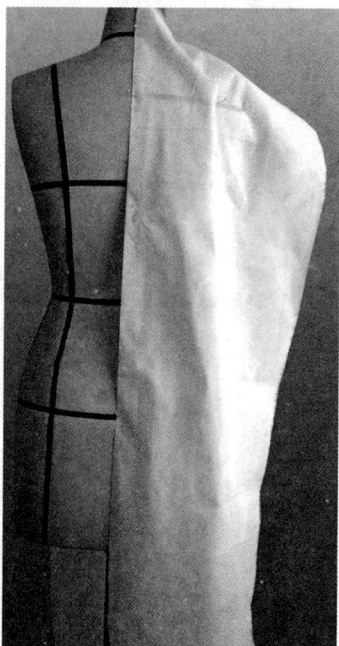

(3)将布料的后中心线向外移0.5cm，对齐背宽线和臀围线后固定于人台，背宽处放出1.5cm左右的松量。

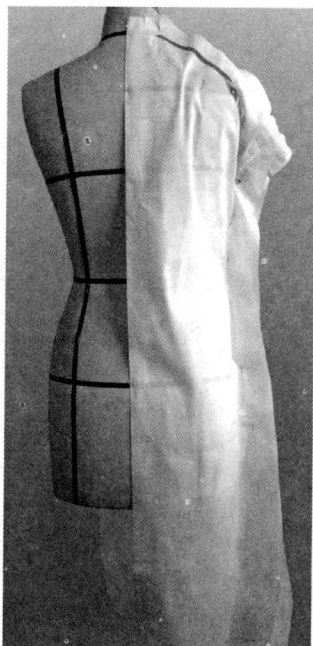

(4)在后衣片上同样用胶带标出插肩袖的位置。

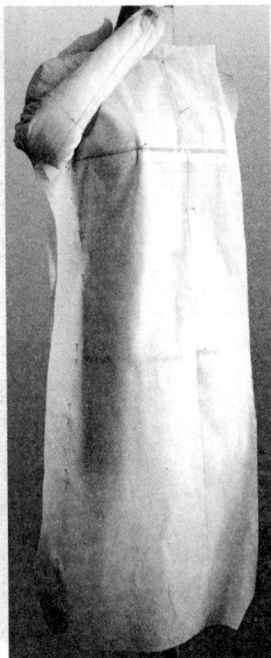

(5)别合前后片肩缝和
侧缝，胸围处放出足
够的松量。

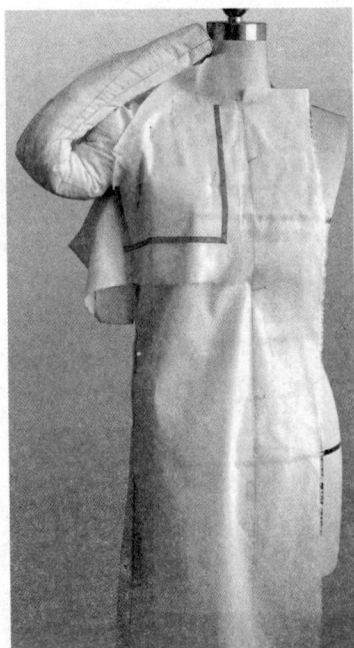

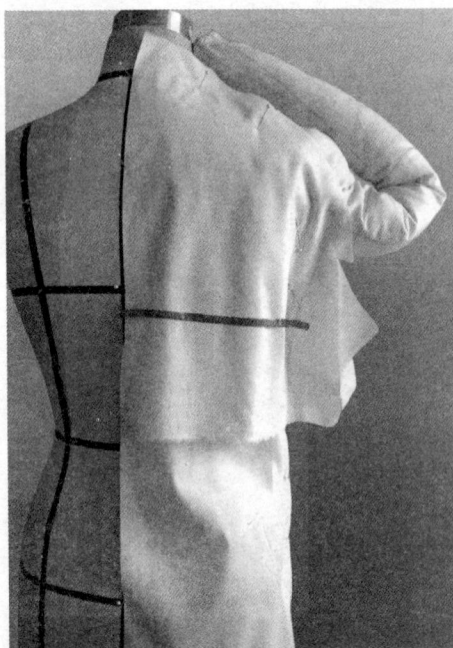

(6)将护肩用布料覆盖在前胸上，用针沿插肩袖标记线固定，并贴出造型线。

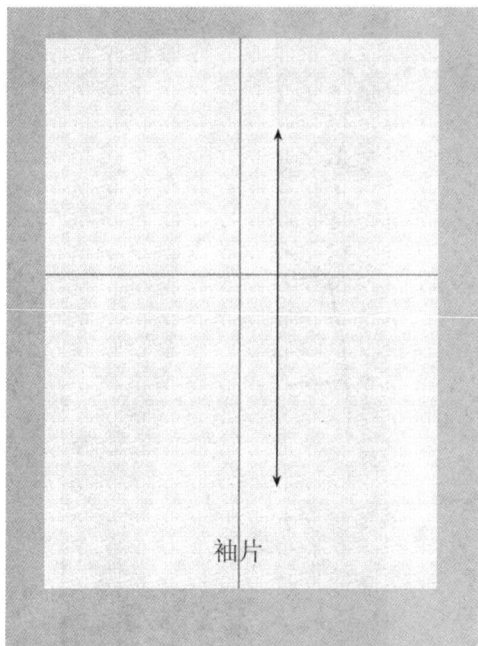

(7)取长75cm，宽55cm的布料作为袖片用料，标出居中线和袖肥线。

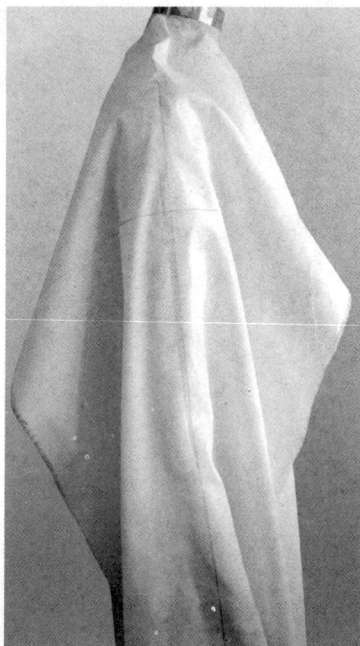

(8)将袖片布料对齐肩端点后自然裹住手臂模型形成袖子的形态。

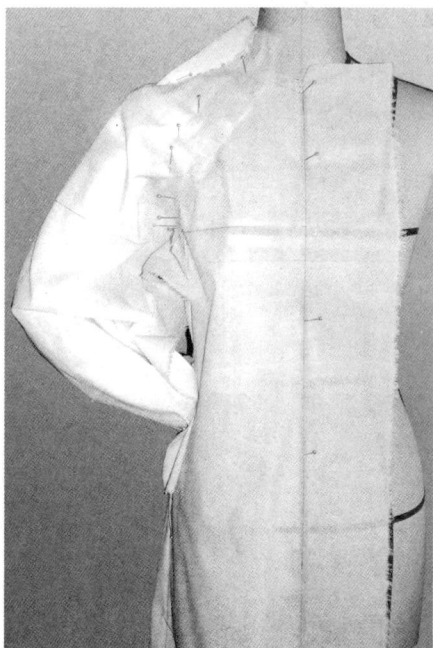

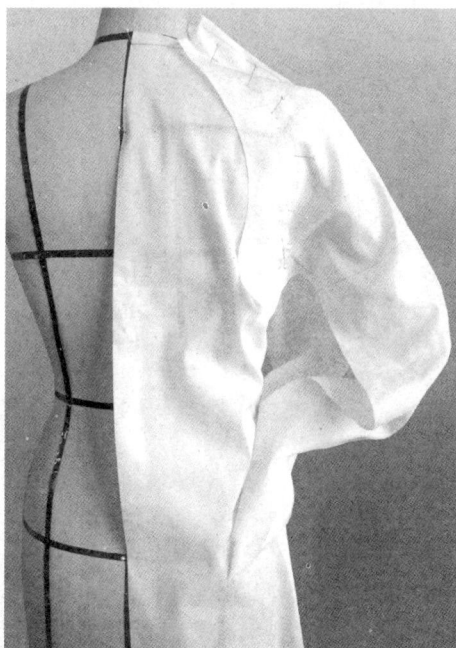

(9)将手臂模型固定在腰部，捏取肩省，整理袖山造型粗裁后将袖片与衣片固定。

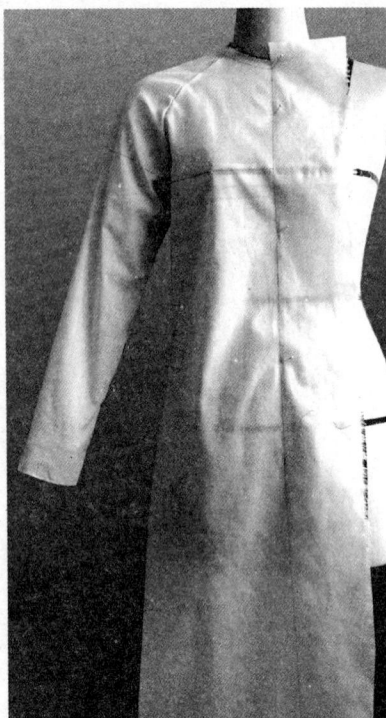

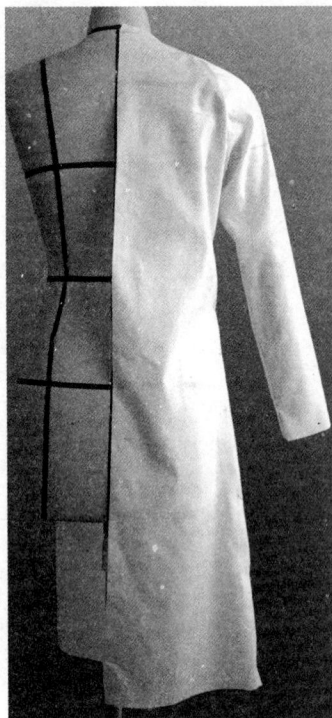

(10)做标记，取下放缝后放回人台。

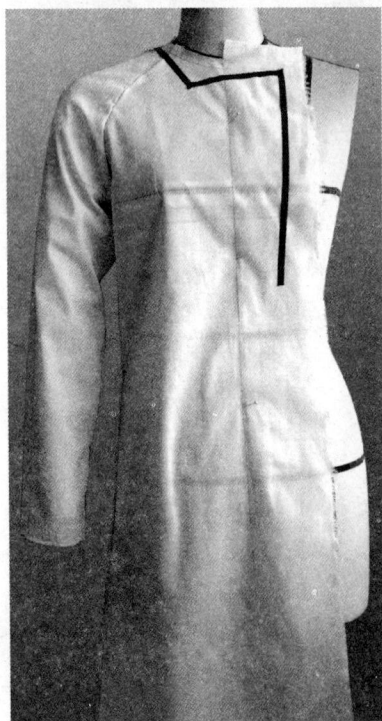

(11)贴好领圈弧线和驳头造型。

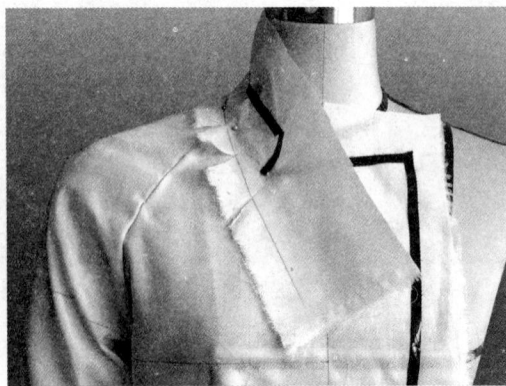

(12)将长方形领座的裁片从后中沿领窝绕向前领口处，并定出领座高。

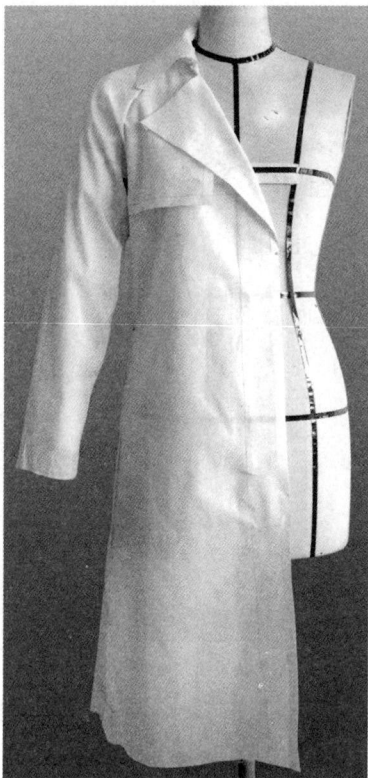

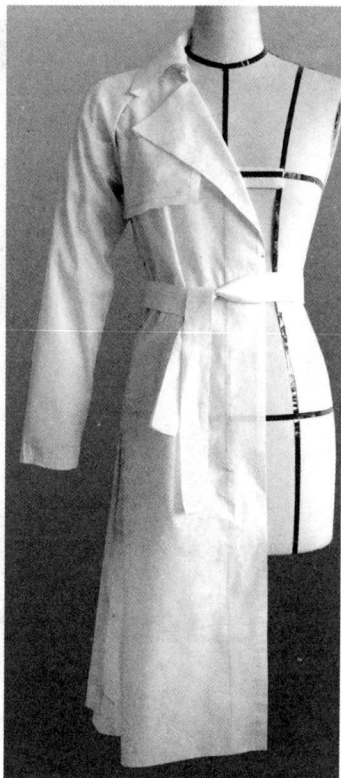

(13)将翻领固定在领座上，完成领子造型。

(14)将前后护肩固定在衣身上，束上腰带，完成立体造型。

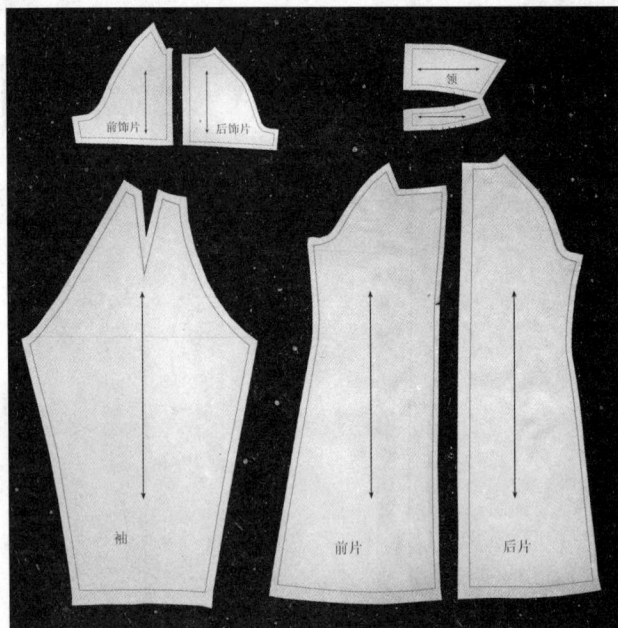

(15)把衣身展开成平面。

图 7-18　插肩袖风衣立体构成操作方法

二、和服袖外套

1. 款式特征

此款外套采用连身的宽松和服袖、大方的立领,穿着舒适,体现了自然休闲的风格(如图 7-19 所示)。

2. 布料准备

前片:长 70cm,宽 100cm,标出前中心线、止口线、胸围线。

后片:长 70cm,宽 85cm,标出后中心线和背宽线(如图 7-20 所示)。

图 7-19　和服袖外套效果图

图 7-20

3. 操作方法

和服袖外套立体构成操作方法如图7-21(1)～(8)所示。

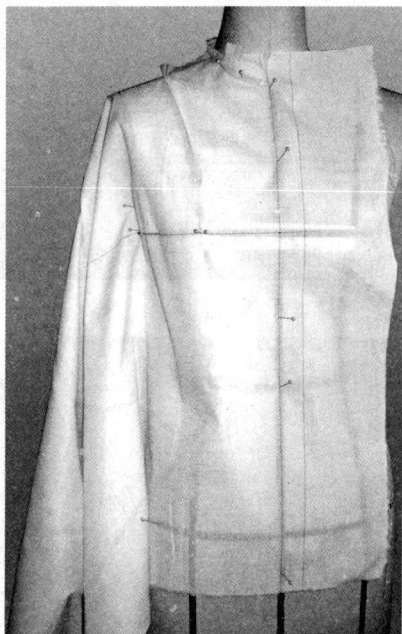

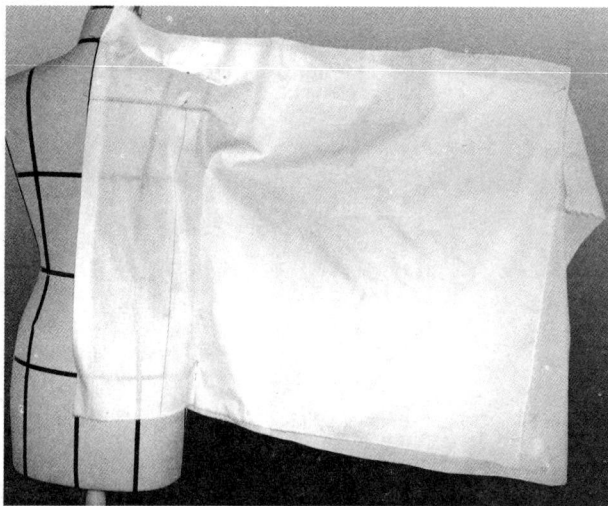

(1)将前片固定在人台上，胸围线保持丝缕水平，余量推至肩部，捏取肩省。将长度充足的后片固定在人台上，背宽处放出松量并保持丝缕水平，前后片别合肩线、腋底点和臀侧点，前后片布一起拉平别合，后袖窿处会有余量产生。

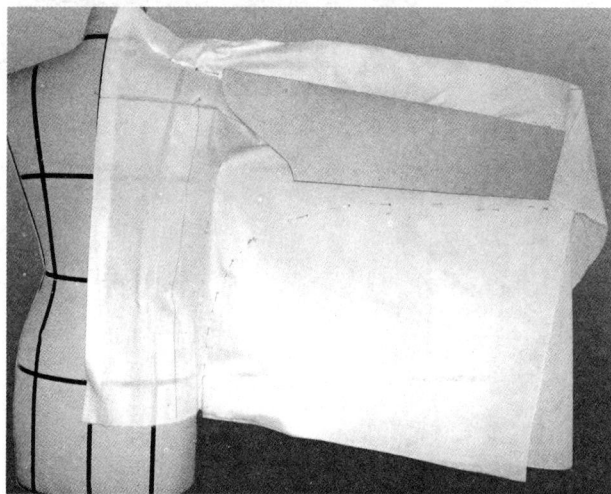

(2)在肩点处抬高0.5cm作为肩部的松量，把袖原型的袖山顶点对准该点袖中线为该线的延长线，放出肘部的袖肥，用针别出从袖口到侧缝的圆顺弧线。

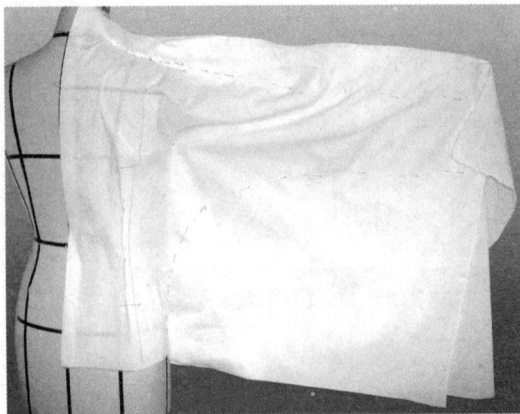

(3)为使后身较收身可捏取腰省。

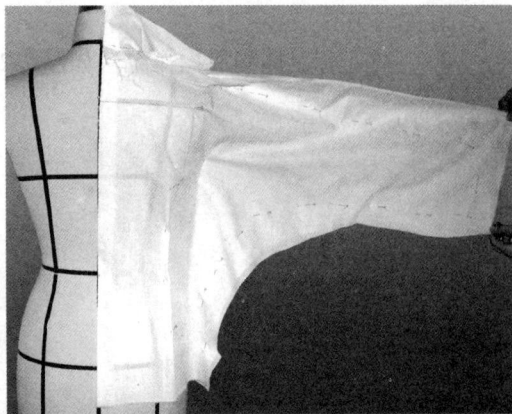

(4)粗裁袖子。

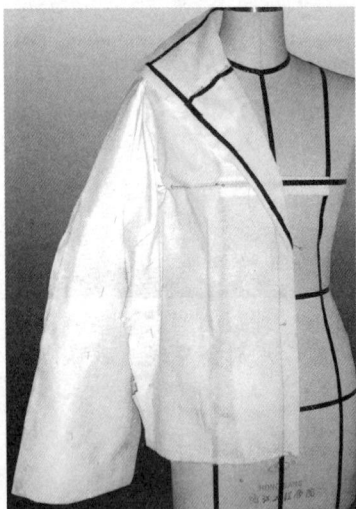

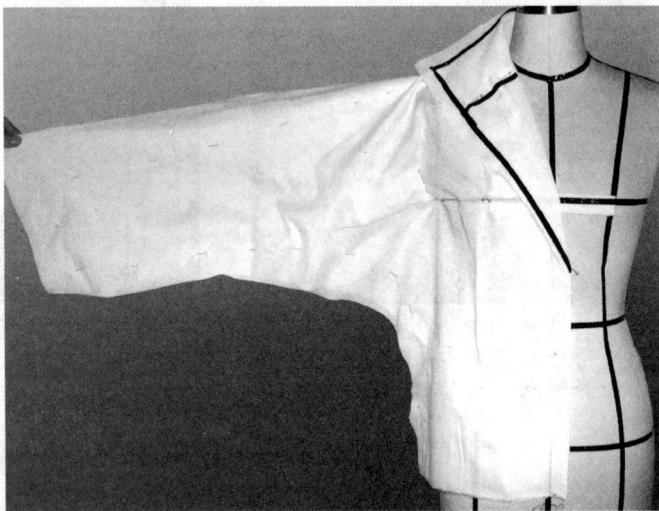

(5)定驳点，翻转驳头，将领片从后背绕转过来后与前片驳头别合。

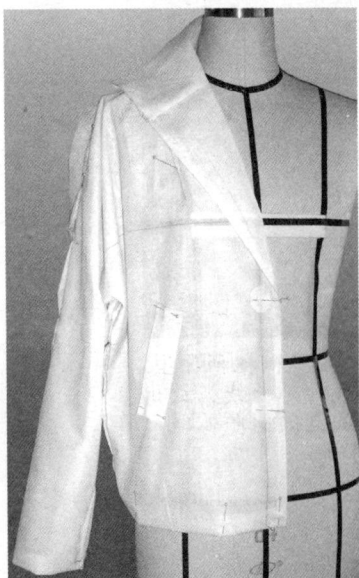

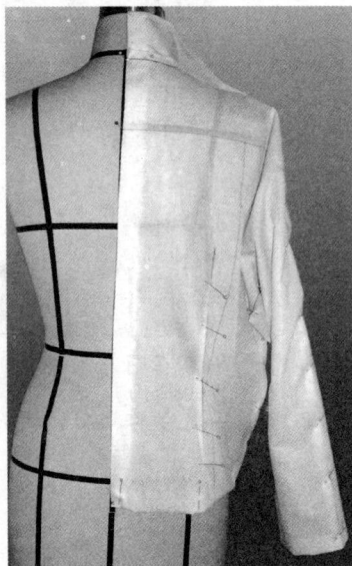

(6)做标记，取下放缝后完成立体造型。手臂下垂时腋下有较多的皱褶。

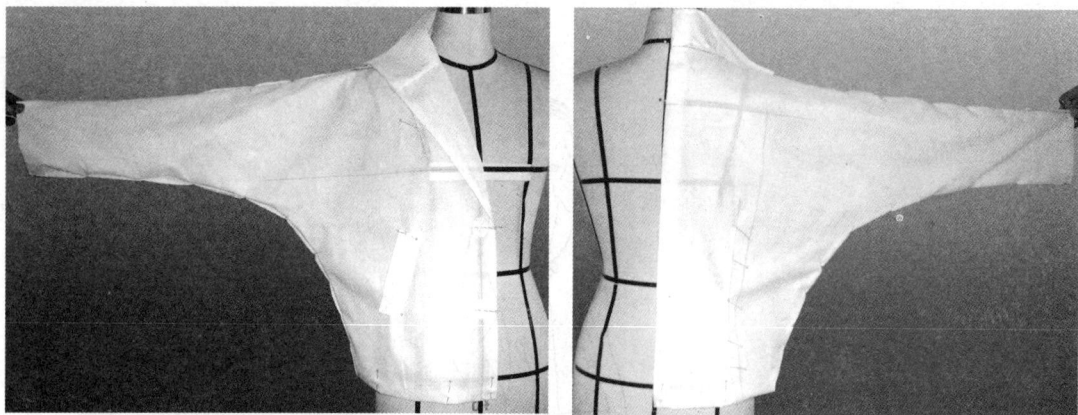

(7)手臂抬举方便。

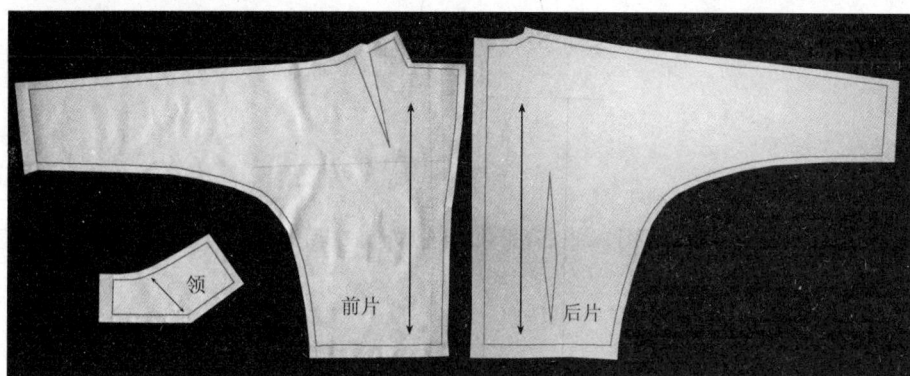

(8)把衣身展开成平面。

图7-21　和服袖外套立体构成操作方法

三、青果领连身袖外套

1. 款式特征

该款外套款型较合体,肩袖部圆润贴体,造型美观,配上弧线型的青果领显得简洁大方。为了便于手臂活动,在袖底加入袖衩(如图7-22所示)。

2. 布料准备

前片:长85cm,宽90cm,留出驳头量标出前中心线和止口线,留出领片的长度标出胸围线。

后片:长75cm,宽85cm,标出后中心线(如图7-23所示)。

图 7-22　青果领连身袖外套效果图

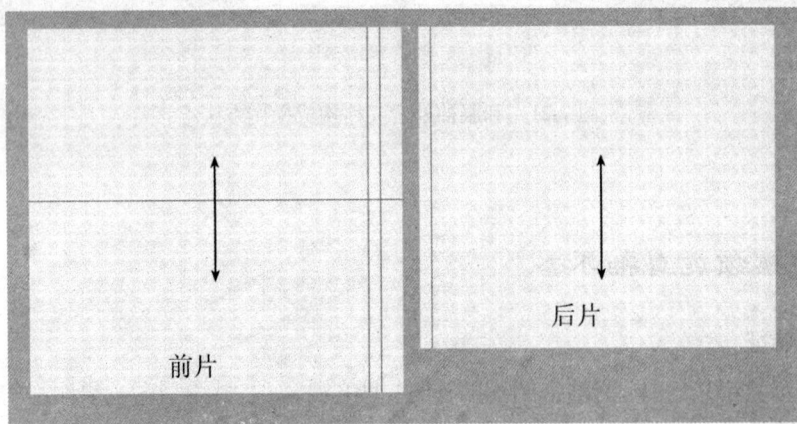

图 7-23

3. 操作方法

青果领连身袖外套立体构成操作方法如图7-24(1)～(12)所示。

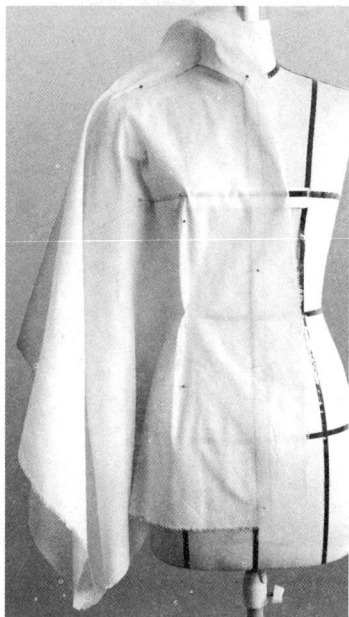

(1)将留有领片的前片固定在人台上，保持胸围线水平，余量保持在袖窿处，为了合体捏取腰省。

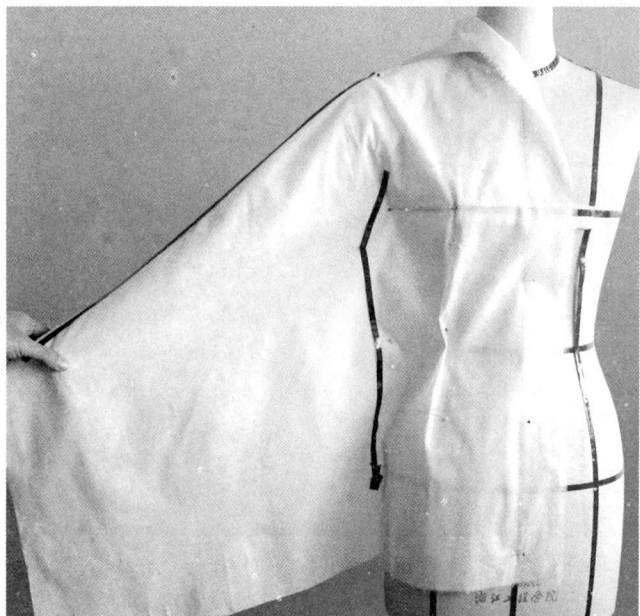

(2)将手臂抬成约45度，用胶带标注侧缝，使布料顺着手臂前倾的造型贴好袖中缝线。

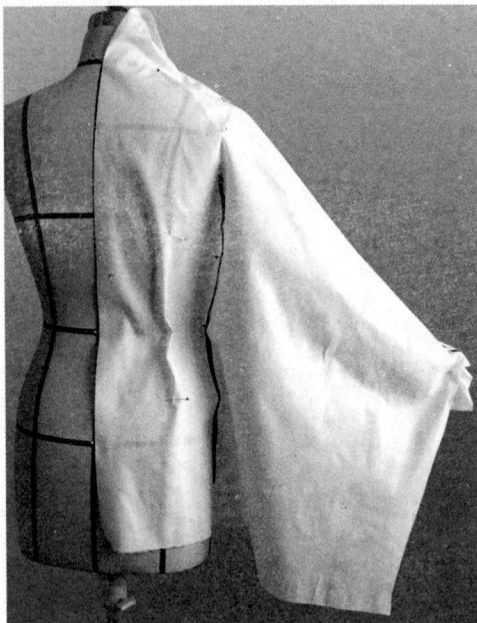

(3)将后片固定在人台上，保持背宽处丝缕水平，为合体捏取腰省，用胶带标出侧缝线。

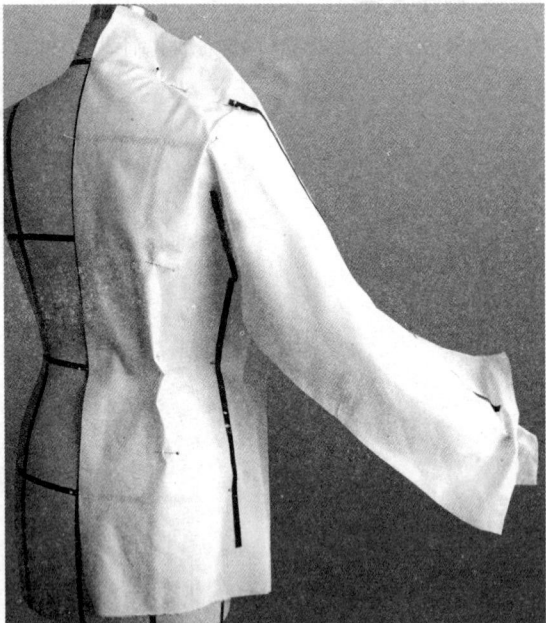

(4)同样将手臂抬高至45度，根据手臂造型，后袖肥大于前袖肥，沿着前片袖中缝线贴好后片的袖中缝线。

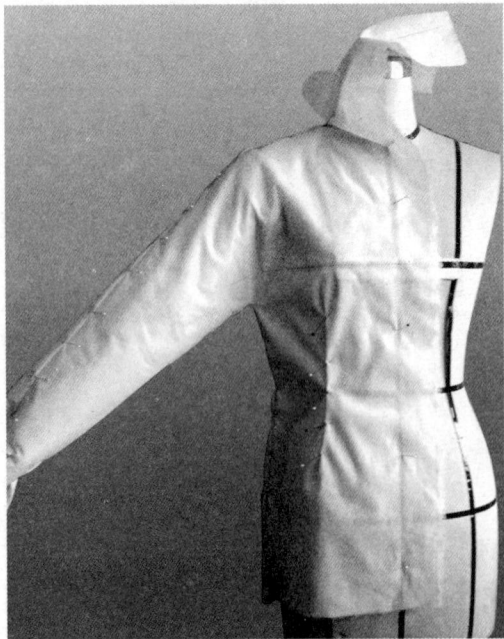

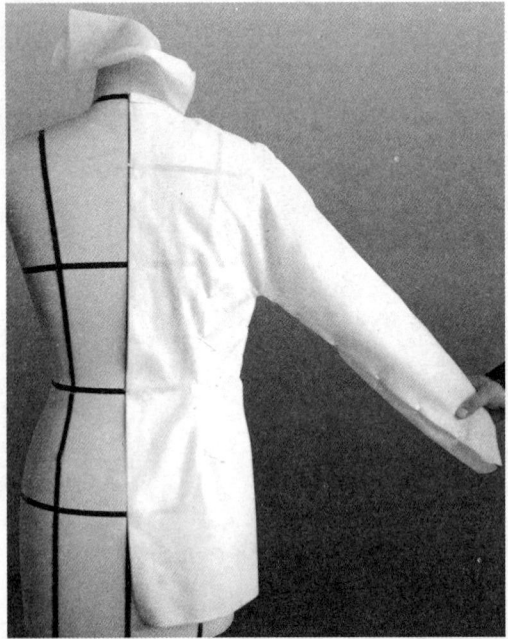

(5)做标记后取下，放缝，放回人台。

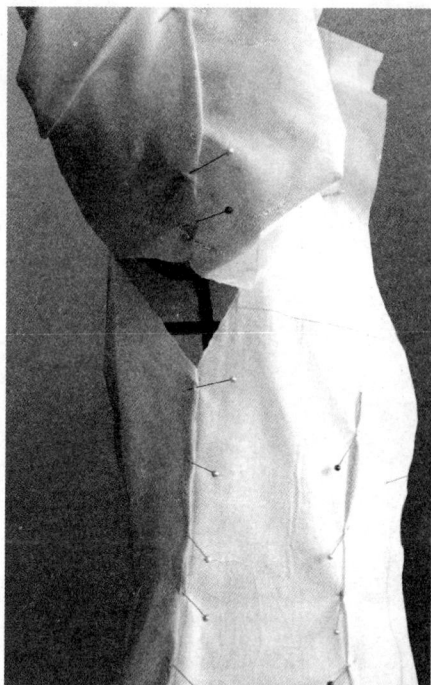

(6)仔细剪开前后袖衩开口。

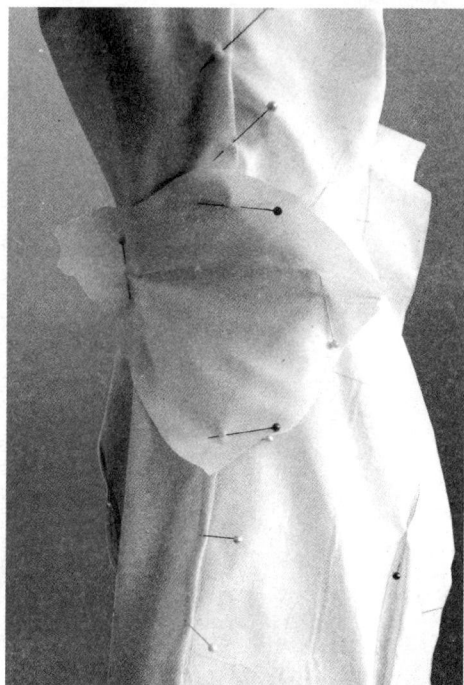

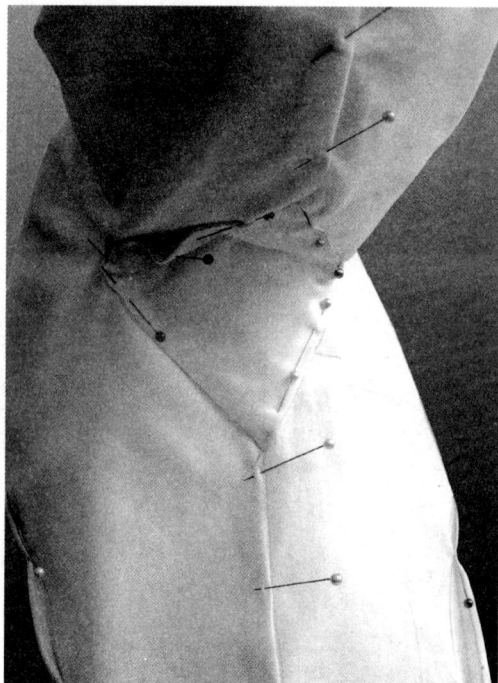

(7)将袖衩用布放在袖底缝处固定。

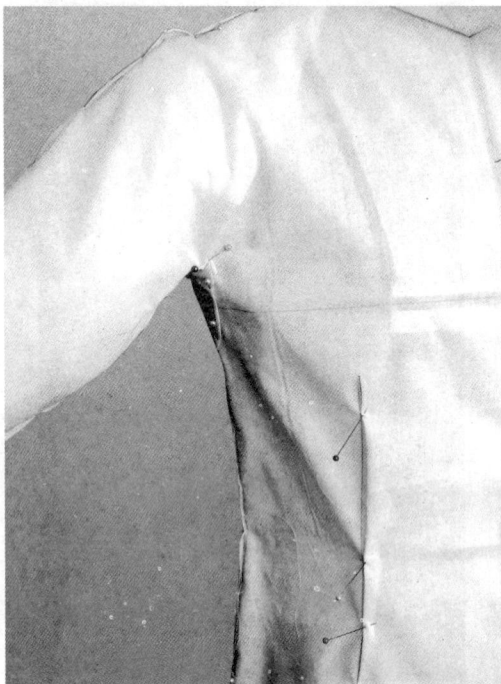

(8)完成后的袖衩隐藏在腋下。

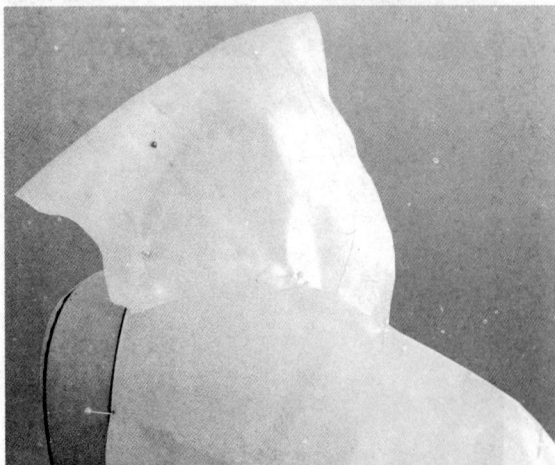

(9)从斜向剪至侧颈点处，将领布绕向后颈点处，与翻领的立裁方法一样，定好领座高。

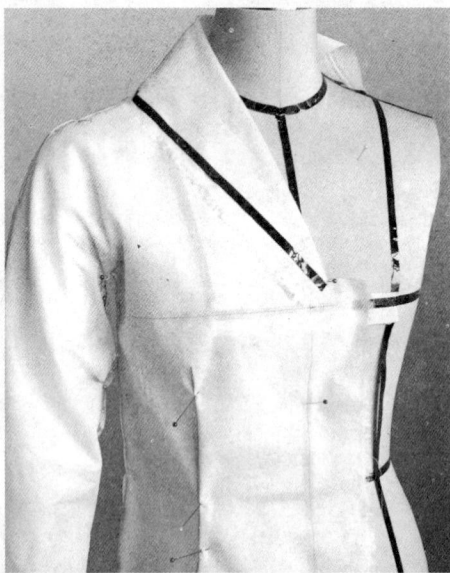

(10)贴好正面的青果领造型，注意领口有一定的松量。

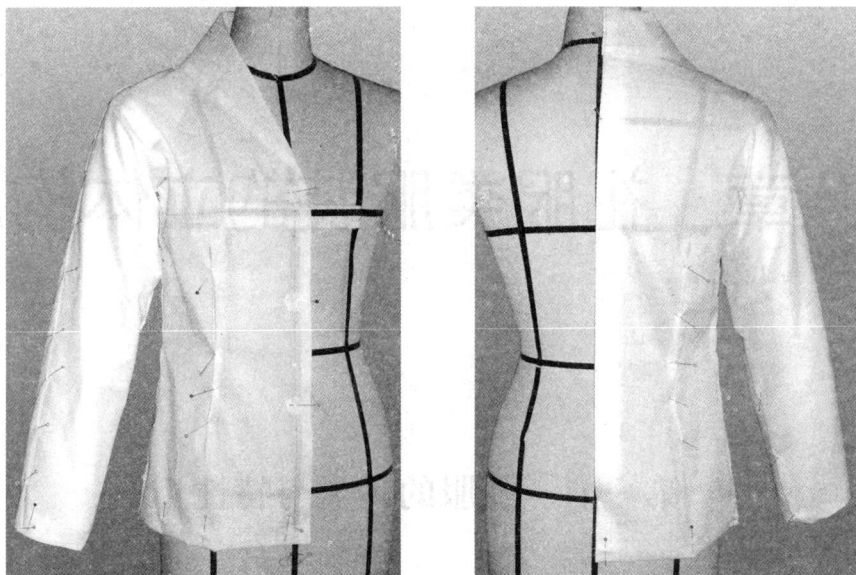

(11)完成的立体造型。

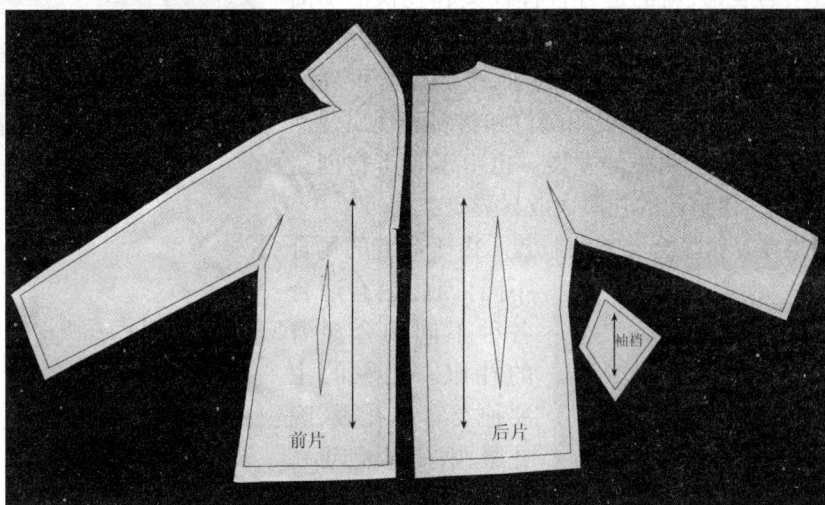

(12)把衣身展开成平面。

图 7-24

第八章　礼服类服装的立体构成

第一节　礼服的种类与特性

礼服起源于路易王朝时代(17—18世纪)由宫廷贵族穿着的宫廷服(如图8-1所示)。随着时代的演变,到19世纪在立体派、现代派和东方趣味的装饰时代影响下,逐步追求礼服的机能性,简化了原先复杂而繁琐的装饰,新的适合各种社交和礼仪活动的礼服诞生了(如图8-2所示)。到了第二次世界大战后,由迪奥设计的8字形长裙礼服发表了,受到了全世界的喝彩。他把现代礼服的造型美用颜色和材料表现出强烈的时代感,从而推动了礼服的发展。也由于有丰富创造性的设计师出现,使当代的礼服大放异彩。

礼服是指在礼仪场合穿着的服装。由于穿着的场合不同,因此也有适合各种不同场合穿着的礼服。礼服的主要种类有准礼服、晚礼服、婚礼服、创意礼服等。

图8-1　18世纪中期宫廷礼服

礼服的穿着是随着一天时间及场合的变化而变化的。通常在午饭后,下午的访问或舞会上应该穿准礼服。它以正统的套装、连衣裙及在连衣裙外面配上外套的调和套装为主,因此避免设计过于怪异,但仍能体现个性及个人爱好。

由于社交活动的内容不同,每一种准礼服在造型、色彩、衣料及细部设计上,都有其特有的规律及手法。白天穿的准礼服,面料一般选择无光泽的沉稳的高雅衣料。如高档的毛织物、化纤混纺、真丝绸、软缎、蕾丝等。

图8-2　连衣裙样式准礼服效果图

时间较晚的社交活动则应穿晚礼服。晚礼服的基本造型具有露肩、露背、低胸的特征。晚礼服的裙长可以是超短的也可以是及地的长裙，晚礼服以露为正式。一般在设计上十分夸张，尤其强调服装的体积感及着装后的整体效果。在欧美国家，社交活动进行的时间越晚，越被视为正式。晚礼服在夜晚服装中的规格最高，是最正式的服装，常作为观剧、出席音乐会时最华丽的着装。决定晚礼服选择最重要的一点是，社交活动进行的时间越晚，穿着的晚礼服就越正式、越华丽。

晚礼服的设计十分注重人体的曲线美，华丽精致是晚礼服的主要特征。衣料上常选用天鹅绒、丝绸、软缎、薄绉纱、金银交织等华贵衣料。并佩戴豪华的服饰品，如宝石、首饰、手袋、包等。

婚礼服是最富有浪漫色彩的礼服。因为婚礼服要使新娘显得比往常更美丽动人而基本上无实用要求。但婚礼服必须考虑到时间、场所、季节、天气和习惯等因素。

婚礼服常选用白色或红色的缎、丝质薄纱和蕾丝等衣料。装饰上非常典雅精致，常缀上蝴蝶结、缎带饰花，也可嵌上宝石和珍珠，使新娘更加光彩照人。

创意礼服的设计，是服装设计师的想像力、创造力得以充分发挥的领域。没有任何设计的定规，从连衣裙到套装，从长裤到短裤、从裸露到含蓄，创意礼服的形式是千变万化的。衣料可以是传统意义上的各类梳织物、针织物，也可以利用各种有创意的材料如各类羽毛、金属、编结的绳带、塑料等。

第二节　准礼服的立体构成

准礼服是白天穿着的正式礼服，样式上主要是连衣裙，但也可以是正规场合穿着的套装类。

准礼服一般设计比较简洁、朴素，具有格调高雅、大方的风格。在某些部位可以用打皱褶、装荷叶边、刺绣等作装饰。一般在外面披上披肩或穿上短上衣，显得稳重和端庄。

一、连衣裙式准礼服

1.款式特征

连衣裙样式的准礼服，款式比较简洁，领口采用装荷叶边作装饰。可以单独穿着，也可以在外面披肩或配短上衣。它最大的特点是把腰省转移成领省，松度较小，非常合体（如图8-3所示）。

2.操作方法

连衣裙式准礼服的立体构成操作方法如图8-4（1）~（14）所示。

图 8-3　连衣裙样式准礼服效果图

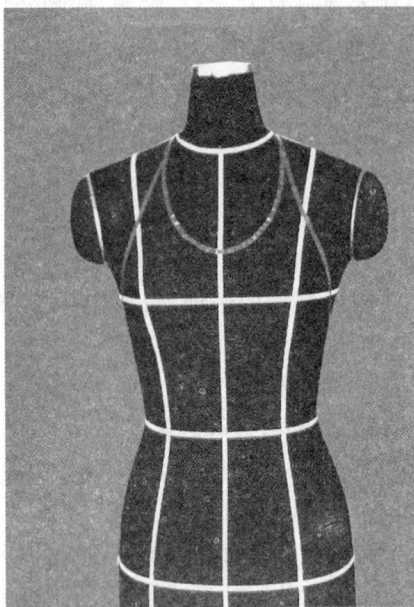

(1)选择好合适的人体模型后，用色带标出前面的款式造型线。

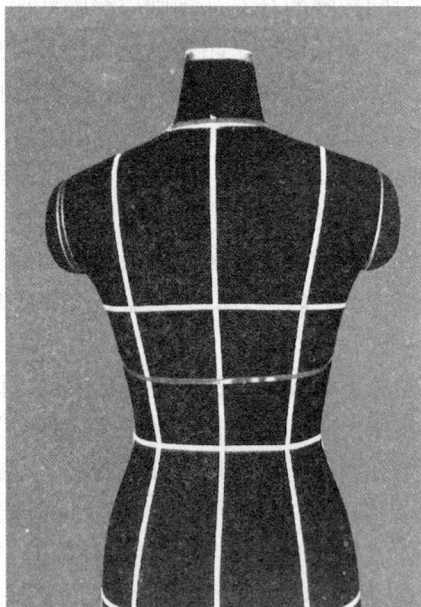

(2)用色带标出后面的款式造型线。

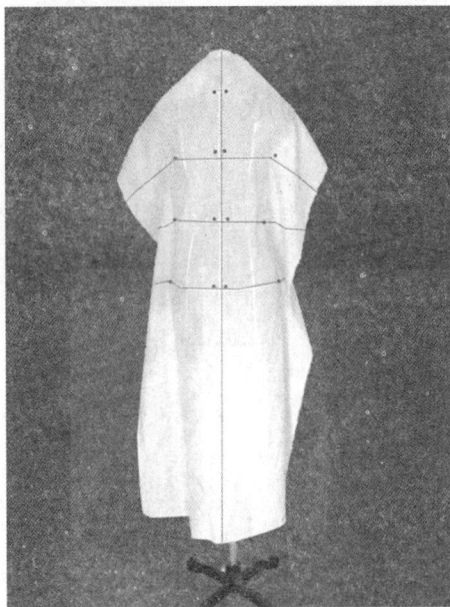

(3)取试样布时要放出足够的余量，量出模型上的三围距离，把它准确地画在试样布上，同时画上前、后中心线。将前片试样布上的各条线与人体模型上相应的线对准后用针固定。

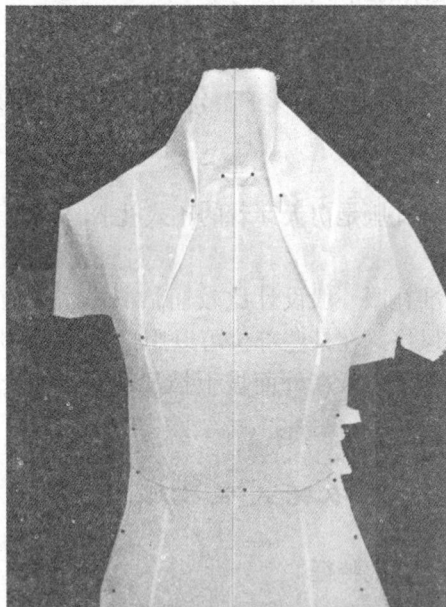

(4)把前衣片的腋下省转移成领省，并用针固定。衣片推出一定的松度后用针固定。侧缝留出足够的余量后把多余的布料剪掉。

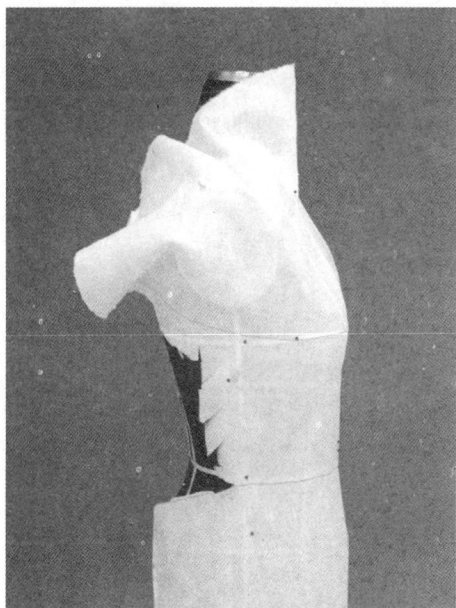

(5)如图在侧缝处剪刀口，把腰节拔开
消除皱纹，重新整理后用针固定。

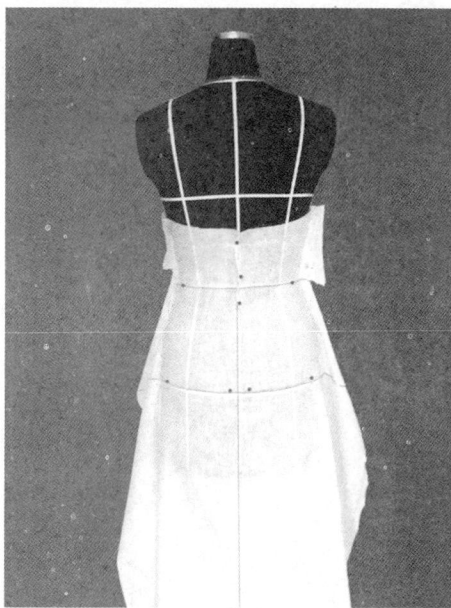

(6)将后片试样布上的各条线与人体模
型上相应的线对准后用针固定。

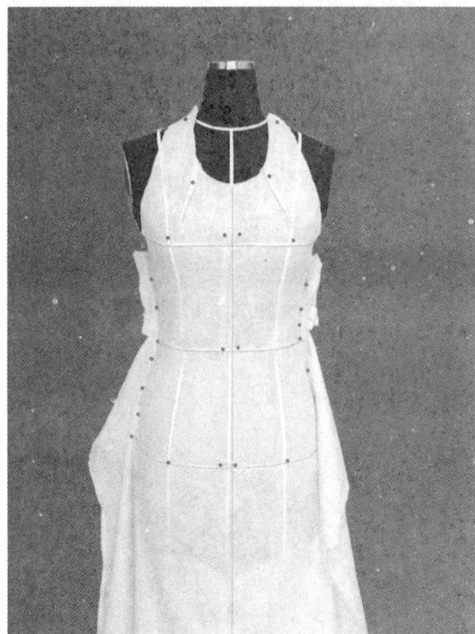

(7)领圈、袖窿根据款式线留出足够的缝
头，把多余的布料剪掉。前、后衣片的
侧缝用针固定。

(8)在臀围线以上5cm左右处剪刀口至
净缝线。在刀口以下部分将后衣片按
净缝线折转后叠合在前衣片的净缝线
上，如图用针固定。然后观察造型效
果以及放松度是否适当，检查整体平
衡情况，及时给予调整。

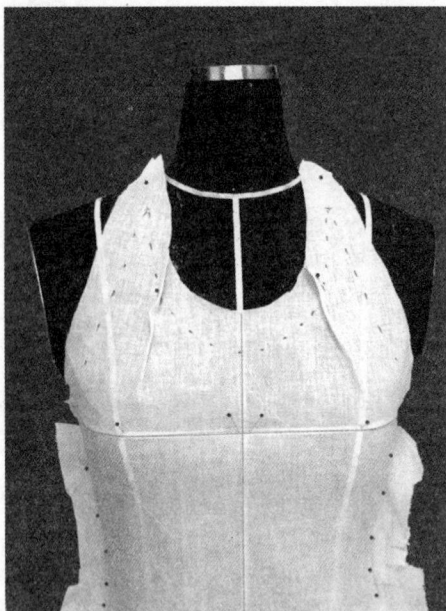

(9)按款式净缝线在领圈、袖窿、省道、侧缝等处做记号。起始点及交叉处做"+"字记号。

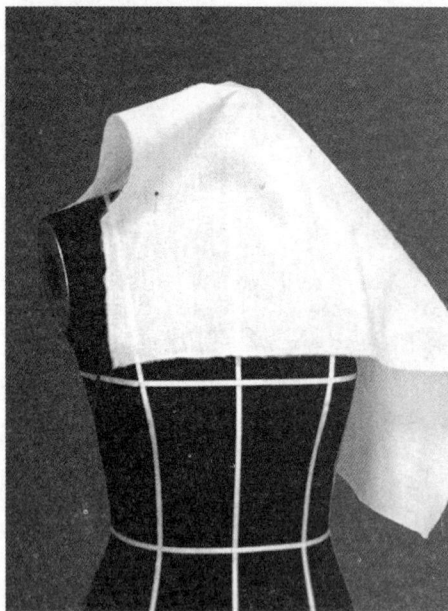

(10)取一块长、宽各50cm的布，如图放置在人体模型上，用针固定，开始裁荷叶边。

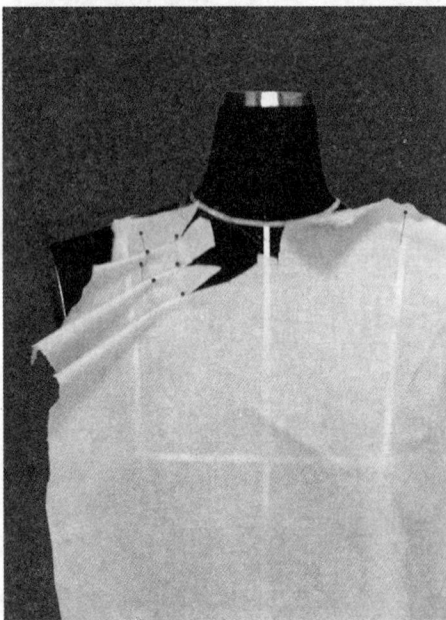

(11)首先在肩部横向剪一刀，在需要做波浪的位置打针固定，然后剪刀口至打针位，将布往下移，在打针位做出波浪后打针固定。就这样一直做至前中心。

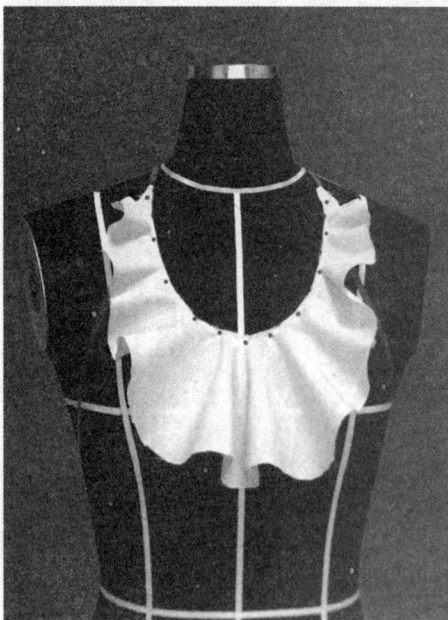

(12)修剪第一层波浪的外形，然后在平面上拷贝出另一半，中间缝合后如图固定在款式线上观察效果，也可以进行适当的修正。

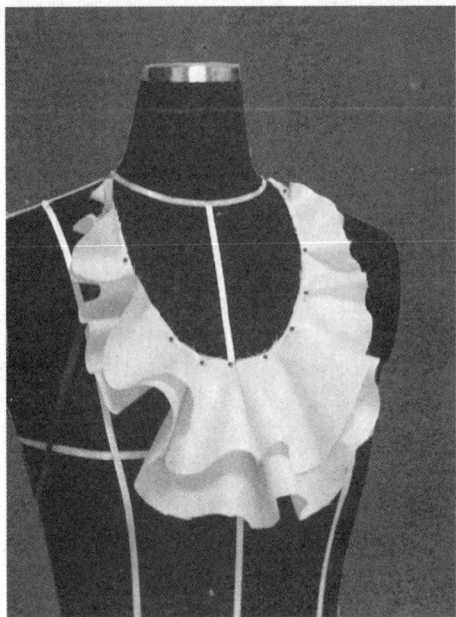

(13)在第一层波浪的基础上裁剪第二层波浪，二层一起固定后放在人体模型上观察效果并作修正。

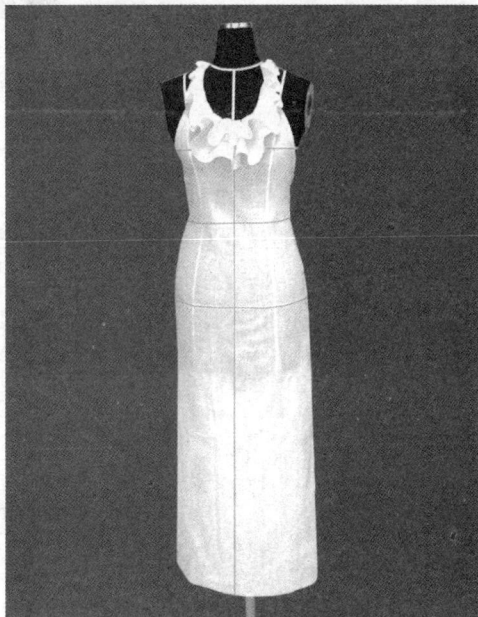

(14)将衣片在平面上按净缝线的记号用专用尺修正线条。然后折光缝头，把前、后衣片用针别好，穿在人体模型上，放上荷叶边观察整体效果，并作最后的修正。

图8-4 连衣裙式准礼服的立体构成操作

二、窗花格准礼服

1. 款式特征

上衣采用面料二次造型,首先用素绉缎做成方格,并在方格内贴上蕾丝,然后根据款式把方格重叠起来组合成上衣,使整套礼服具有特殊的风格(如图8-5所示)。

2. 操作方法

窗花格准礼服立体构成操作方法如图8-6(1)~(12)所示。

图 8-5　窗花格准礼服效果图

(1)根据设计要求，用纸剪成一片
片镂空的方块，然后在人体模型
上进行重叠造型，直至满意为止。

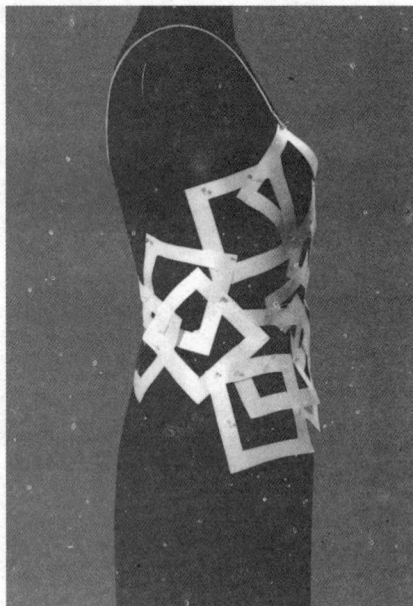

(2)侧面与后背，按前图的方法同样
操作。这是定稿后的侧面图。

(3)在黑色素绉缎反面烫上粘合衬后，缝制成
与纸样相同的镂空方块。在方块的反面贴上
蕾丝面料后用针固定，再用手针缲缝固定。
然后用熨斗烫平，待用。

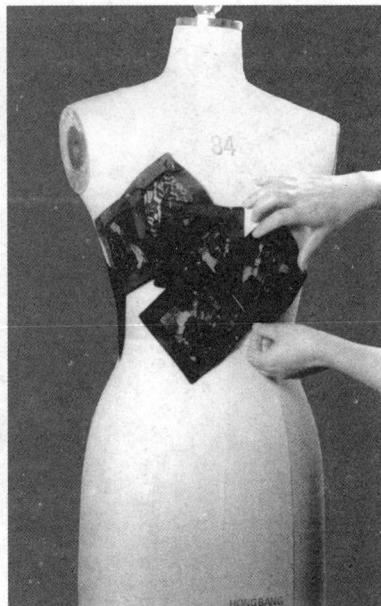

(4)把一片片缝好的方块，按已经
定好的位置，固定在人体模型上。

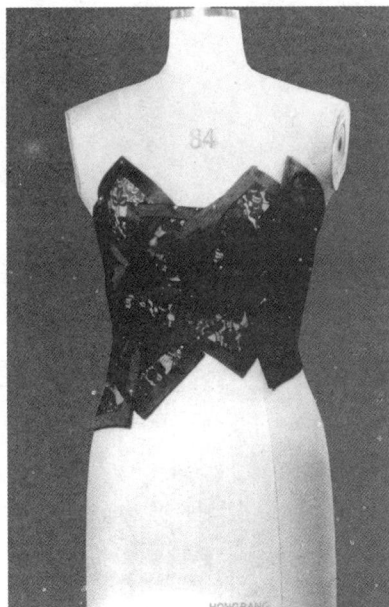

(5)在人体模型上审视并修正上衣。

(6)上衣定稿后，在人体模型上，
用手针将每一片疏缝固定。

(7)从人体模型上取下上衣,在上衣的反面,把每一块方块用暗线针缝住。

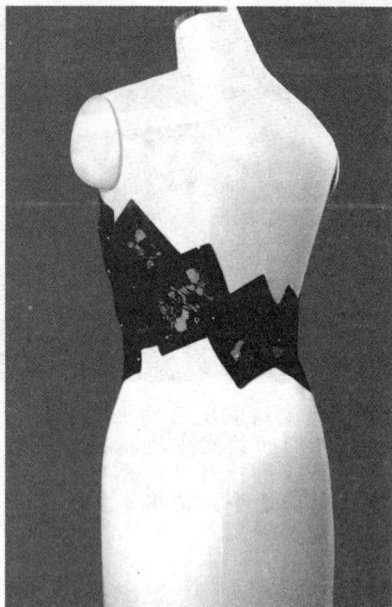

(8)上衣缝制完毕后,将它穿在人体模型上进行观察,如有问题可重新纠正。

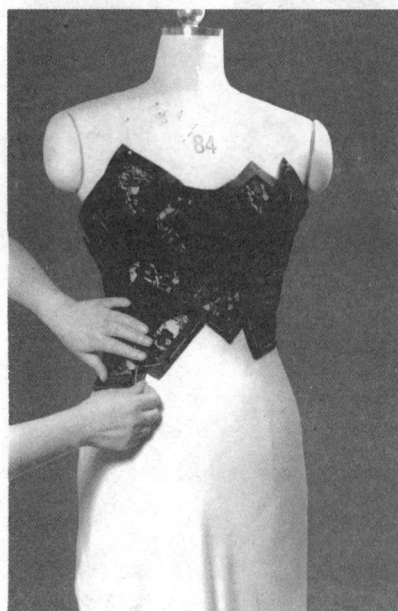

(9)将粗裁的裙片放到人体模型上,试样正确后缝合,然后与上衣在人体模型上用手针固定。

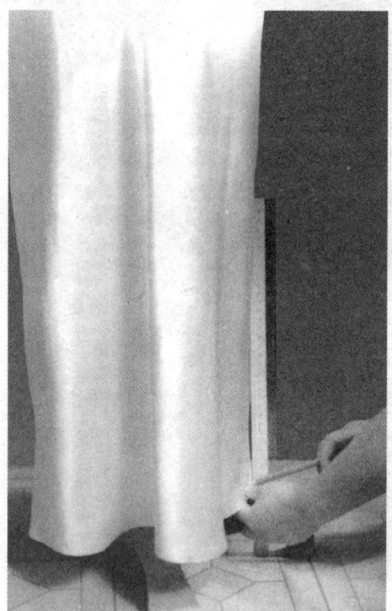

(10)裙摆必须与地面平行,操作可以用尺在裙摆四周量准并做上记号,用剪刀粗剪后取下裙子,重新修齐底边。

(11)后中心用拉链开门，采用暗装方法，注意不能破坏图案。前、后衣片如图装上吊带。

(12)穿着时可用驼鸟毛围巾作装饰。

图 8-6　窗花格准礼服立体构成操作

第三节 婚礼服的立体构成

新娘在结婚仪式上穿的礼服叫婚礼服。因为结婚仪式是人生很重要的仪式,因此十分隆重和喜庆,要求格调高而庄重。伴随生活方式的变化和时代的发展,带有个性而时尚的结婚礼服越来越多,越来越丰富。但重要的是打扮要适合庆典礼仪的气氛。

婚礼服的用色一般西方定为白色,它代表神圣和纯洁,目前在中国也被广泛地应用。而中国的传统用色一般定为红色,它代表喜庆和吉祥。

一、羽毛式婚礼服

1. 款式特征

该款婚礼服不同于普通的婚纱,面料选用白色的透明绡。裙子的外层用花齿剪刀将透明绡剪成不规则的羽毛片后重叠而成,具有天使般的感觉,象征神圣和纯洁。胸衣上采用亮片和蕾丝作装饰更显华丽和高雅(如图8-7所示)。

图 8-7　羽毛式婚礼服效果图

2. 操作方法

羽毛式婚礼服立体构成操作方法如图8-8(1)~(17)所示。

(1)按要求做好裙撑。

(2)做好紧身里层胸衣及裙撑外面的罩裙。

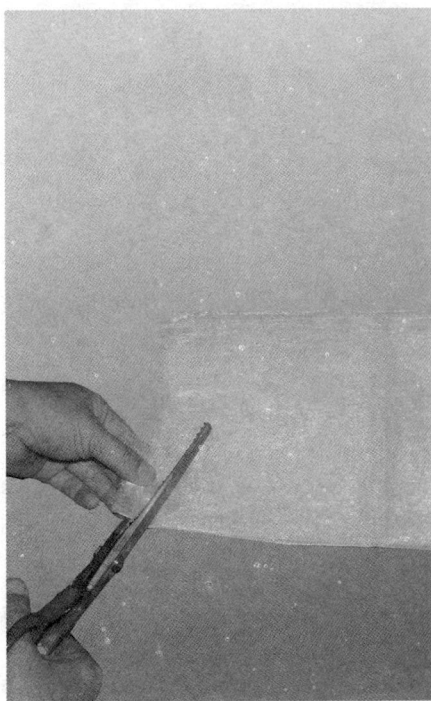

(3)采用白色的透明绡用花齿剪刀，剪出外裙大小不同的羽毛片。

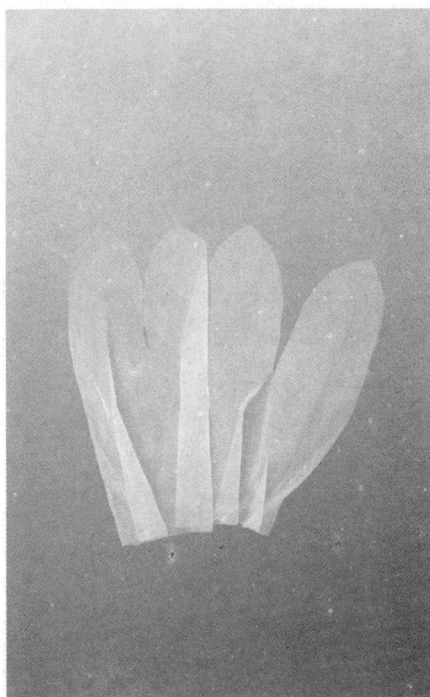

(4)将剪好的羽毛片如图打褶。

(5)将剪好的羽毛片如图样大小叠合。

(6)把做好的羽毛片缝到罩裙上，要求羽毛片放置时不要有规则。

(7)羽毛片一直堆放到外形符合款式要求为止。同时开始裁剪外层胸衣。

(8)做好外层胸衣。

(9)外层胸衣的背面图。

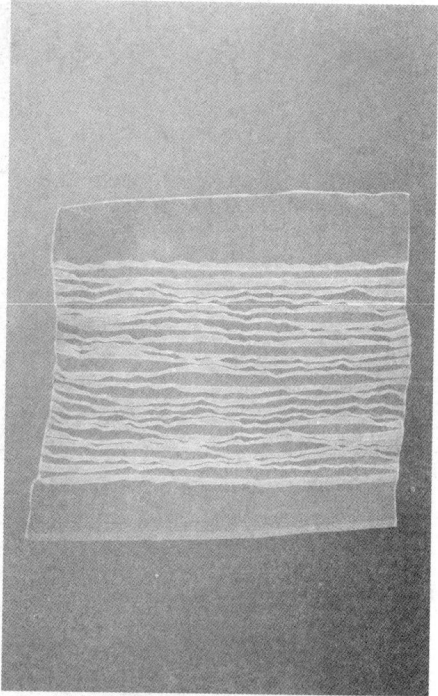

(10)将胸衣外面的装饰布折叠后缝塔克线。

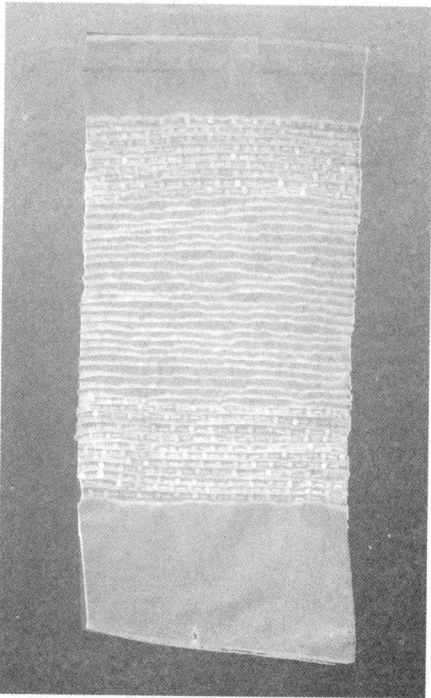

(11)在胸衣外面的装饰布上绣上亮片。

(12)胸衣外面的装饰布是后开门，在后背穿入系结用的丝带。

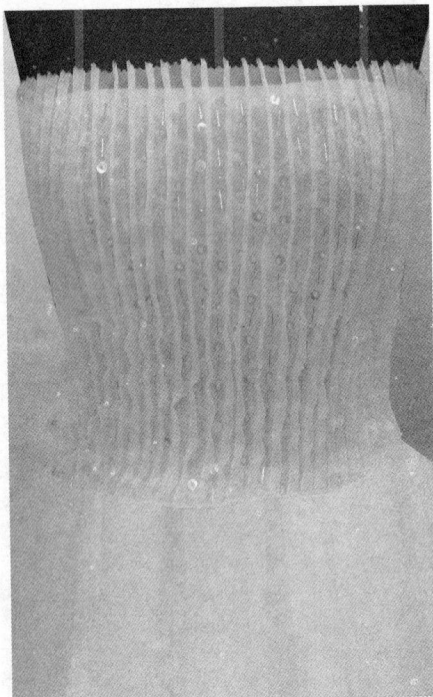

(13)把胸衣外面的装饰布与外层胸衣缝合固定。

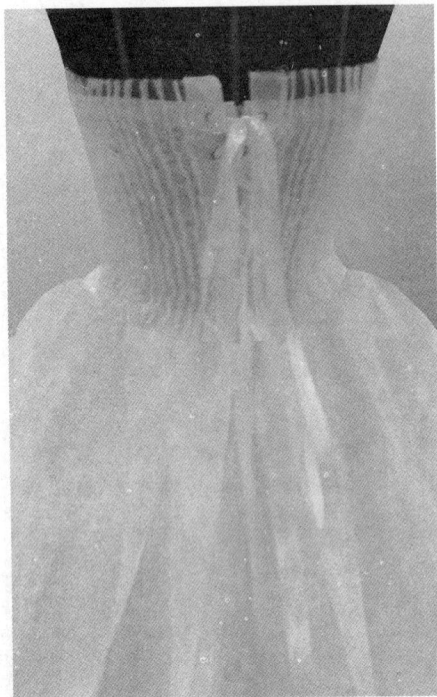

(14)胸衣外面的装饰布与外层胸衣缝合固定后的后背图。

(15)在胸口装上蕾丝花边。

(16)装上蕾丝花边后的后背图。

(17)完成后整件礼服的整体效果。

图8-8　羽毛式婚礼服立体构成操作方法

二、中国红婚礼服

1. 款式特征

这款上衣选用了悬垂性非常好的中国红素绉缎和中国红真丝绡,裙子则选用了蓬松的大红真丝绡为材料组合而成。色彩非常喜庆,符合中华民族结婚喜庆的风俗习惯。

款式造型结合了时尚元素,也充分利用了面料的特点。上衣的造型是紧身的,非常简洁,只是在前胸利用素绉缎的特性设计了一个悬垂褶。裙子设计成不对称的多层重叠组合。强调了裙子的扩张造型,体现了隆重的庆典气氛(如图8-9所示)。

2. 操作方法

中国红婚礼服立体构成方法如图8-10(1)～(34)所示。

图8-9　中国红婚礼服效果图

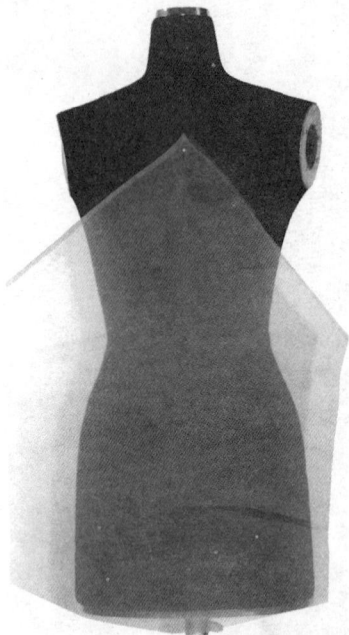

(1)选择好合适的人体模型后，取
二块斜丝的真丝绸面料。

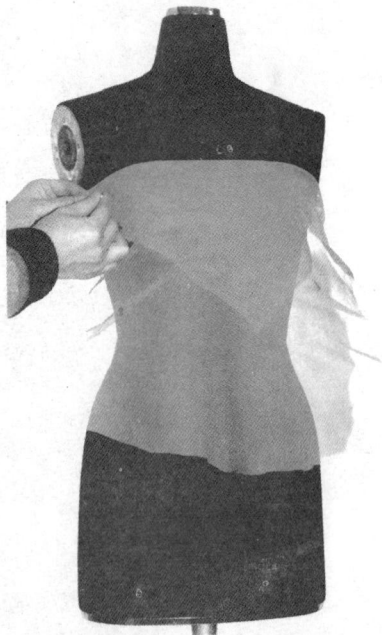

(2)把真丝绸面料的三角折进后固
定在人体模型上，然后，一个一
个地如图打褶裥固定。

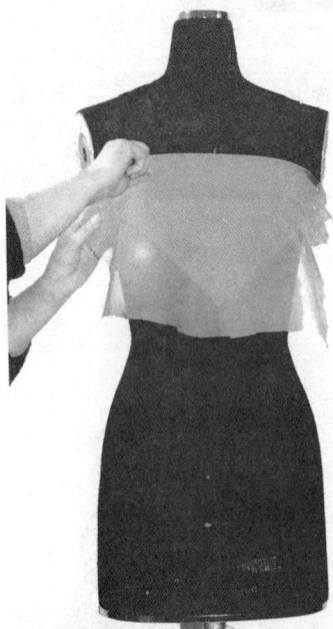

(3)将打好褶裥的真丝绸，用手针
在人体模型上进行立体固定。

(4)留出足够的缝头后，两侧多余的
布料用剪刀剪掉。

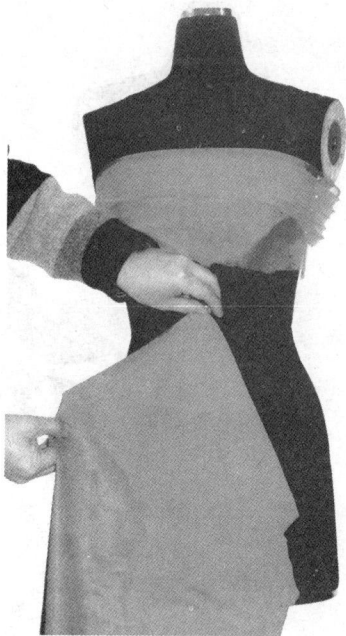

(5)取一块斜丝素绉缎面料，反面作
正面使用。将三角折进。

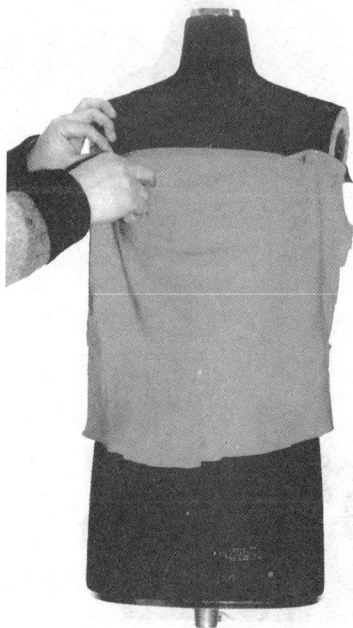

(6)按设计图要求，前胸别出一个较
大的悬垂褶，并用针与绡固定。

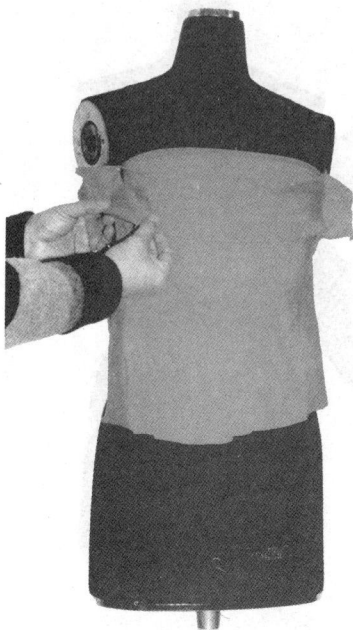

(7)用手整理好褶的形状后，用手针
固定。

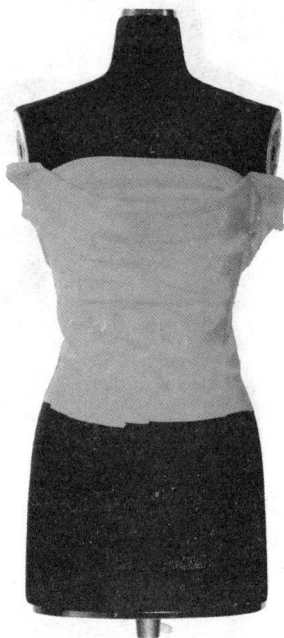

(8)利用斜丝面料的特性，将腰部包
紧，整理好悬垂褶，用针固定。

(9)粗剪前衣片的侧缝。

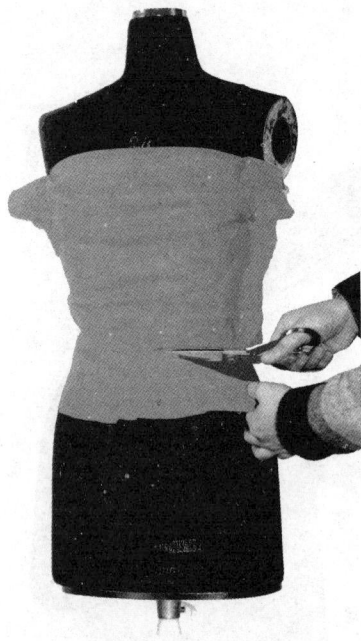

(10)粗剪去前衣片长度的多余量。

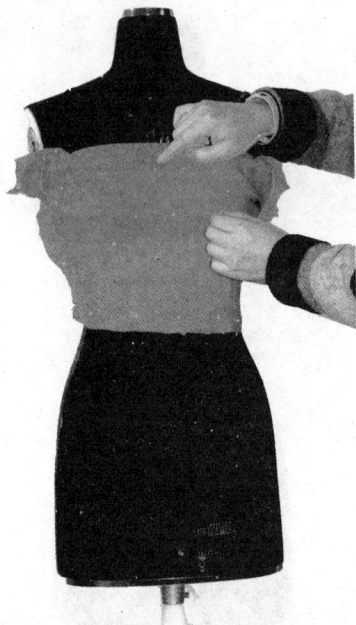

(11)翻高悬垂褶的下端，用针固定。

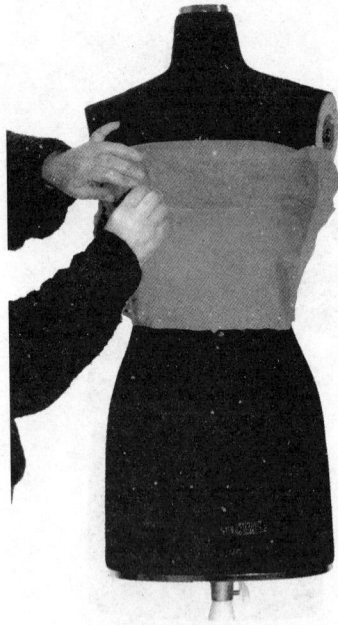

(12)用手针固定悬垂褶的下端(与内层绡一起固定)。

(13)在模型上，用手针把缎和绡的侧缝固定。

(14)这是上衣前片的基本完成图。

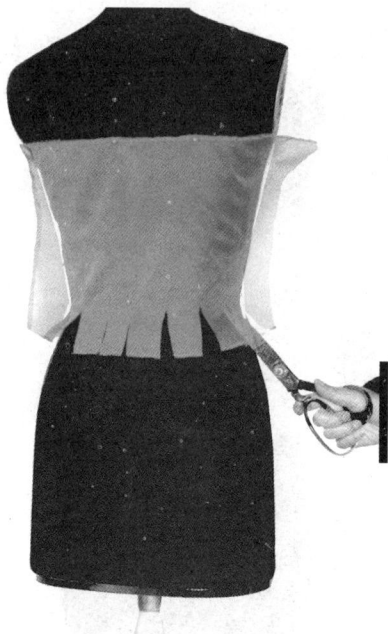

(15)取一块直丝真丝绡，如图与人体模型固定，并在腰部剪刀口。

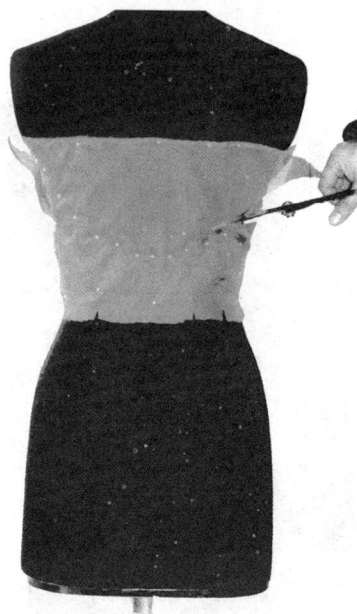

(16)按设计要求用针标出造型弧线后再进行修剪。

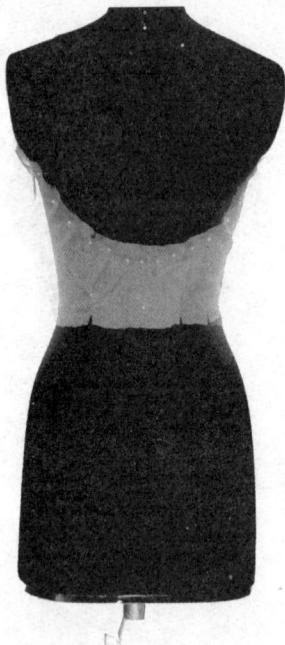

(17)修剪后的后背。

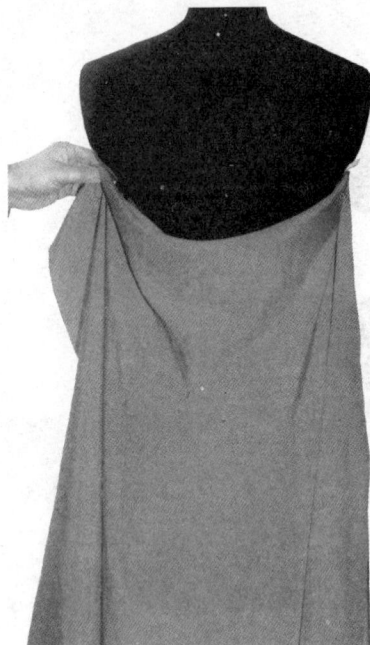

(18)取斜丝素绉缎面料，反面作正面使用，上口折光后，如图固定。

(19)粗剪去下端多余的面料。

(20)整理好悬垂褶的两侧和下口，并用手针固定。

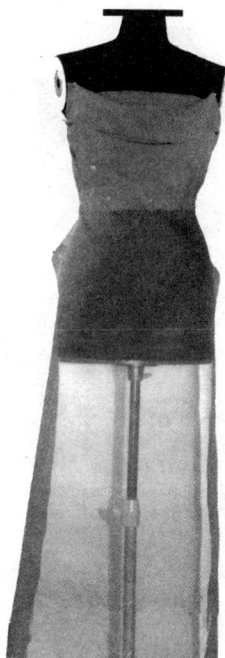

(21)用真丝绡立裁内裙。

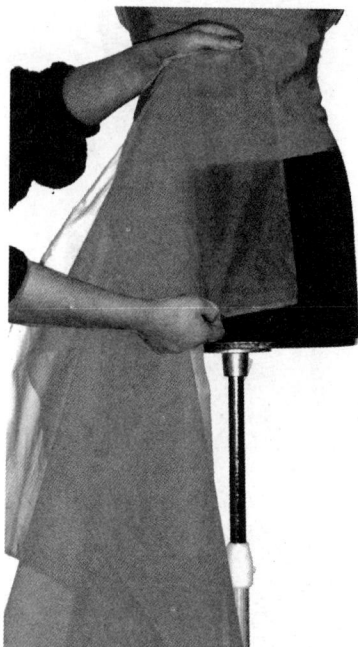

(22)取下内裙，用真丝绡裁剪第一层裙的下层裙，光边留作底边。

(23)确定好裙子短的一侧长度，打细褶后，在腰部固定。

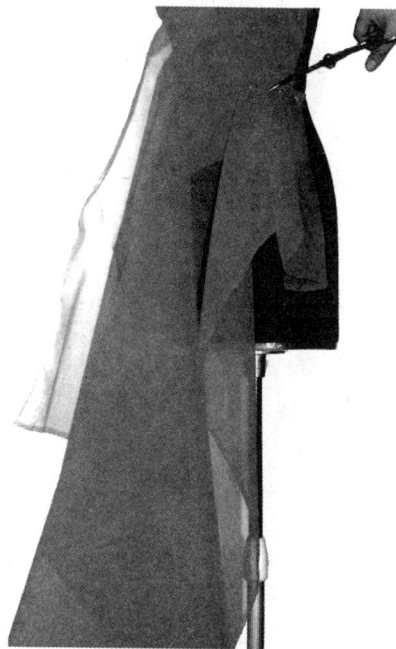

(24)控制好裙子的斜度，剪去腰口多余的布料。

(25)按设计要求的斜度，逐步加大裙子的长度。

(26)完成后的第一层裙的下层裙。

(27)第一层裙下层裙的侧面图。

(28)用同样的方法，裁剪第一层裙的中间层裙。用针固定，剪去多余量。

(29)裁剪第一层裙的面层裙，斜度与下面二层一样，而腰部褶裥少于下面二层。将三层裙的腰口用手针固定。

(30)如图样放入衬裙，将腰口用针固定。

(31)掀起第一层裙，用同样方法裁剪第二层裙的下层裙，控制好第二层裙的长度。

(32)如图裁剪第二层裙的中层裙和上层裙。

(33)用同样的方法裁剪第三层裙的下层裙。

(34)裁剪第三层裙的中层裙和上层裙。并装上花朵，审视效果。

图 8-10　中国红婚礼服立体构成操作方法

三、飞边婚礼服

1. 款式特征

这是一款由缎与绡组合而成的婚礼服,上衣是由缎做成的紧身衣,前胸采用结带开门。裙子半面是由缎做成的,而另一半是由绡做成的。两种面料有不同的感觉,一种是厚重有光泽的,另一种是轻薄而透明的,使传统的婚纱具有一定的创新。

裙子由大量的波浪飞边重叠而成,使裙子的外形得到扩张,具有隆重和华丽的感觉(如图8-11所示)。

2. 操作方法

飞边婚礼服立体构成操作方法如图8-12(1)~(16)所示。

图8-11　飞边婚礼服效果图

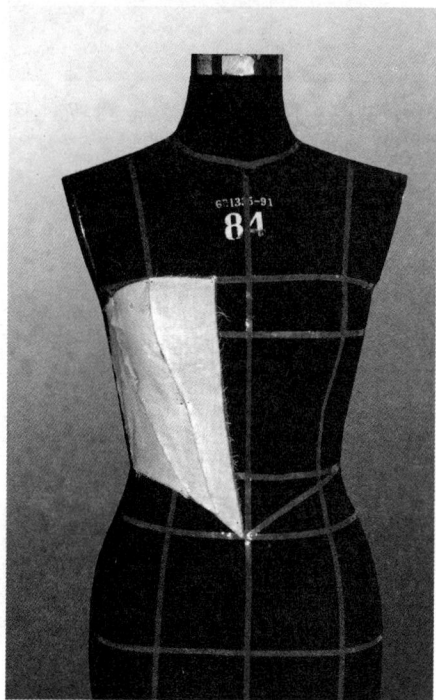

(1)在人体模型上按设计要求标好款式线后用白坯布做胸衣。

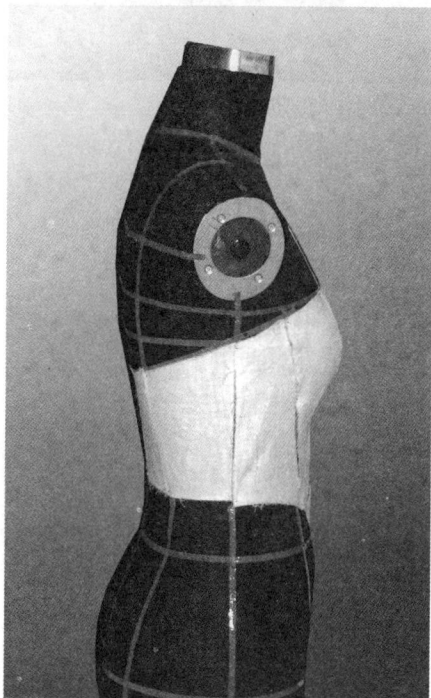

(2)胸衣的侧面效果。

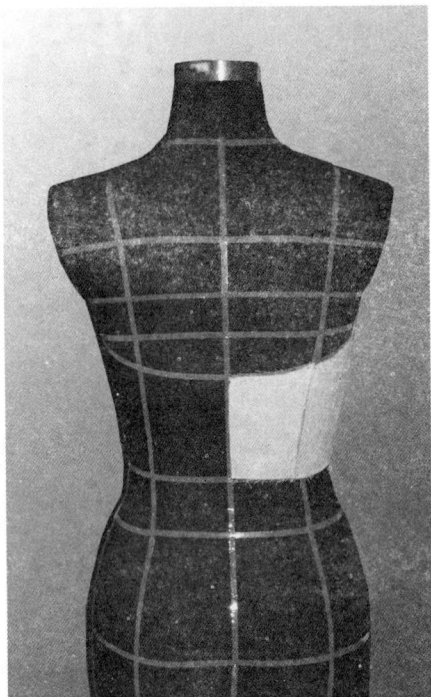

(3)胸衣的后背效果。

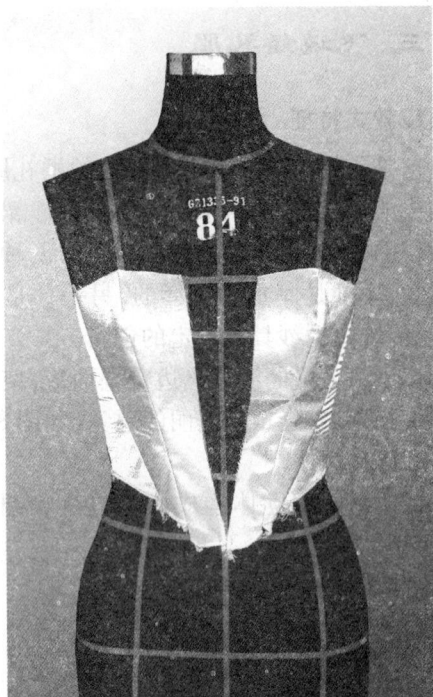

(4)把白坯布胸衣拷贝成真实面料后做胸衣。

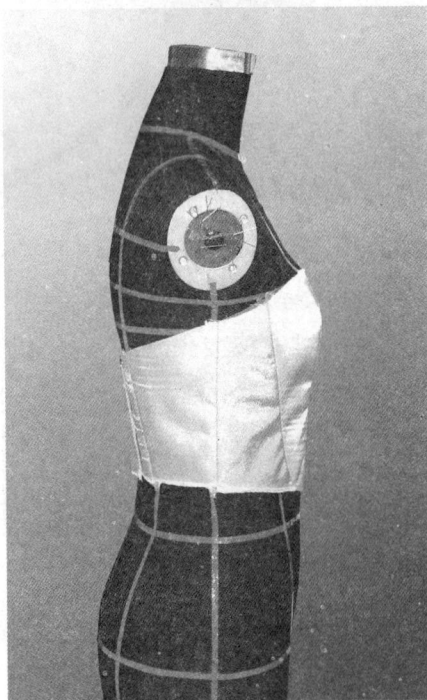

(5)用真实面料做成的胸衣侧面效果。

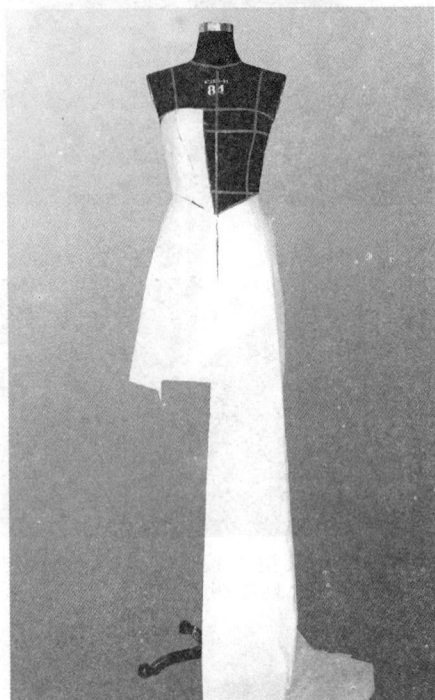

(6)用白坯布做内裙。

(7)把白坯布裙拷贝成真实面料后做成的内裙。

(8)用白坯布做外裙的波浪。

(9)用透明绡做半边裙的波浪飞边，在波浪飞边的外侧用密针车包边，包边的线可用异色线。

(10)用透明绡做半边裙的后背效果。

(11)用缎做另一半边裙的波浪飞边，在波浪飞边的外侧用密针车包边，包边的线可用异色线。

(12)用缎做另一半边裙的波浪飞边的局部效果。

(13)用缎和绡分别做里裙。

(14)完成后的正面效果。

(15)完成后的后背效果。

(16)完成后的侧面效果。

图8-12　飞边婚礼服立体构成操作方法

第四节 晚礼服的立体构成

晚礼服是最常见的一种礼服,它主要的特征是精致华贵,用料讲究,做工精细,造型十分合体。同时它也可以用各种有光泽的珠宝和亮片来点缀,在晚间灯光的照射下闪闪发光,使女性穿着更加美丽动人。

一、鱼尾形晚礼服

1. 款式特征

这款晚礼服的设计重点在前胸,它采用波浪重叠来作装饰,与下面的波浪裙相呼应。形态像鱼尾,美丽动人。虽然设计比较简洁,但不失晚礼服的雍容华贵(如图 8-13 所示)。

2. 操作方法

鱼尾形晚礼服立体构成操作方法如图 8-14(1) ~ (6)所示。

图 8-13 鱼尾形晚礼服效果图

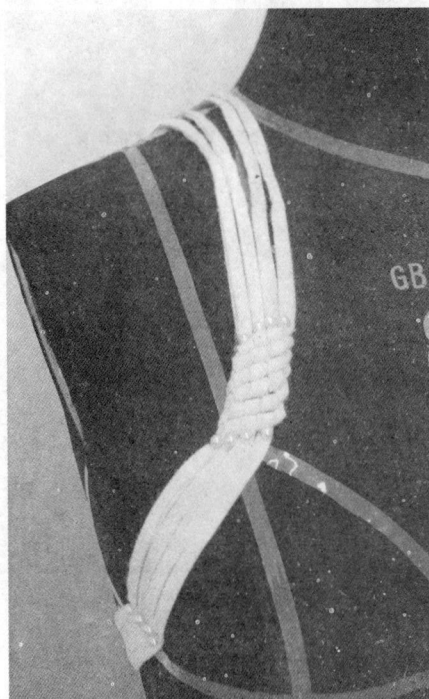

(1)模型按设计要求标好款式线后,如图编织胸衣吊带。

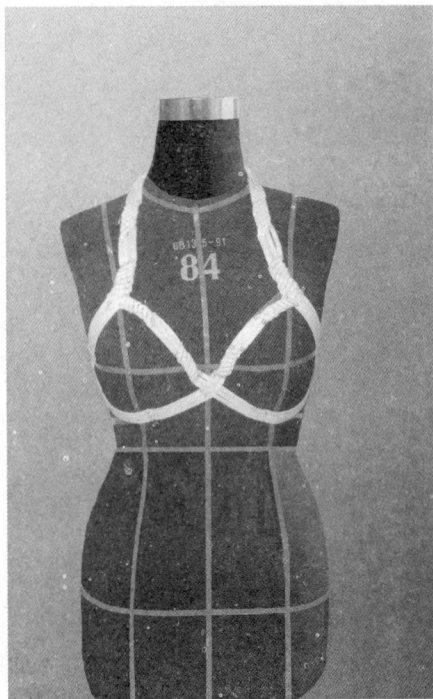

(2)编织好的胸衣吊带形状。

174

(3)采用大小不一的波浪飞边重叠作
前胸装饰。

(4)做合体的上裙。

(5)上裙的下部如图修剪成三角形状
的造型。

(6)如图配上波浪下裙。

图 8-14　鱼尾形晚礼服立体构成操作方法

二、A字型晚礼服

1. 款式特征

这款为上小下大的A字造型。上衣和下裙采用斜向分割。上衣主要是选用不规则的波浪飞边作重叠，下裙则选用长短参差不一的波浪裙，整件服装具有很强的飘逸感。并用本色面料做成花朵作装饰(如图8-15所示)。

图 8-15　A字型晚礼服效果图

2. 操作方法

A字型晚礼服立体构成操作方法如图8-16(1)~(19)所示。

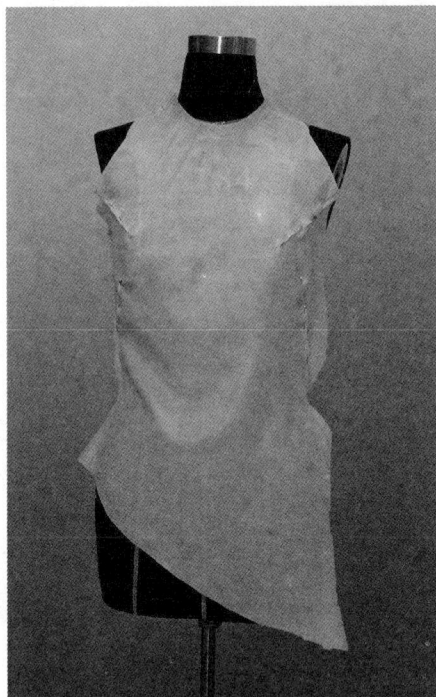

(1)做斜向分割的上衣前片。

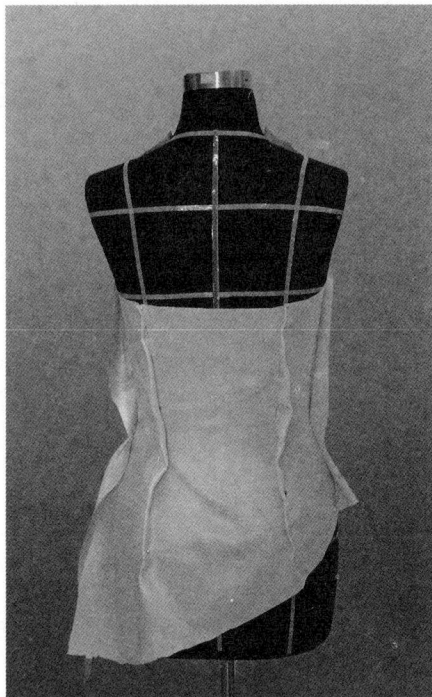

(2)做斜向分割的上衣后片。

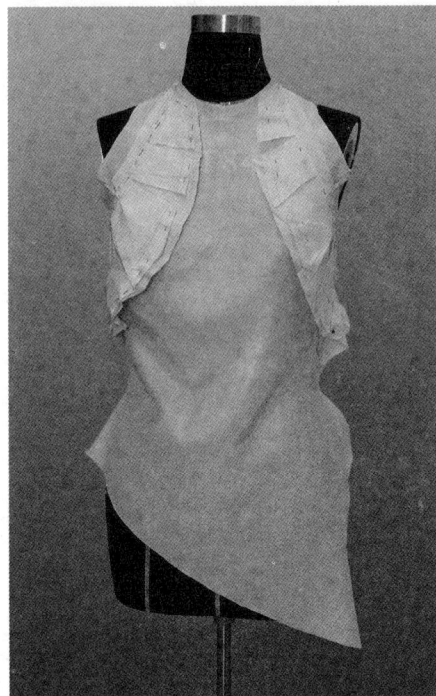

(3)为了掌握好波浪的大小，先用白坯通过剪开拉开的方法立裁上衣的波浪飞边。

(4)用同样方法做其他几层波浪飞边。

(5)颈部用飞边做成的花朵作装饰。

(6)用同样的方法做腹部的装饰花朵。

(7)用白坯布做参差不齐的波浪裙。

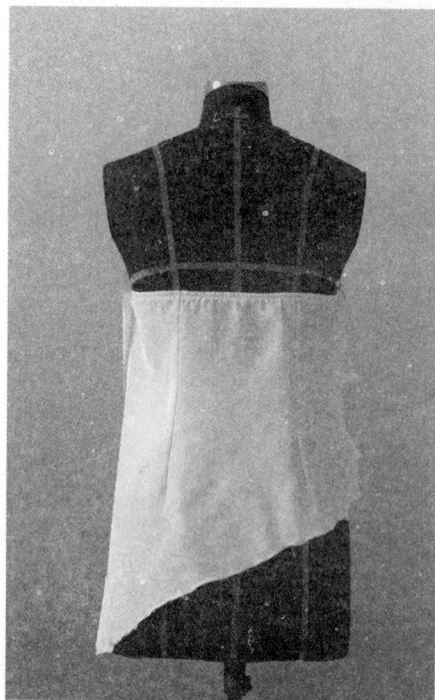

(8)缝光后衣片。

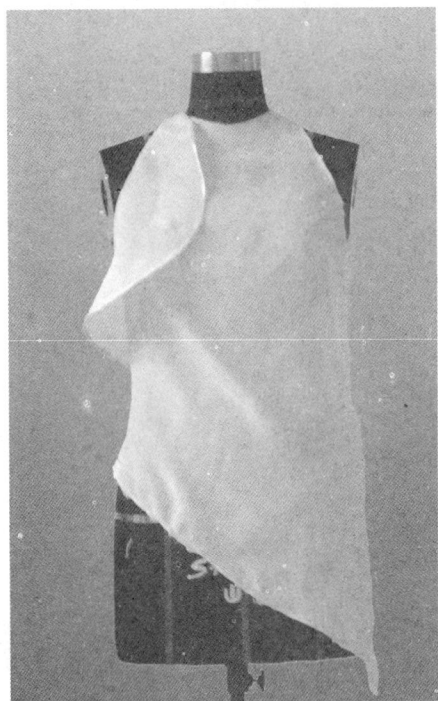

(9)缝光前衣片后，装上用白坯布拷贝成真实面料的第一层波浪飞边。

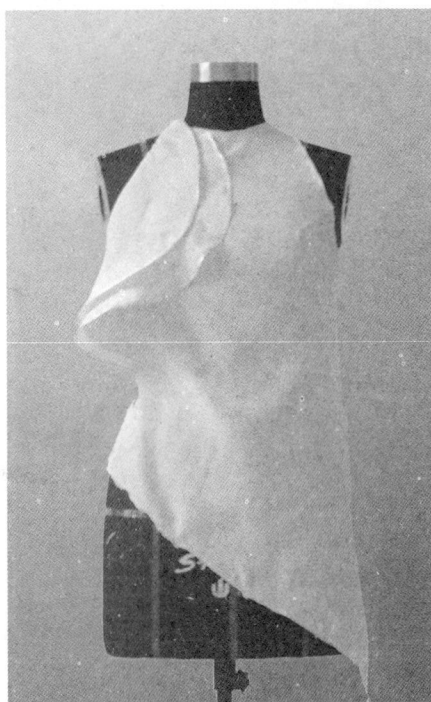

(10)装上第二层波浪飞边。

(11)装上第三层波浪飞边。

(12)装上另一侧的波浪飞边。

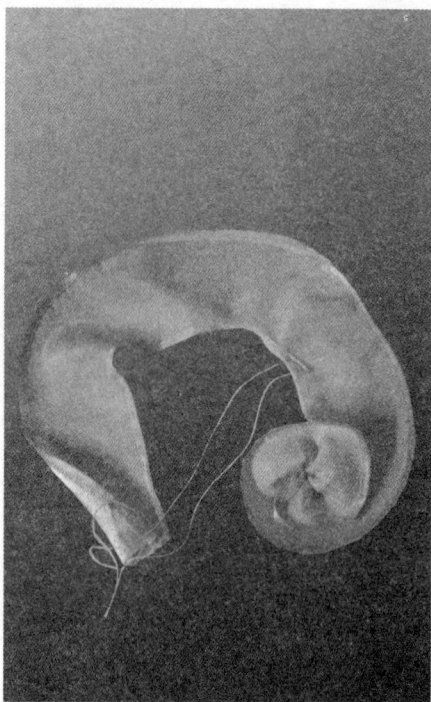

(13)在波浪飞边的外侧用本色布包边做光，内侧用线抽缩后盘卷成花朵。

(14)完成后的花朵形状。

(15)如图装上颈部花朵。

(16)如图装上腹部花朵。

(17)如图装上用白坯布拷贝成真实
面料的波浪裙。

(18)装上另一侧波浪裙后完成。

(19)完成后的背面效果。

图8-16 A字型晚礼服立体构成操作方法

三、珠绣晚礼服

1. 款式特征

这款晚礼服上衣胸部以下和裙子连接处采用透明面料。前开门采用结带处理,穿脱方便。

裙子的两侧钉上一些用素绉缎做成的带子作装饰,胸罩和裙上部镶上月亮状的亮片及珠片。晚上穿着在灯光下会闪烁发光,具有华丽感觉(如图 8-17 所示)。

2. 操作方法

珠绣晚礼服立体构成操作方法如图 8-18 (1) ~ (14) 所示。

图 8-17 珠绣晚礼服效果图

(1)按款式要求在人体模型上标好款式线。按款式线做前面胸罩。

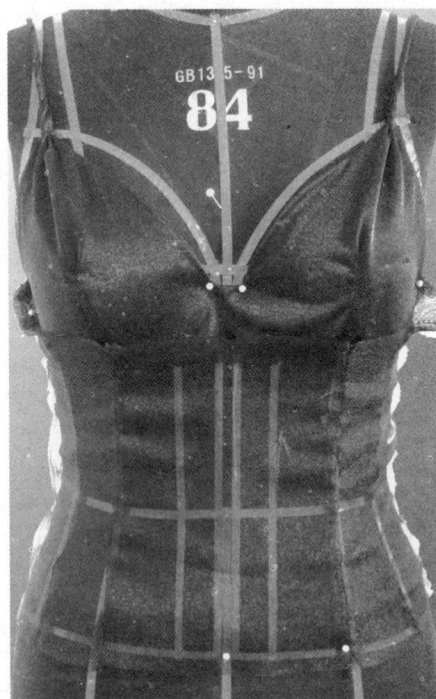

(2)用透明绡做胸罩下面的上衣。

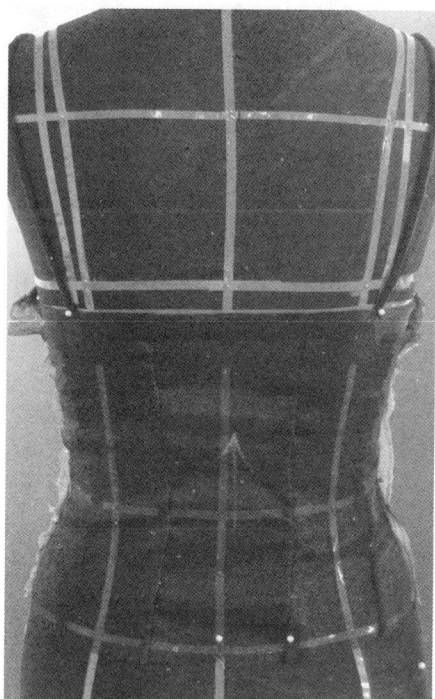

(3)用透明绡做后背的上衣。

(4)在胸罩上绣珠片。

(5)在胸罩上绣月亮状的亮片。

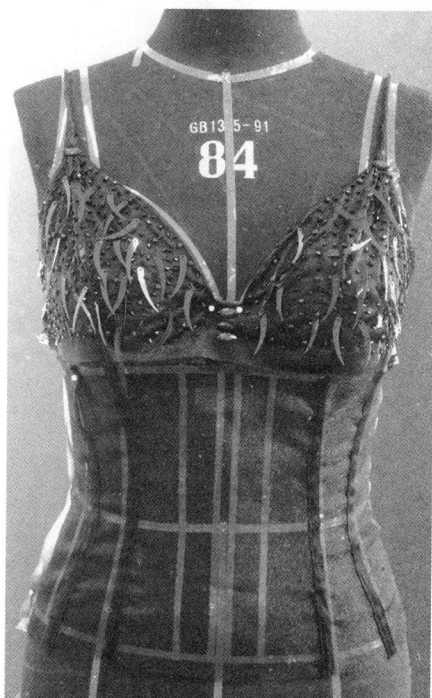

(6)胸罩与上衣的真丝绡缝合。

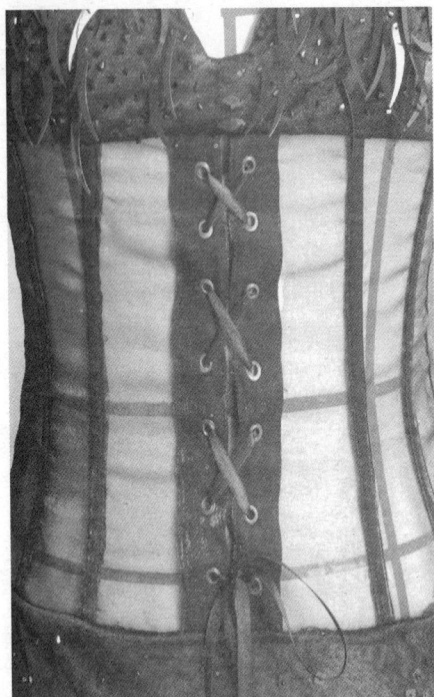

(7)做上衣的穿带前开门。

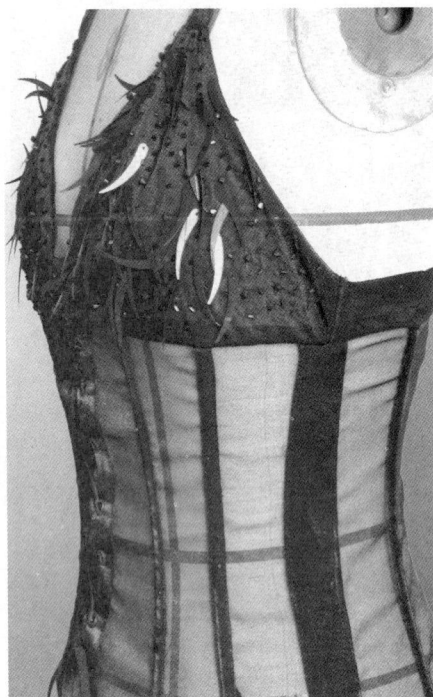

(8)上衣完成后的侧面效果。

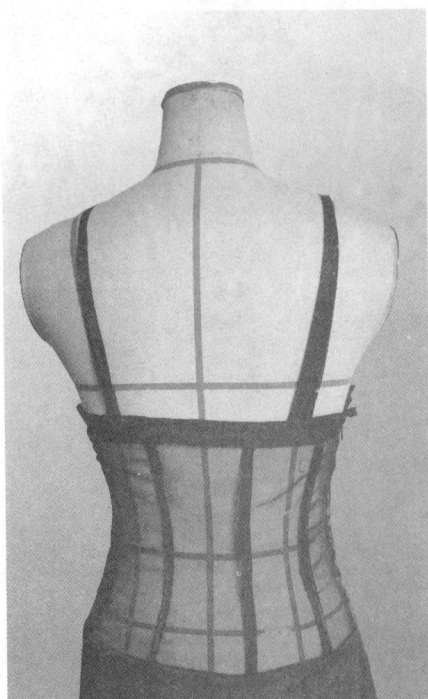

(9)上衣完成后的背面效果。

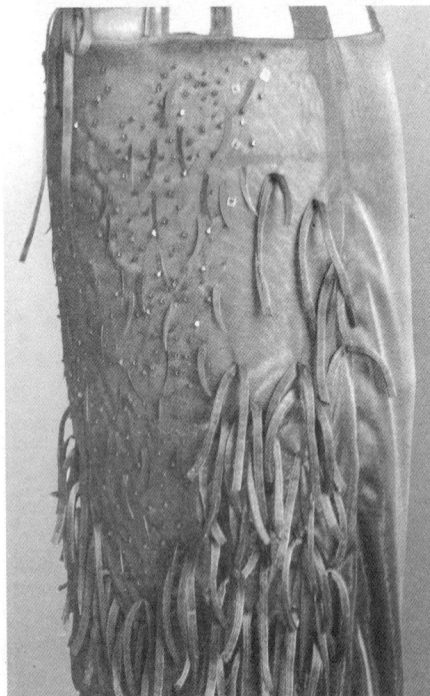

(10)做紧身下裙，并钉上缎带和亮片。

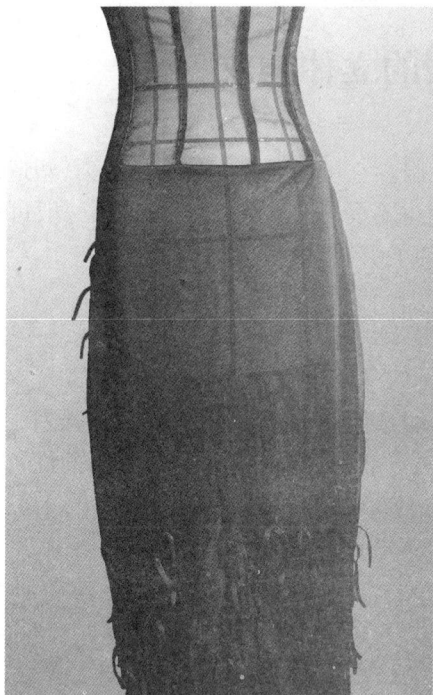

(11)下裙和上衣缝合。

(12)完成后的裙子效果。

(13)完成后的上衣效果。

(14)完成后的整体效果。

图 8-18 珠绣晚礼服立体构成操作方法

第五节　创意礼服的立体构成

创意礼服不同于普通的婚礼服、晚礼服和准礼服。它可以发挥充分的想像力,塑造出各种形态不同的造型,很有新意。面料和材料的选用也不受任何局限。创意礼服一般可作为展示礼服和表演礼服,它具有很强的观赏性,也起到了引领时尚的作用。

一、创意礼服 A

1. 款式特征

这款上衣选用黑色透明具有弹性的薄蕾丝,下裙选用红色素绉缎,色彩对比强烈。外裙上部合体,外裙中部面料进行了不规则的皱缩,外裙下部在衬裙上缝了许多打褶的红色尼龙网纱,来达到扩张造型的效果。该款的整体造型是上衣轻薄合体,下裙厚重扩张,上下对比强烈(如图 8-19 所示)。

图 8-19　创意礼服 A 效果图

2. 操作方法

创意礼服 A 立体构成操作方法如图 8-20(1)～(14)所示。

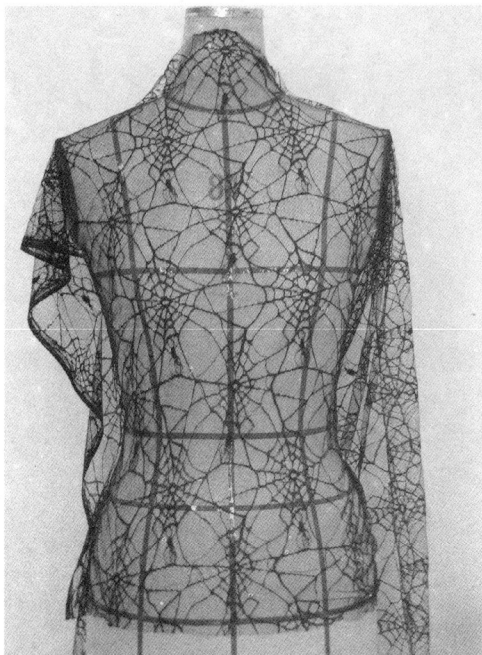

(1)选择好合适的人体模型。在前面披上黑色透明薄蕾丝。

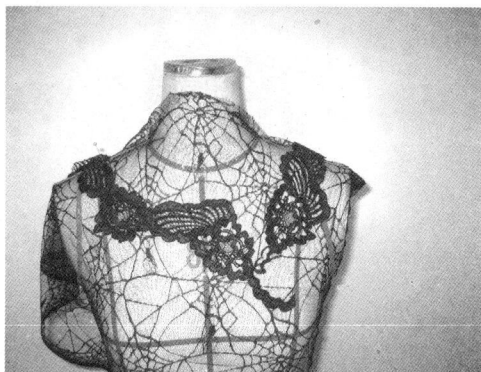

(2)选择好纹样适合做领口的比较厚的黑色蕾丝。如图把它按设计要求放置在人体模型领口处并加以固定。

(3)做好合体上衣，如图修剪上衣前领口。

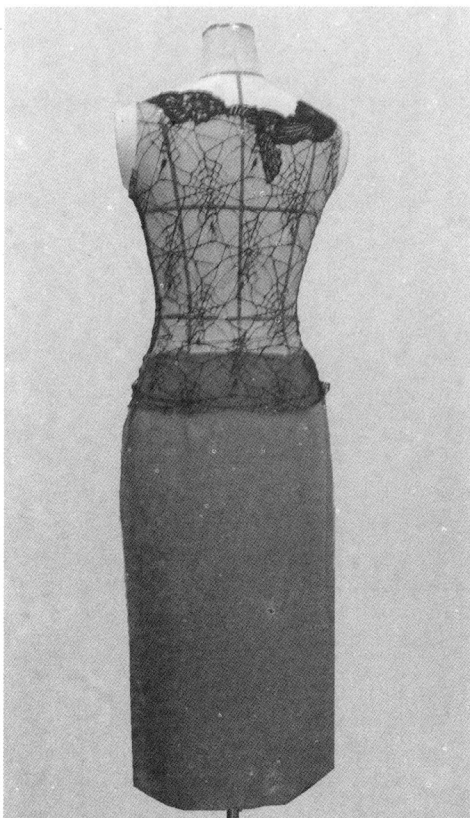

(5)做好衬裙并把上衣穿在衬裙外面。

(4)如图修剪上衣后领口。

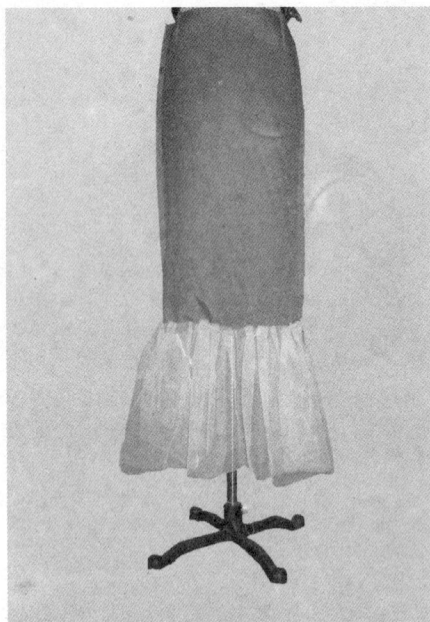

(6)衬裙下面缝上打褶的尼龙网纱。

(7)将红色的尼龙网纱打褶后一层层缝在衬裙上。形成扩张的下摆造型。

(8)将外裙的面料包裹在衬裙外面。裙子前腰口如图打褶裥并加以固定。

(9)裙子前腰口打褶裥局部图。

(10)裙子中部进行不规则的皱缩造型。

(11)完成后的侧面效果。

(12)修剪调整下摆,使缝在衬裙上的
尼龙网纱能外露。

(13)完成后的后背效果。

(14)完成后的正面效果。

图 8-20　创意礼服 A 立体构成操作方法

二、创意礼服 B

1. 款式特征

这款创意礼服的上衣是一件装吊带紧身胸衣。主要造型是在裙子上,它采用多层不规则皱缩面料进行重叠来达到它的夸张造型。上衣加了亮片来作装饰(如图 8-21 所示)。

2. 操作方法

创意礼服 B 立体构成操作方法如图 8-22 (1)~(9)所示。

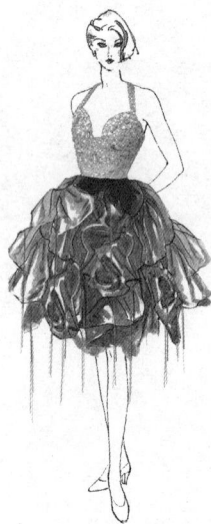

图 8-21　创意礼服 B 效果图

(1)按要求如图做好胸衣，并在胸
衣上装上装饰亮片。

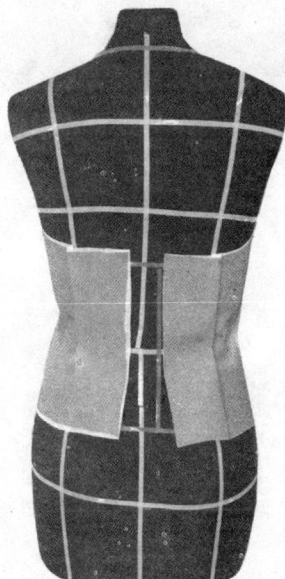

(2)胸衣的后背图。按要求后背中心
留出了穿带的位置。方便穿脱。

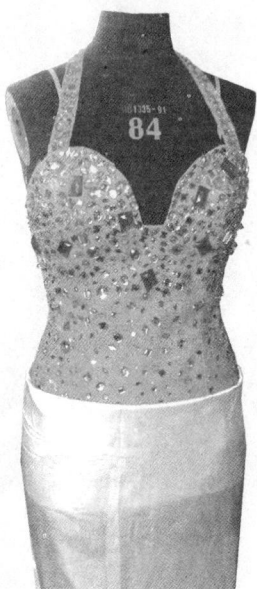

(3)如图做好内裙。

(4)在内裙外装上事先皱缩好的
裙片。

(5)后背中心缝光后，做好一个个穿带的小孔，如图样把带子穿好。然后把皱缩好的裙片一层层地如图样重叠，直至满意为止。

(6)裙子完成后的后背效果。

(7)裙子完成后的侧面效果。

(8)裙子完成后的正面效果。

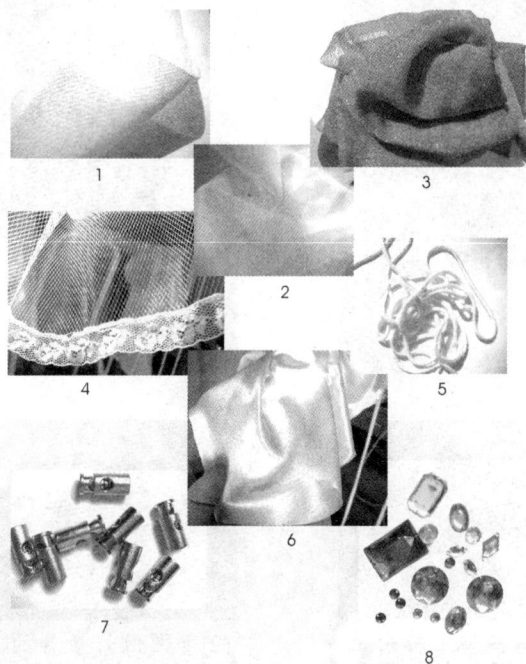

(9)图中是这款创意礼服的面料和辅料。

图 8-22　创意礼服 B 立体构成操作方法

三、创意礼服 C

1. 款式特征

这款礼服的造型是上紧下松,上面非常合体,下面在紧身裙的外面加上一块及地披布后显得稳重而轻松。

另一个特征是在胸、腰、臀、背及前裙处采用不规则的细褶,有横向的、纵向的,也有斜向的,非常活泼。

更有创意的是把古典臀部的造型应用到现代服装中(如图 8-23 所示)。

2. 操作方法

创意礼服 C 立体构成操作方法如图 8-24(1)～(19)所示。

图 8-23　创意礼服 C 效果图

(1)按设计要求在人体模型上标出上衣的造型线，如图先做胸部以下的前片上衣。

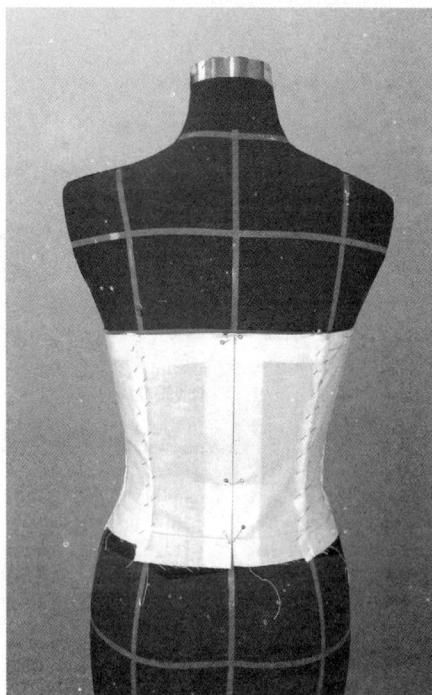

(2)如图做好后背的上衣。

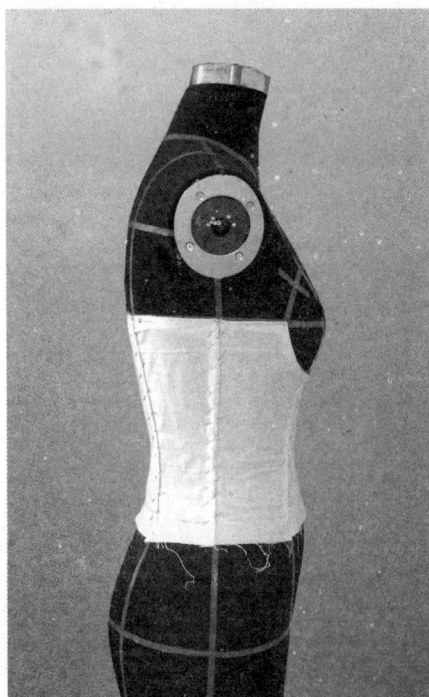

(3)这是上衣的侧面效果。

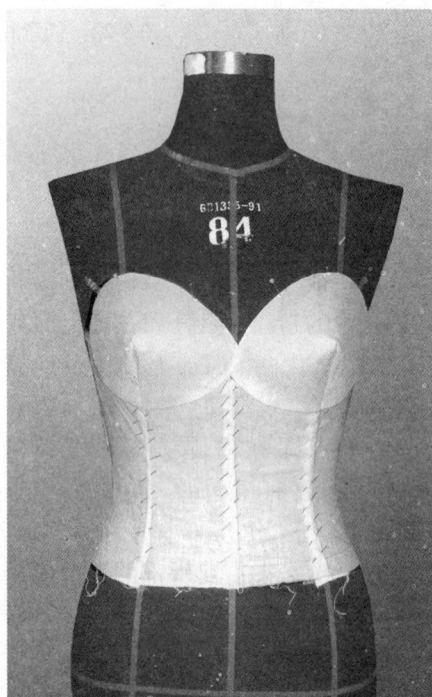

(4)用厚衬做好胸部的造型。

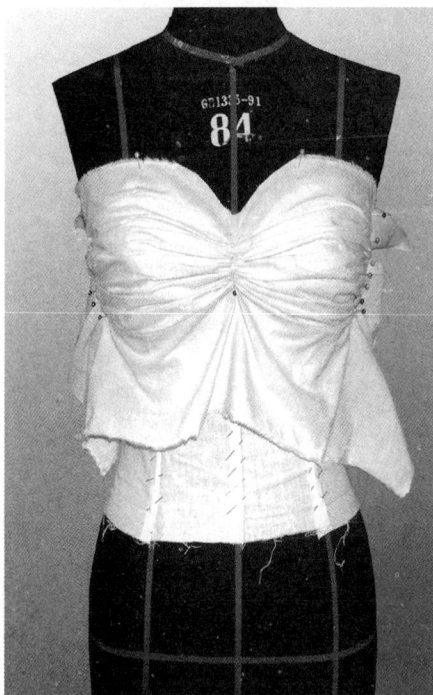

(5)取一块做胸部的面料，如图样打褶后用针固定。

(6)留出缝头后把多余的面料剪掉。

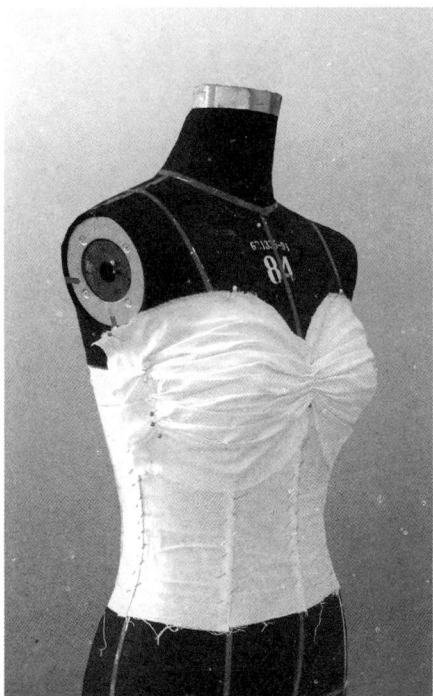

(7)固定胸部后的侧面效果。

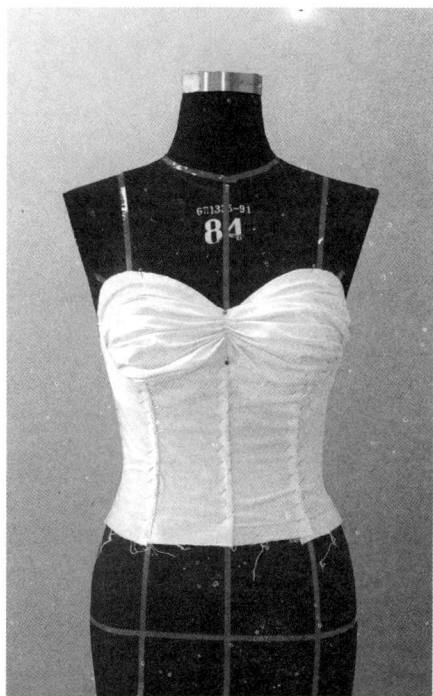

(8)把胸部与衣身缝合。

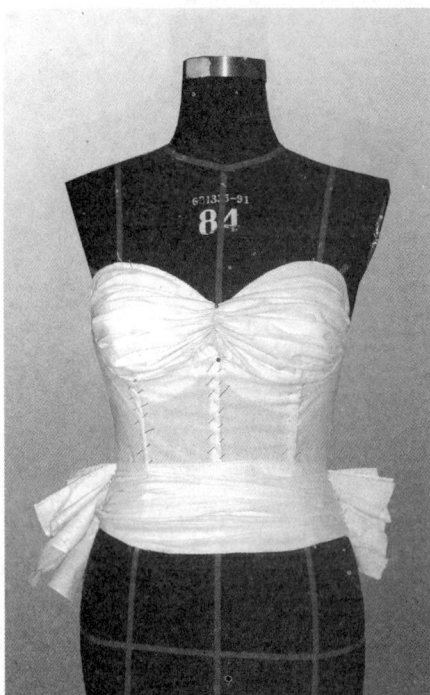

(9)取一块面料如图样做前面上衣下方的皱缩造型，并用针固定。

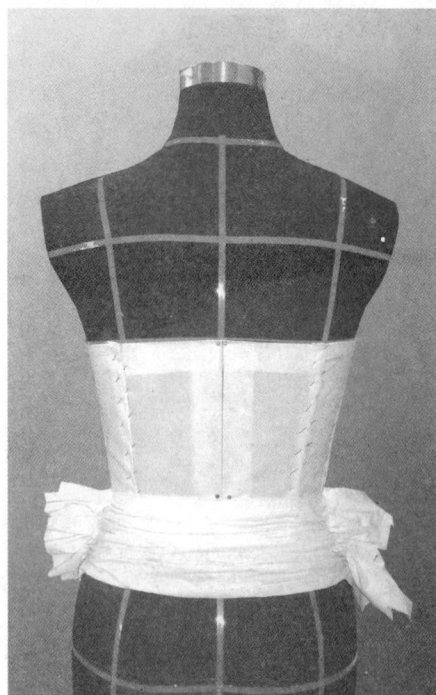

(10)取一块面料如图样做后面上衣下方的皱缩造型。并用针固定。

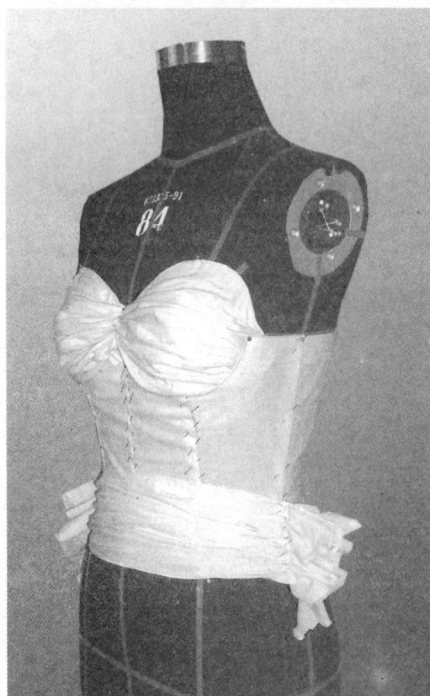

(11)这是上衣下方皱缩造型固定后的侧面效果。

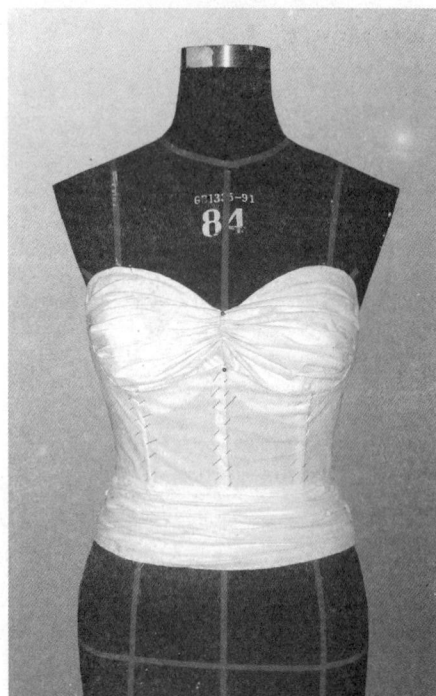

(12)剪掉上衣下方皱缩造型二侧多余的面料，并把它折光固定。

(13)做好紧身裙，如图在前裙的右面的褶裥，并用针固定。

(14)取一块足够大的面料，如图样做后裙披布，并用针固定。

(15) 在后臀处放上打褶裥的尼龙网纱，可一层层重叠，直至臀部撑出的效果够大为止。

(16)在做好后的臀部造型下面放入包裹臀部造型的面料。

(17)包裹臀部。

(18) 取一块面料皱缩后如图样做后
背上部造型。并延至前侧用针固定。
这也是后背完成后的整体效果。

(19)完成后的正面效果。

图8-24　创意礼服 C 立体构成操作方法

第九章 特殊材料的应用与处理

立体构成中,有时需要用实际的衣料和一些特殊的材料直接进行裁剪和造型。而这些衣料及材料中有一部分具有比较特殊的风格和性能。尤其在裁剪、缝制、熨烫等制作工艺中的处理方法上有着特殊的要求。以下对常用的特殊衣料作简要的介绍。

第一节 特殊面料处理

一、真丝绸

真丝绸的种类很多,有乔其纱(如图9-1所示)、素绉缎(如图9-2所示)、织锦缎(如图9-3所示)、纺绸(如图9-4所示)、双绉(如图9-5所示)、真丝绡(如图9-6所示)等,这些都是制作高档服装者最钟爱的面料。

图9-1 乔其纱

图9-2 素绉缎

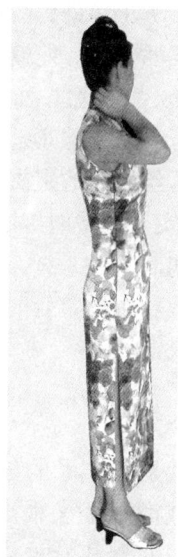

图9-3 织锦缎

图9-4 纺绸

图9-5 双绉

图9-6 真丝绡

1. 真丝面料整理

为了不损坏丝绸的光泽与风格,要在面料的反面进行熨烫。有折痕时在垫纸上轻轻喷雾,再在折痕部位熨烫。如果使用垫布,会因为有湿气而容易形成水气。

为了使衣服不起吊,裁剪时应把布边剪掉。由于斜纹绸、纺绸和绉纱等衣料太滑,所以在衣料下面要垫牛皮纸,并把衣料和牛皮纸用针固定,防止滑动。这也是裁剪丝绸面料时必须要注意的问题。

2. 真丝面料的缝制

为了防止污染,尤其是对白色面料,缝纫前首先要擦干净缝纫机,机针也要没有油渍,针码和缝线都要细。缝制丝绸最常出现的问题是缝线处出现牵吊现象。因此缝纫时可垫上一张薄纸,或者将底线、面线稍稍调松。丝针织面料缝合时针迹易开裂,缝线也会弯斜,因此宜与斜丝薄纱布一起车缝。针距稍密一些。

3. 真丝面料的熨烫

用熨斗熨烫时,注意不要影响表面效果,在缝头与面布之间垫上纸,再在缝头上面垫纸熨烫。如面料过厚不易烫开,则在缝份上蘸些水再烫。用垫布有时会因为水分太多而在表面造成污渍。

二、丝绒

丝绒是有光泽的面料,是高档衣料的典型。丝绒都用于优雅高贵的服装设计上,最适合于用缩褶和悬垂褶来体现优雅气质(如图9-7所示)。丝绒分纬起绒织物与经起绒织物两种。平绒与灯芯绒是以纬线起绒的,属纬起绒织物。丝绒的原料有丝、粘胶丝、醋

图9-7 丝绒与双乔组合的礼服

酯丝、锦纶丝、涤纶丝等纤维。毛绒长度从 0.8～1.5cm 不等,丝绒密度也各有不同,因此要仔细观察后再选用。由于新技术的不断发展,丝绒的种类也越来越多,有各种颜色的素色丝绒,也有提花和印花丝绒,还有压绒,凹凸绒(如图 9-8 所示),因此处理方法也是多样的,但任何丝绒都是立绒,最重要的是在制作过程中不能损伤毛绒。

1. 丝绒面料整理

裁剪与缝制前首先要将衣料进行整理,如果使用的是普通电熨斗,应该先把两层衣料的正面相对,使毛绒相互交叉衔接,再在衣料反面用蒸汽熨斗喷汽并把熨斗稍稍提高(不压在面料上)迅速熨烫,这样不会把毛绒压倒。

质量要求高的服装,最好是采用熨烫丝绒与蕾丝的专用蒸汽熨斗(如图 9-9 所示)来熨烫。熨烫时正面朝上,反面贴着熨斗(如图 9-10)熨烫。这样熨烫可以保持绒毛完全直立,不影响表面效果。

图 9-8　上衣是凹凸提花丝绒

图 9-9　专用蒸汽熨斗

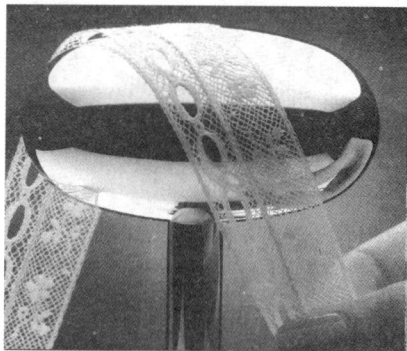

图 9-10　专用熨烫机熨烫方法

2. 裁剪方法

丝绒的顺毛与倒毛光泽不同,所以在裁剪时应将裁片一顺方向排列。一般采用倒毛方向排列,因为倒毛方向的颜色较深,穿着效果好。

做记号时可先用划粉做上记号,再用细线打上线钉。

3. 缝纫方法

丝绒缝纫时极易参差不齐,并且毛绒长度与基布密度不同,缝制时也能造成错位。所以缝制前要特别注意,方法是将两片衣片正面相对使毛绒吻合。对准对位记号后用绷缝固定,再打上别针。车缝时将下面衣片稍稍带住。向顺毛方向车缝。车缝要改变方向时,必须先将机针扎住衣片后再改变方向。剪接线与弯曲部位要细细绷缝,再打上别针后车缝.这样布纹不易拉伸。底线与面线都要调松,用较细的针和线来缝较好,缝合时在衣料下面垫牛皮纸也能取得很好的效果。

4. 熨烫方法

熨烫时如果是采用普通的蒸汽熨斗,在烫开缝头时很容易影响邻近部位。最好速度要快。用面料作垫布与烫布,面对面熨烫。另一种方法是在面布与缝头之间用牛皮纸隔开,在烫开的地方同样垫上用面料做的垫布,并再在牛皮纸上沾水后用熨斗熨烫,这样也可以烫得很漂亮。

5. 底摆处理

处理底摆时,可以用薄的棉布作为裙子与衣服底边的衬布。这样可以使底摆显得更圆顺,外观更美观。

三、金银交织衣料

金银交织衣料与亮片装饰一样是很重要的有光泽衣料。金银交织的针织衣料由于具有弹性好和不容易起皱等特点,因此是夜间优雅时装最适合的衣料。金银交织衣料会产生若隐若现的效果,因此在设计时如果能利用其自然的悬垂特点,效果最为理想(如图 9-11 和图 9-12 所示)。

图 9-11 用金线交织衣料做成的表演装

图 9-12 用银线交织衣料做成的晚装

金银丝交织衣料有很多品种,如金银丝交织的提花衣料,加金银丝交织的绣花蕾丝等。金银交织常是由纬向织入的,所以这种衣料在裁剪排料时必须按同一方向排列,否则会产生不同光泽,影响穿着效果。

金银丝交织衣料的熔点较低,要控制好熨斗的温度。最好先用裁下的零料试烫一下,掌握熨烫温度后再进行面料的熨烫。

同时由于金银交织衣料的裁边容易脱落,所以裁剪时要多留缝头,并在裁边上涂上褙糊,防止缝头脱落。另一种方法是用电烙铁将裁边稍稍熔合(如图9-13所示),这样也能防止裁边缝头脱落。如果选用的是有弹性的金银丝交织的衣料,在缝纫时要调松底线和面线,且最好使用有弹性的缝纫线。

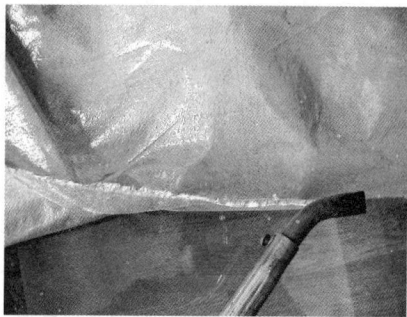

图9-13 用电烙铁熔合金银丝交织

四、亮片

晚礼服装饰中,有光泽的材料几乎是不可缺少的。亮片是其中最有代表性的,几乎所有的衣料都可以用亮片点缀出华丽的风格。亮片的装饰方法是多种多样的。可以是刺绣的(如图9-14所示),也可以是熨烫的(如图9-15所示),还可以在衣料织造时直接织入的(如图9-16所示)。装饰的部位可以是局部的、也可以是整件的。可在蕾丝上,也可以在乔其纱上使用亮片作装饰。

带亮片的衣料是用车缝固定的,所以在衣料的反面做上裁剪记号。需要缝合的部位在缝合前应将裁剪记号旁的亮片取下。注意缝亮片的缝纫线不能剪断,否则亮片会全部散落。这样在缝合线处会出现局部无亮片的基布。烫开缝头后再在无亮片的基布上补充亮片。

图9-14 在乔其纱上进行整件衣服的亮片刺绣

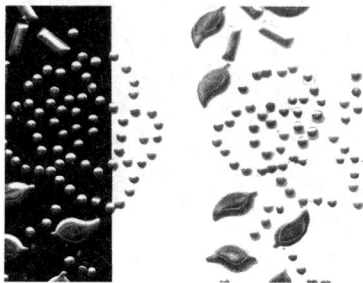

图9-15 用来熨烫的亮片图案

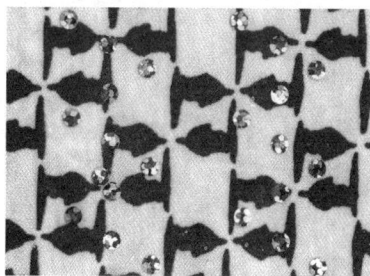

图9-16 衣料织造时直接织入亮片

五、蕾丝

蕾丝作为豪华风格的衣料具有纤细优美的特点。蕾丝种类很多,有棉织物、丝织物、毛织物、化纤织物等。通常用针织或手工编织而成。从古典服装到现代服装,从日常服到礼服,蕾丝一直是表现女性华丽风格的重要装饰材料,而被广泛应用于各年龄段的时尚服装上。

1.几种常用的蕾丝

（1）刺绣蕾丝（如图9-17所示）

在细麻布、乔其纱、纺绸、麻和化纤面料上机绣或手绣蕾丝。也有在绢网上（面罩）刺绣星点蕾丝。总之刺绣蕾丝具有硬挺感的特征。

（2）可溶性基布蕾丝（如图9-18所示）

先在可溶性基布上用绣花机织出图案,然后用特殊化学药剂溶解基布,只留下绣出的图案,使其成为具有立体效果的蕾丝。用粗细不同线刺绣,可绣出各种不同风格的蕾丝绣花图案。

图9-17　刺绣蕾丝

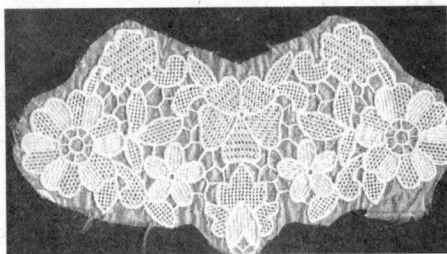

图9-18　可溶性基布蕾丝

（3）整幅刺绣蕾丝（如图9-19所示）

在整幅衣料上作连续纹样或图案的宽幅刺绣蕾丝。材料一般为麻、细麻布、府绸、合成纤维和化学纤维等。色彩丰富,适用范围广。

(a)

(b)

图9-19　整幅刺绣蕾丝

（4）丝带蕾丝（如图9-20所示）

在绢网蕾丝上或利巴蕾丝上用丝带刺绣成纹样图案,用丝带做成的纹样图案具有立体感。也可用缎带代替丝带。

（5）纬编弹性蕾丝（如图9-21所示）

纬编弹性蕾丝是采用提花纬编机织造的,材料一般选用弹性丝,面料具有良好的弹性,适合制作紧身衣。

图 9-20 丝带蕾丝

图 9-21 纬编弹性蕾丝

（6）利巴蕾丝（如图 9-22 所示）

用利巴编织机编织的蕾丝，它是用细线编出花样或复杂的图案。

（7）拉舍尔蕾丝（如图 9-23）

用拉舍尔编织机编织的蕾丝，由于可以大批量生产，所以价格较低而适用于日常服等。

蕾丝的主要特征是衣料本身是透明的，设计时应以款式简洁、单纯为主。减少拼接，而充分发挥蕾丝的透明感，服装常做成单层的，用内衣来衬托。内衣衣料的选定要配合蕾丝的不同材质风格。

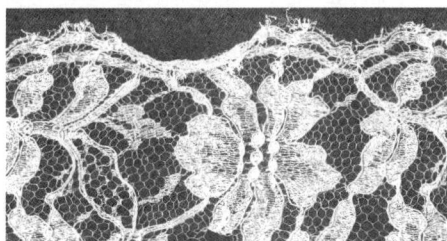

图 9-22 利巴蕾丝

图 9-23 拉舍尔蕾丝

2. 裁剪

蕾丝的裁剪基本上与其他面料的裁剪方法相同。蕾丝贴边的裁剪有时因图案重叠而显太乱，因此可选用与蕾丝同色的绢网或薄纱作贴边布。领口、袖口、底边有时可以直接根据蕾丝的图案来剪（如图 9-24 所示），不装贴边。总之在裁剪前要考虑好缝制方法（如图 9-25、图 9-26 所示）。

图 9-24

图 9-25

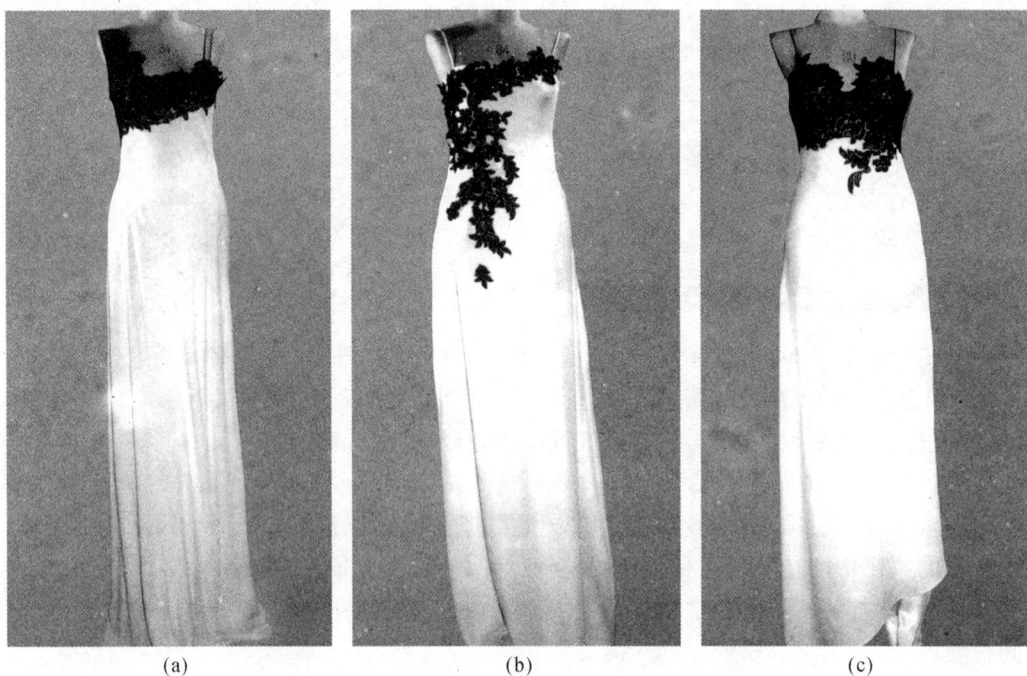

领口、袖窿、饰花沿蕾丝图案剪,蕾丝与衣身用Z字车缝合

图 9-26

3. 蕾丝的缝制

侧缝、肩、省等缝合处,如果是易毛出的衣料,要善于利用蕾丝图案来进行扎缝,扎缝用线要与蕾丝材料配合好,这种方法可使缝合线不太明显,而能保持整体图案的完整性与连续性。蕾丝与其他衣料缝合时可选用Z字车(专用机器)缝合。

4. 开口的处理

蕾丝衣服的开口一般不采用拉链,而以采用纽扣或钦扣为多。因蕾丝是镂空的,拉链基布容易显露,影响美观,故不宜采用。

六、透明衣料

透明衣料有薄纱、绡、纱罗、细麻布等。在设计透明衣料时首先要考虑到衣料的特性,尽可能避免剪接及过多的缝合。

1. 裁剪

透明衣料一般较薄,容易滑动,为了防止由滑动引起的变型,所以裁剪时要垫牛皮纸。具体操作如下:

(1)纸样在所垫的牛皮纸上按丝缕要求排好料后,用点线器把纸样的净缝线拷贝到所垫的牛皮纸上(如图9-27(a)所示)。

(2)把透明衣料放在所垫的牛皮纸上,衣料的丝缕与纸样的丝缕对准后用别针固定。缝份要多留一些,与牛皮纸一起剪(如图9-27(b)所示)

（3）在透明衣料与牛皮纸用别针固定的状态下，用线钉做净缝线记号。胸围线、中心线等基本线也要做记号（如图9-27（c）所示）。

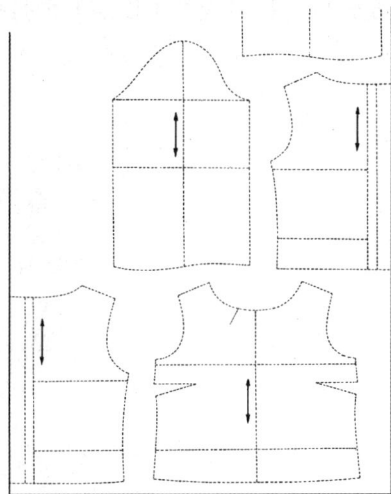

(a) 纸样在所垫的牛皮纸上按丝绺要求排料

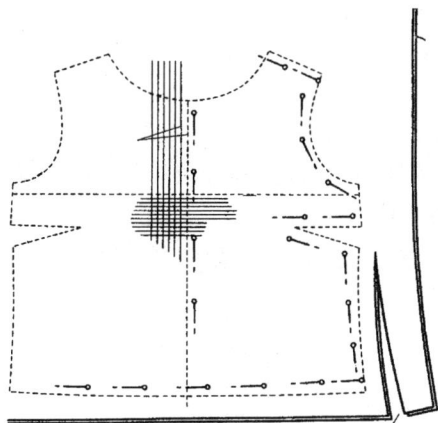

(b) 透明衣料与牛皮纸用别针固定后与牛皮纸一起剪

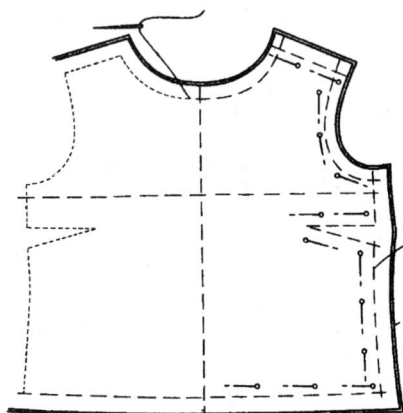

(c) 透明衣料与牛皮纸用别针固定状态下用线钉作记号

图 9-27

2. 缝纫

车缝时把缝线调松一些，针迹要细，车缝时最好要垫上薄纸或牛皮纸。撬缝的线要特别细，颜色要选择比面料稍浅的颜色。透明衣料缝头要整齐，因此可选用来去缝、包缝（在反面折光包缝）、Z字缝（专用机器）等工艺。

第二节 塑型专用材料的应用

造型设计是服装设计的本质内容，而人体以外的空间的尺度变化要依赖设计师的想像力和创造力。要实现这些设计有许多地方需要应用多种专用材料来进行塑型。

当前,随着科学技术的发展出现了许多服装塑型的专用材料。例如,编织尼龙撑条、套管式尼龙芯撑条、铜芯纱带撑、尼龙骨撑等材料代替了以前的钢骨撑(如图9-28所示)、鲸须撑(如图9-29所示),各种尼龙网代替了以前的亚根纱(亚麻布)。还有许多可用于塑型的材料。下面对它们的应用作简要介绍。

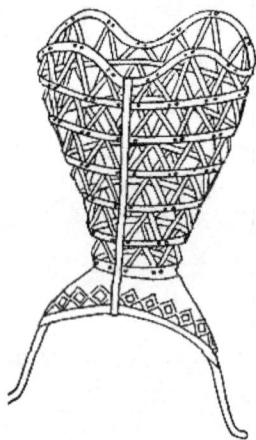

图9-28　16世纪镂空铁片加铰链的钢骨胸衣

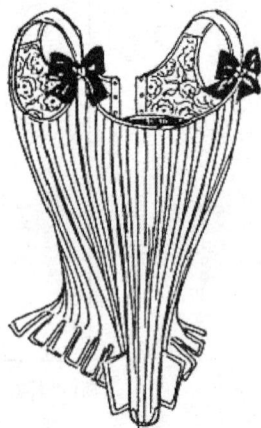

图9-29　17世纪织物加鲸须的胸衣

一、套管式尼龙芯撑条

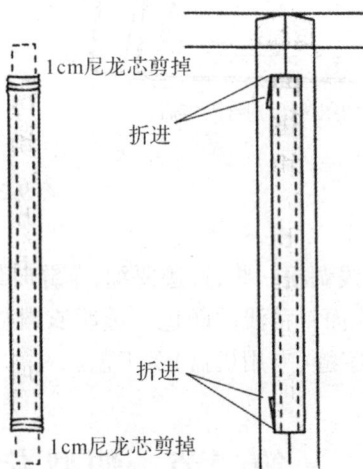

套管式尼龙芯撑条(如图9-30(a)所示)有不同的规格和颜色,首先要按照款式和面料来选择。取料的长度应比实际放长2cm,尼龙芯每头剪掉1cm,布套管一头折光后先与胸衣缝头缝住,然后插入尼龙芯撑条,再把布套管的另一头折光与胸衣缝住(如图9-30(b)所示)。缝合完成后如图9-31所示。

1cm尼龙芯剪掉

折进

折进

1cm尼龙芯剪掉

(a)套管式尼龙芯撑条　　　　　(b)套管式尼龙芯撑条制作图

图9-30

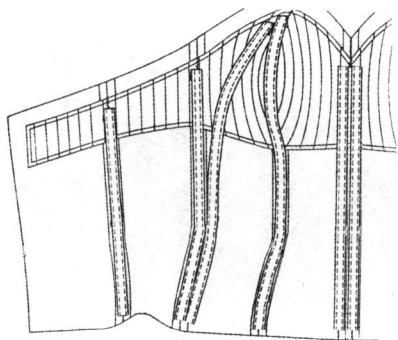

图 9-31　套管式尼龙胸撑制作图

图 9-32　使用套管式尼龙芯撑条做成的晚装

如用于加有胸垫的胸衣,应先缝好胸垫后,再将套管式尼龙芯撑条缝在胸垫内侧。图 9-32 所示是使用套管式尼龙芯撑条做成的晚装。

二、编织尼龙撑条

编织尼龙撑条(如图 9-33 所示)是由多根尼龙丝作芯编织而成。尼龙芯有粗有细,编织成的尼龙撑条有宽有窄,有不同品种的颜色可供选择。它的特点是比较平服、柔软,不用做套管,可以直接缝在胸衣的缝头上(如图 9-34 所示)。Z 字车和普通平车都能缝(如图 9-35 所示)。图 9-36 所示是由编织尼龙撑条做成的胸衣。

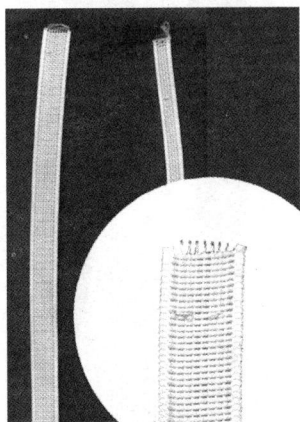

图 9-33　编织尼龙撑条

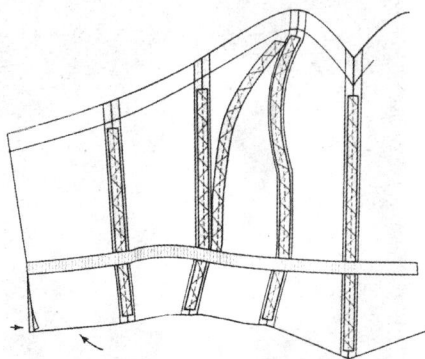

图 9-34　编织尼龙撑条缝在胸衣的位置

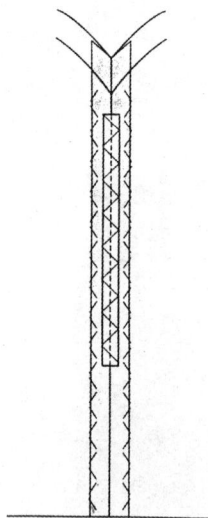

图 9-35　用 Z 字车缝在胸衣缝头上　　　　　图 9-36　编织尼龙撑条做成的胸衣

　　编织尼龙撑条的用处很多,它可缝成圈做胸圈和裙圈(如图 9-37 所示),还可以做帽圈等。

图 9-37　编织尼龙撑条也可缝成圈做胸圈和裙圈

图 9-38 所示的是用编织尼龙撑条缝成圈做成胸撑和裙圈的表演服装。

(a)

(b)

图 9-38　编织尼龙撑条做胸撑和裙圈

三、铜芯纱带

铜芯纱带是在纱线编织的带子两边各编入一根铜丝(如图9-39所示),它的特点是可以根据需要自由弯曲,非常便于塑型。但由于它比较粗糙,一般适用于不透明的或较厚的面料,如在织锦缎、毛呢、皮革等面料中使用。铜芯纱带一般缝在里布上,或缝在面布的缝头上。图9-40所示的头饰和腰带使用了铜芯纱带;图9-41所示是在胸线和裙褶使用了铜芯纱带。

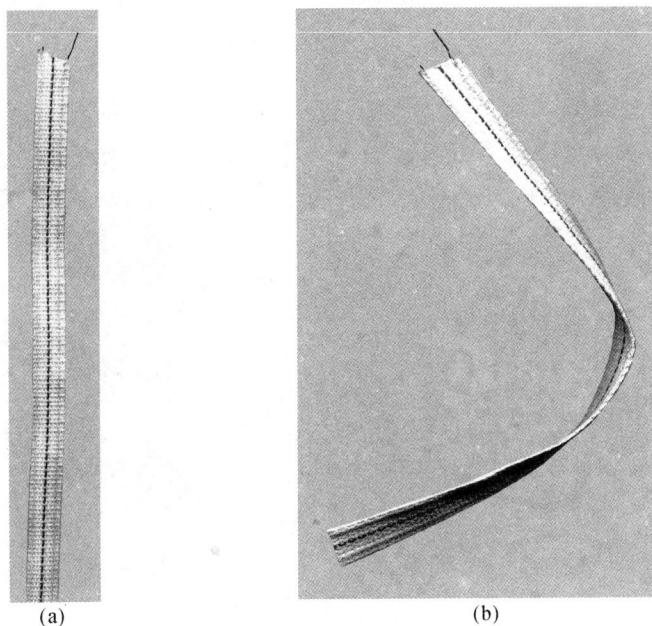

(a)　　　　　　　　　(b)

图9-39　可自由弯曲铜芯纱带

图9-40　头饰和腰带使用了铜芯纱带

图9-41　胸线和裙褶使用了铜芯纱带

四、裙撑

裙撑的品种很多,在西方古代有用鲸鱼须、金属丝、亚麻布、马尾衬等材料做成的。例如:1857 年用钢架制成的金字塔形裙撑(如图 9-42)、18 世纪用金属丝编织的巴斯尔式臀垫(如图 9-43)、18 世纪用金属丝与布带制成的臀垫裙撑(如图 9-44)、18 世纪用鲸须与金属丝制成的裙撑(如图 9-45)。这些裙撑和臀垫缺点多,且很笨重。

图 9-42　1857 年钢架金字塔形裙撑

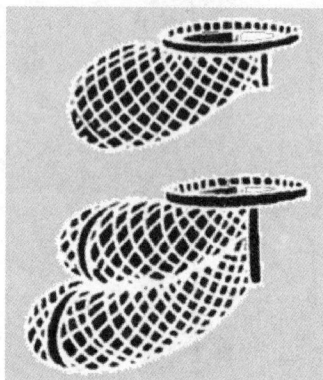

图 9-43　18 世纪金属丝纺织的巴斯尔式臀垫

图 9-44　18 世纪金属丝与布带制成的臀垫裙撑

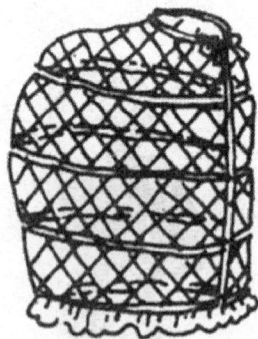

图 9-45　18 世纪鲸须与金属制成的裙撑

随着现代技术的发展,现今裙撑都采用尼龙纱网与尼龙骨架来制作。它具有比较轻便、弹性好、不易变型、价格便宜等特点,因此代替了以前笨重的钢架裙撑、鲸须裙撑、亚麻布裙撑。图 9-46 所示的用尼龙骨架来制作的裙撑既轻又有弹性。图 9-47 所示的用尼龙纱网来制作的裙撑轻便而漂亮。

图9-46 尼龙骨架制作的裙撑

图9-47 尼龙纱网制作的裙撑

裙撑可以自己制作,这样塑型比较自由。制作的方法有三种:一种是完全由尼龙纱网层叠打褶缝在衬裙上。第二种是由尼龙纱网和尼龙骨架组合而成的。第三种是臀垫,它是用尼龙纱网缝制出臀部所需要的形状后,在尼龙纱网里放入腈纶棉,塑出形态。

1. 由尼龙纱网和尼龙骨架组合成裙撑(如图9-48所示)

(a)尼龙纱网和尼龙骨架组合的裙撑

(b)使用尼龙纱网和尼龙骨架组合的裙撑礼服效果

(c)使用尼龙纱网和尼龙骨架组合的裙撑礼服穿着效果

图9-48 由尼龙纱网和尼龙骨架组合裙撑

2. 臀垫

它是用尼龙纱网缝制出臀部所需要的形状后,在尼龙纱网里放入腈纶棉,塑出形态(如图9-49所示)。

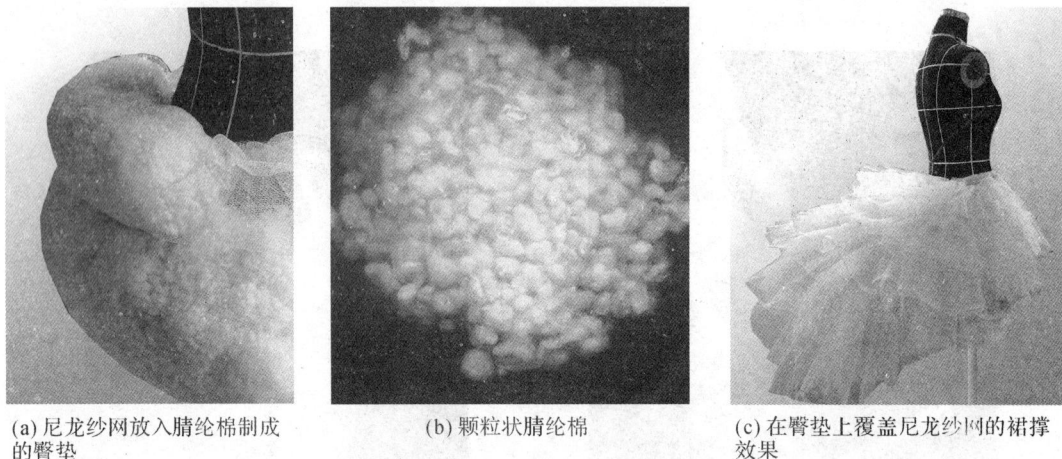

(a) 尼龙纱网放入腈纶棉制成的臀垫

(b) 颗粒状腈纶棉

(c) 在臀垫上覆盖尼龙纱网的裙撑效果

图 9-49　臀垫的制作

3. 完全由尼龙纱网层叠打褶缝在衬裙上制作的裙撑

尼龙纱网品种很多,有粗孔尼龙纱网、中孔尼龙纱网、细孔尼龙纱网、弹性尼龙纱网等(如图 9-50 所示),可以根据不同要求来选择。图 9-51 所示的是用尼龙纱网制成的裙撑和使用尼龙纱网裙撑制成的时装。

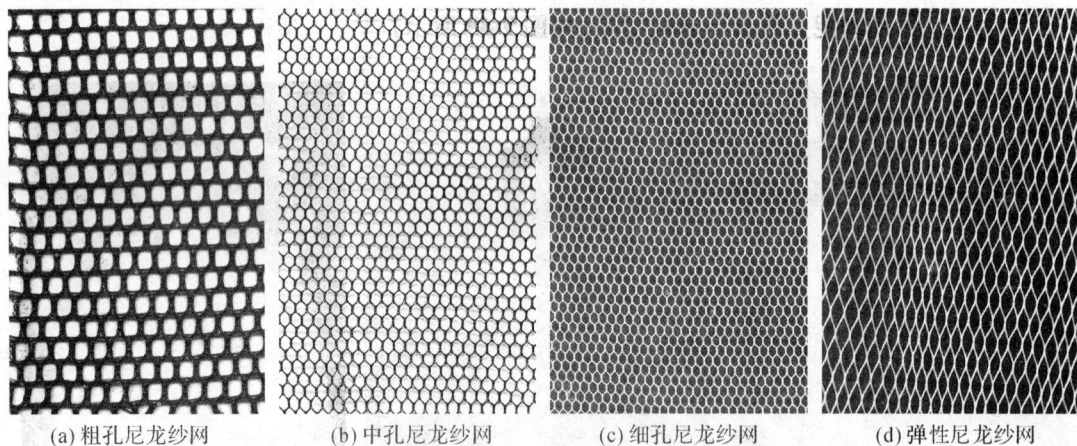

(a) 粗孔尼龙纱网　　(b) 中孔尼龙纱网　　(c) 细孔尼龙纱网　　(d) 弹性尼龙纱网

图 9-50　尼龙纱网品种

五、尼龙骨撑

尼龙骨撑(如图 9-52 所示)有厚有薄、有宽有窄、有透明和不透明多种,它的特点是有弹性,强度较好。可根据需要来选择。常使用在裙摆和特殊造型部位。需要放入尼龙骨撑的部位应先缝成管状,然后再穿入尼龙骨撑(如图 9-53 所示)。

图 9-54 所示的是放入了尼龙骨撑后的成衣效果。

(a) 用尼龙纱网制成的裙撑　　　(b) 使用尼龙纱网裙撑的时装　　　(c) 使用尼龙纱网裙撑的时装

图 9-51

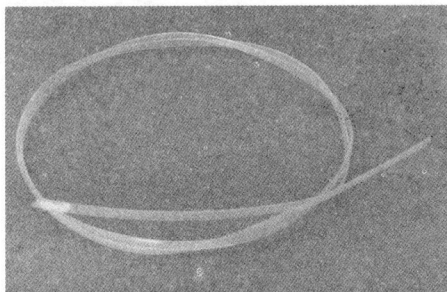

图 9-52　尼龙骨撑

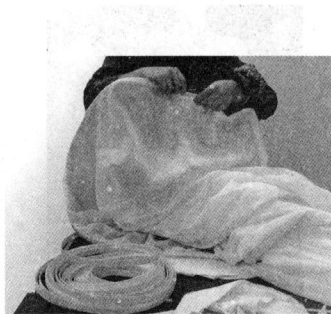

图 9-53　裙摆穿入尼龙骨撑

(a) 裙摆放入了尼龙骨撑的效果　　　(b) 裙摆放入了尼龙骨撑的效果

(c) 用尼龙骨撑做外部造型　　　(d) 用尼龙骨撑做外部造型　　　　　(e) 用尼龙骨撑做裙子造型

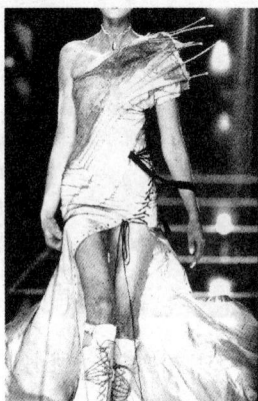

(f) 用尼龙骨撑做的胸部造
型成衣效果

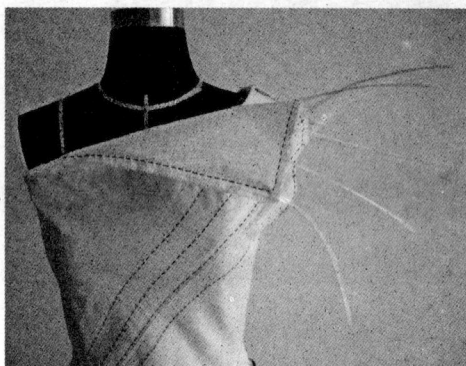

(g) 用尼龙骨撑做胸部造型

图 9-54　放入尼龙骨撑后的成衣效果

六、尼龙丝

　　尼龙丝也叫渔丝（钓鱼用的尼龙丝）（如图 9-55 所示）。尼龙丝是透明的，有一定的强度和弹性。缝在荷叶边上能使荷叶边自然卷曲，同时也使荷叶边有一定的挺度。尼龙丝有粗细多种规格。用不同粗细的尼龙丝缝制荷叶边会形成不同的风格（如图9-56 所示），可根据需要来选择。图 9-57 所示的是用不同

图 9-55　尼龙丝

粗细的尼龙丝缝制的荷叶边成衣效果。

在荷叶边上缝尼龙丝必须用专用缝纫设备来完成。

(a) 用粗尼龙丝缝制的荷叶边

(b) 用细尼龙丝缝制的荷叶边

图 9-56　用尼龙丝缝制荷叶边的效果

(a) 用细尼龙丝缝制的荷叶边效果

(b) 用粗尼龙丝缝制的荷叶边效果

图 9-57　用尼龙丝缝制的荷叶边成衣效果

七、粘合衬

粘合衬是常用的服装辅料之一,它用来增加面料的强度和挺度。它主要分为纺织粘合衬(梭织和针织)(如图 9-58 所示)和无纺粘合衬(纸衬)(如图 9-59 所示)两大类。纺织粘合衬有很好的弹性,适用于有弹性的面料。同时它也有很多品种和规格,有厚、有薄,有各种颜色。可根据需要来选择。图 9-60 所示的是烫了粘合衬的成衣效果。

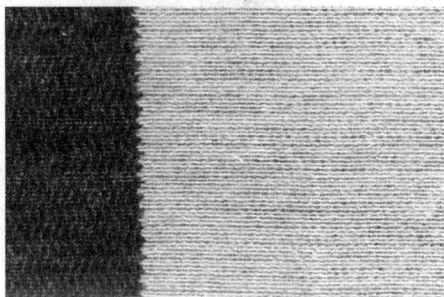

图 9-58　纺织粘合衬

图 9-59　无纺粘合衬

(a) 烫了粘合衬的荷叶边效果

(b) 用粘合衬塑型的裙子造型

图 9-60　烫了粘合衬的成衣效果

八、松紧带

松紧带也是常用的服装辅料之一。它主要是采用了弹性较好的高弹材料,用于收缩部位,如腰部、胸部、袖口等部位。

　　松紧带种类很多,有圆的、有扁的、有宽的、有窄的,多缝道橡筋类的时装松紧带、双缝道橡筋类的时装松紧带、闪光橡筋类的时装松紧带,有普通的也有特殊的,以材料来分主要分为两种,一种是橡筋的(如图 9-61 所示),另一种是高弹化纤的(如图 9-62 所示)。可根据不同的面料和使用的部位来选择。

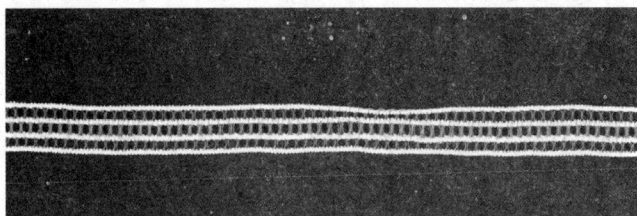

(a) 多缝道橡筋类的时装松紧带

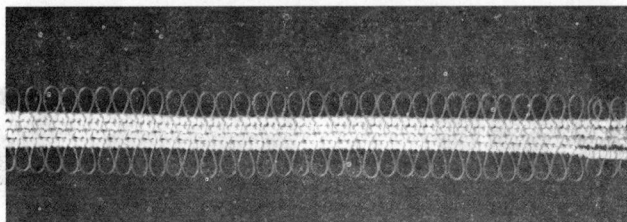

(b) 双缝道橡筋类的时装松紧带

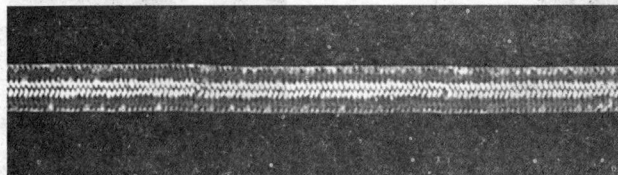

(c) 闪光橡筋类的时装松紧带

图 9-61　橡筋松紧带

图 9-63 所示是在胸口装了透明尼龙松紧带的效果。

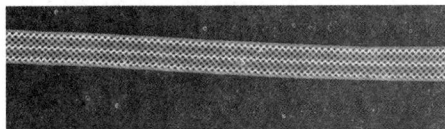

图 9-62　透明尼龙时装松紧带　　　　　　图 9-63　胸口装松紧带

九、胸垫

胸垫是用来塑造和补正胸部形态的(如图 9-64 所示)。它有许多类型,大小不同,形态不同。材料有海绵的、有腈纶棉的、棉的等品种,可根据需要自由选择。

十、肩垫

肩垫是用来塑造和补正肩部形态的(如图 9-65 所示)。它有许多种类,从外形来看,大小不同,形态不同,有圆肩垫、方肩垫、厚肩垫、薄肩垫等种类。从材料来看,有腈纶棉垫、海绵肩垫。可根据需要自由选择。

图 9-64　海绵胸垫

图 9-65　肩垫

十一、扣件

扣件主要有两种作用,一种是固定形态,另一种是起装饰作用。扣件的品种非常丰富,从形式上分有扣、襻、搭、环、拉链等。从材料上分有金属、塑料、布料、贝壳等。颜色也很丰富(如图 9-66 所示)。

图 9-66　扣件

十二、其他

由于各种创意造型的需要,有时会找不到合适的材料,这时就需要我们开动脑筋,创造性地去发现一些可代替材料。

图 9-67 至图 9-69 是应用各种材料做成的时装作品。

图 9-67　采用塑料板做成圆环创意的造型

图 9-68　在塑料线材外绕裹面料做成的造型

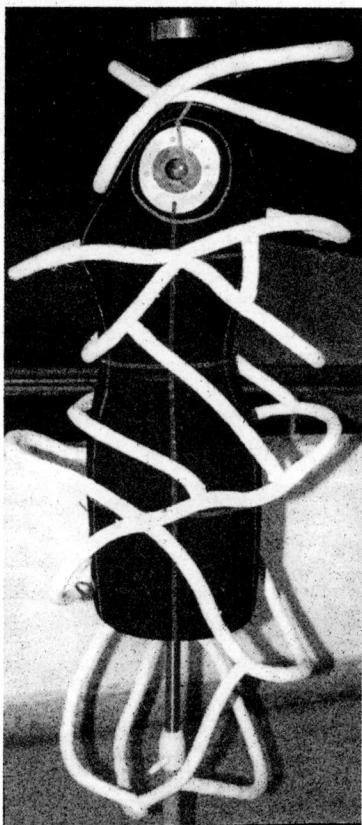

(a) 在铜丝外绕裹腈纶棉与面料做成的造型

(b) 完成后的作品

图 9-69　在铜丝外绕裹腈纶棉与面料

第三节　面料二次造型

所谓面料的二次造型,实际上是对面料的二次再创作和再开发。创作的方法是多种多样的,可以通过抽褶、捏褶、补绣、绗缝、镂空、层叠、手绘、喷绘等形式来改变其原有的风格和特性,也可和其他材料组合应用,具有全新的肌理感和美感。经过二次造型的面料应用范围极为广阔,为服装的造型和设计开拓了一个新的领域和方向。这种创作一般都不受限制,全凭自己的想像和意愿,所以往往这一类作品特别具有独特性和独创性。

一、抽缩

抽缩是把缝在面料上的缝线抽缩后产生的肌里效果,所形成的图案作为一种面料的二次造型。由于图案的不同,所产生的效果也各不相同,所以使用抽缩法可以形成丰富的面料造型。这种抽缩法可以应用在服装的腰部、肩部、胸部等不同部位,有很强的装饰效果。

抽缩方法一般适用于柔软、轻薄的面料,如丝绸、纱、仿真丝的化纤面料等。

1. 抽缩操作技法

抽缩的操作方法如图9-70(1)~(5)所示。

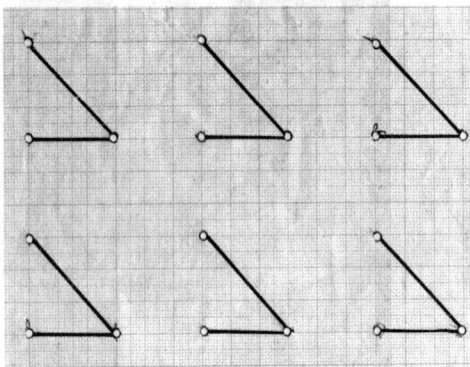

(1)在方格纸上画出抽缩的图案

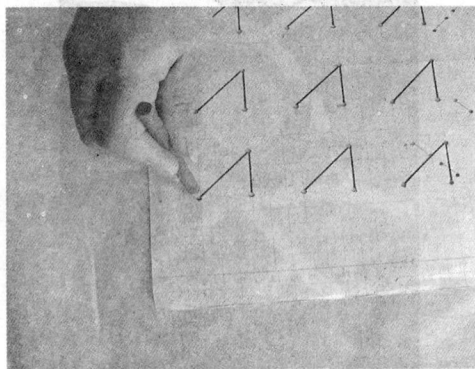

(2)把抽缩的图案拷贝到面料的反面

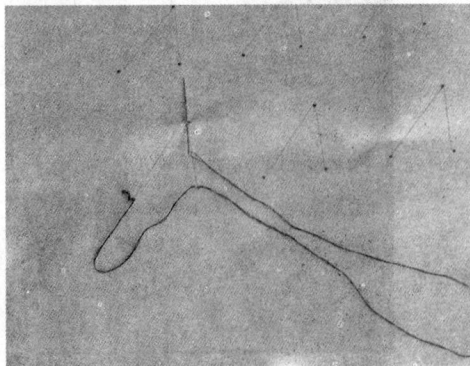

(3)在面料的反面用缝线把连线的点串连起来

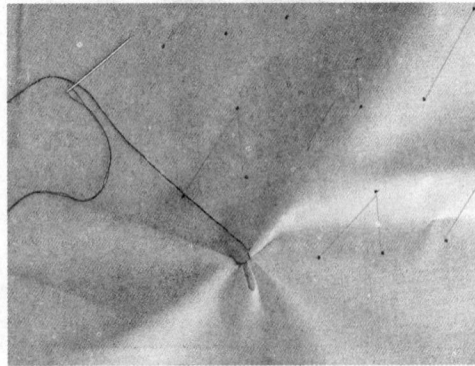

(4)抽缩缝线后打结

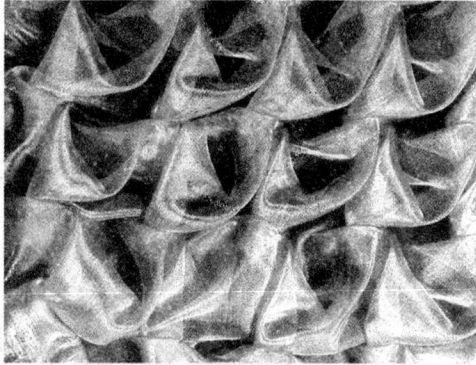

（5）面料二次造型完成后的正面效果

图 9-70　抽缩的操作方法

2. 抽缩法针法

图 9-71（1）～（9）所示为抽缩针法图例。

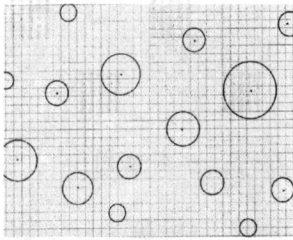

针法图

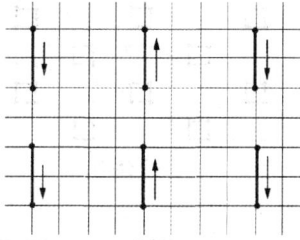

针法图

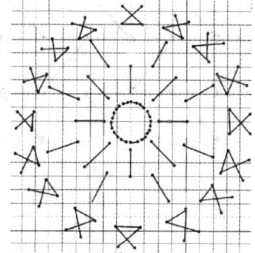

针法图

(1)完成图

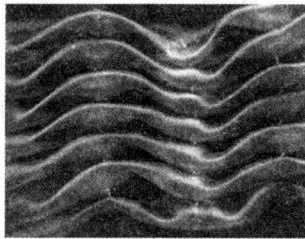

(2)完成图

(3)完成图

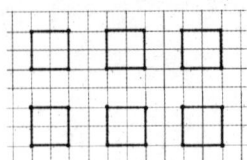

针法图

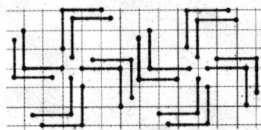

针法图

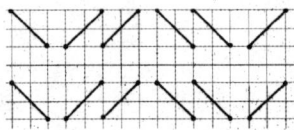

针法.图

(4)完成图

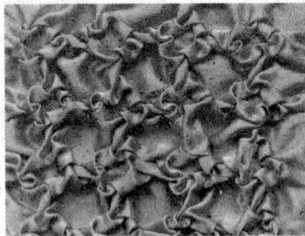

(5)完成图

(6)完成图

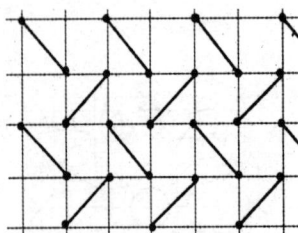

针法图

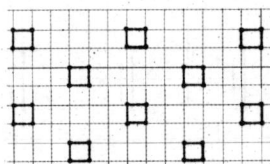

针法图

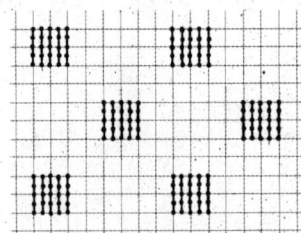

针法图

(7)完成图

(8)完成图

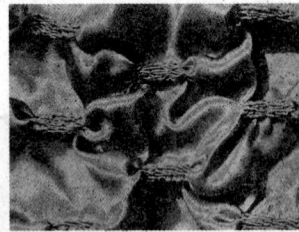

(9)完成图

图9-71　抽缩法针法图例

3. 抽缩法应用实例

图 9-72 至图 9-75。

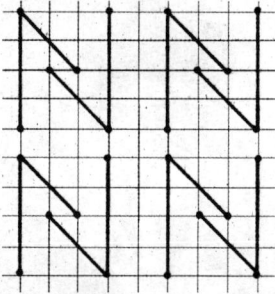

(a) 胸部抽缩法针法

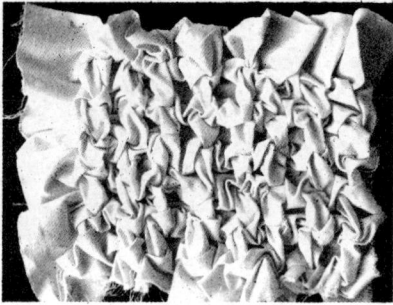

(b) 胸部抽缩法图案

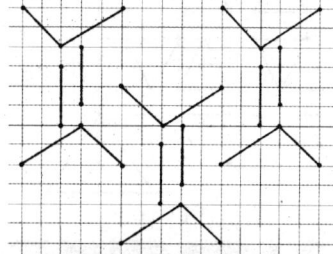

(c) 腰部抽缩法针法

(d) 腰部抽缩法图案

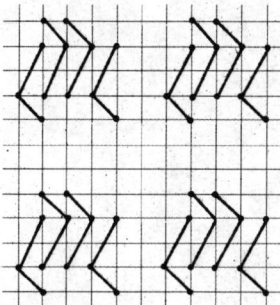

(e) 臀部抽缩法针法

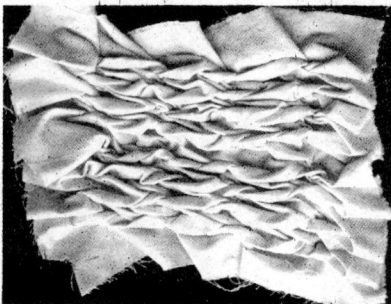

(f) 臀部抽缩法图案

(g) 成衣效果

图 9-72　抽缩法应用实例 1

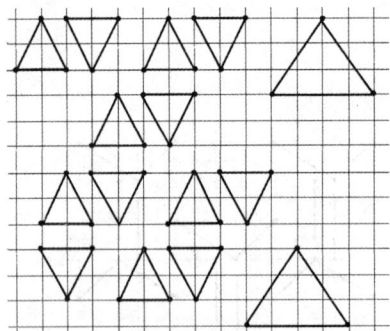

(a) 抽缩法针法

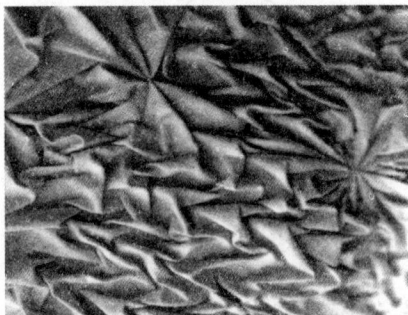

(b) 抽缩法图案

(c) 成衣效果

图 9-73　抽缩法应用实例 2

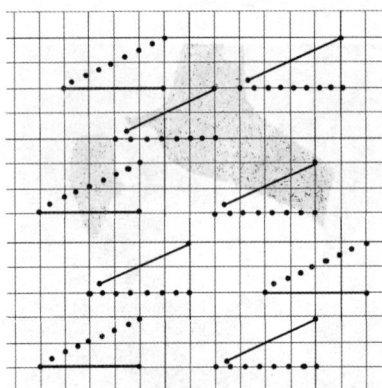

(a) 抽缩法针法

(b) 抽缩法图案

(c) 成衣效果

图 9-74　抽缩法应用实例 3

4.抽缩法图案实例

图 9-75(1)~(9)所示为抽缩法图案实例。

(1)呢绒面料图案实例

(2)亚麻面料图案实例

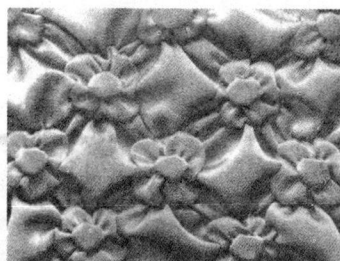

(3)素皱缎面料图案实例

(4)素皱缎面料图案实例

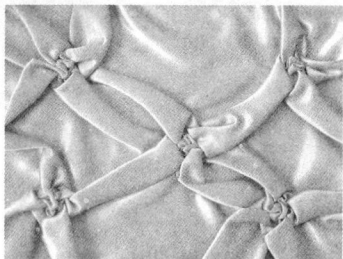

(5)素皱缎面料图案实例

(6)素皱缎面料图案实例

(7)线材编结图案实例

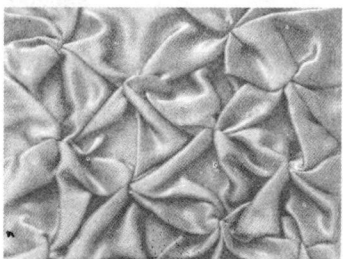

(8)真丝面料图案实例

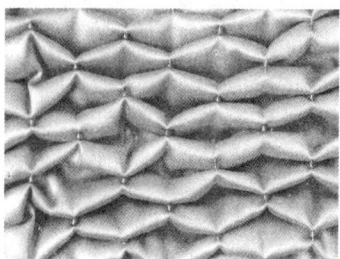

(9)仿真丝面料图案实例

图 9-75 抽缩法图案实例

二、使用松紧底线皱缩

根据所需的皱缩效果,在面料的正面用浅色划粉或褪色笔画出缝线的路径。再用松紧线作底线,面线使用与面料颜色相配的普通缝纫线,根据所画的路径缝纫。由于松紧底线的皱缩产生了图 9-76 所示的肌理效果。使用松紧底线皱缩可以是有规则的(如图 9-77 所示),也可以是无规则的(如图 9-78 所示)。

图 9-76 松紧底线皱缩后的效果

(a) 有规则皱缩后的局部肌理效果

(b) 有规则皱缩后的整体肌理效果

图 9-77　有规则皱缩

图 9-78　无规则皱缩后的整体肌理效果

三、堆积法

堆积法是采用面料进行局部造型后堆积到衣身上进行服装外轮廓立体造型的一种方法。由于局部造型的形态不同,堆积后所产生的效果也不同。

1. 堆积法应用实例1

图9-79(1)～(4)所示为用方布堆积到衣身上的方法,其效果见图9-80。

(1)局部造型第一步剪一块方布

(2)如图把方布折叠

(3)如图三折方布后用缝线固定

(4)把三折方布堆积到衣身上的成衣效果

图9-79　用方布堆积到衣身上

图 9-80　堆积法应用实例 1 的着装效果

2. 堆积法应用实例 2

图 9-81 所示为用荷叶边堆积到衣身上的局部效果,图 9-82 所示为其成衣效果。

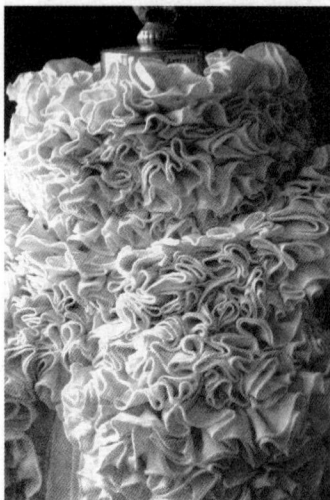

图 9-81　用荷叶边堆积的局部效果

图 9-82　堆积法应用实例 2 的成衣效果

3. 堆积法应用实例 3

图 9-83 所示为用木耳边堆积到衣身上的局部效果图,图 9-84 所示为其成衣效果。

图 9-83　用木耳边堆积的局部效果图

图 9-84　堆积法应用实例 3 成衣效果

4. 堆积法应用实例 4

图 9-85 所示为用流苏方巾堆积到裙子上的局部效果图,图 9-86 所示为其成衣效果。

图 9-85　用流苏方巾堆积的局部效果图

图 9-86　堆积法应用实例 4 成衣效果

5. 堆积法应用实例 5

图 9-87 所示为用飞边堆积到衣身上的方法局部效果图,图 9-88 所示为其成衣效果。

图 9-87　用飞边堆积的局部效果图

图 9-88　堆积法应用实例 5 成衣效果

6. 堆积法应用实例 6

图 9-89 所示为用圆球包裹堆积到衣身上的局部效果图,图 9-90 所示为其成衣效果。

图 9-89　用圆球包裹后堆积的局部效果图

图 9-90　堆积法应用实例 6 成衣效果

7. 堆积法应用实例 7

图 9-91 所示为把面料做成管状后堆积到衣身上的局部效果图,图 9-92 所示为其成衣效果。

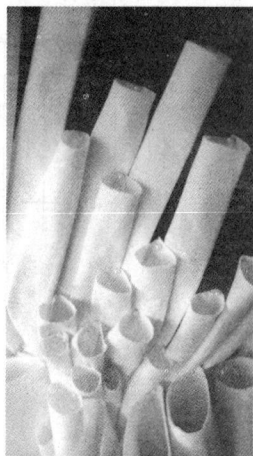

图 9-91 把面料做成管状后堆积的局部效果

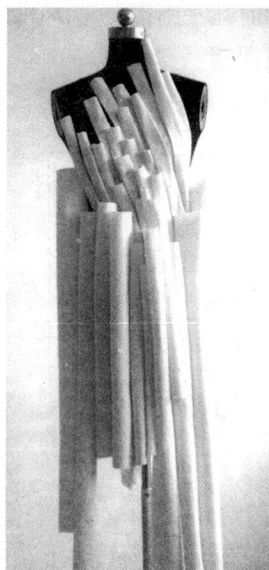

图 9-92 堆积法应用实例 7 成衣效果

8. 堆积法应用实例 8

图 9-93 把面料折叠后堆积到衣身上的成衣效果。

图 9-93 堆积法应用实例 8,把面料折叠后堆积的成衣效果

四、捏褶

捏褶是指按一定的间隔从表面或反面捏住后缝合固定。这种捏褶技法经常用于衬衫、连衣裙、礼服等时装中。

这类方法适宜使用柔软的布料。因为是捏缝的技法,选用图案时可以选用直线也可以选用曲线,但最好是选用比较单纯和简洁的图案。

后整理时几乎不需要整烫,如果要整烫的话,注意不要破坏捏褶的风格。

1. 直线捏褶

图 9-94(1) ~ (6) 所示为直线捏褶操作方法,图 9-95 所示为成衣效果。

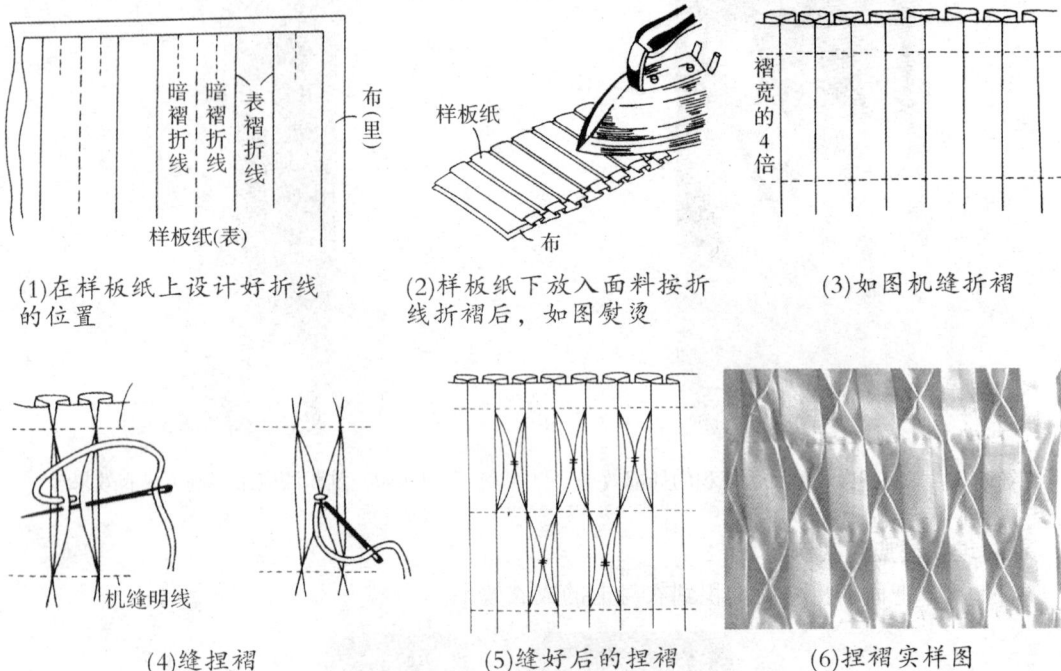

(1)在样板纸上设计好折线的位置

(2)样板纸下放入面料按折线折褶后,如图熨烫

(3)如图机缝折褶

(4)缝捏褶

(5)缝好后的捏褶

(6)捏褶实样图

图 9-94　直线捏褶操作方法

图 9-95

2. 曲线捏褶

图 9-96 所示为曲线捏褶针法及其完成图。

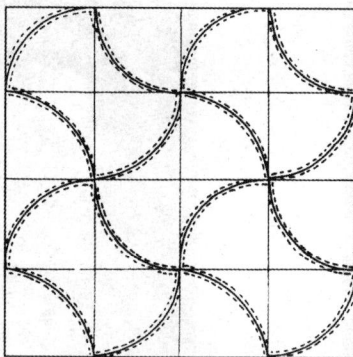

(a) 曲线捏褶针法

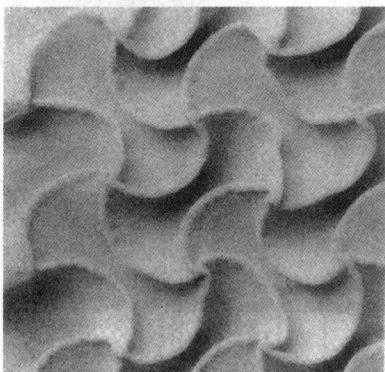

(b) 曲线捏褶完成图

图 9-96 曲线捏褶实例

五、重叠

重叠是把面料剪成一块块相同形状后进行重叠组合,使面料产生有次序的新感觉。操作时一定要在立体上进行,根据不同的位置,所剪的面料要有大有小,组合时要有疏有密,可以是单层重叠,也可以是多层重叠。

图 9-97 和图 9-98 所示为重叠效果图。

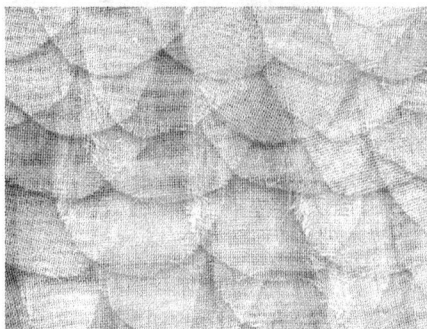

(a) 多层鳞片重叠的局部效果

(b) 多层鳞片重叠的鲤鱼造型白坯布效果

(c) 多层鳞片重叠的鲤鱼造型着装效果

图 9-97　多层鳞片重叠

图 9-98　树叶形的重叠效果

六、编织

编织也是一种面料二次造型的方法。它可以用面料进行有规律的编织,可以是重叠型的,也可以是交叉重叠型的。可以先用面料编成线绳,然后按需要的形态再进行编织。

图 9-99 到图 9-102 所示为编织实例。

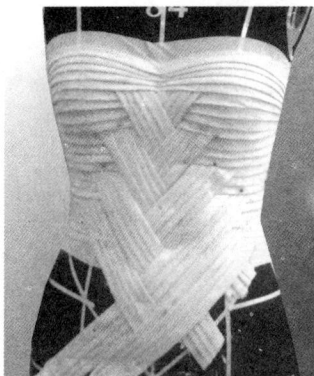

图 9-99 面料交叉与叠褶组合重叠编织

图 9-100 面料交叉重叠编织

图 9-101 用线绳编织衣身的造型

图 9-102 用线绳编织领子和胸的造型

七、镂空

镂空是面料二次造型的一种特殊手法。制作时首先应在面料上画好图案,然后用刀将需要镂空部位的面料割掉。镂空时会把经纬纱割断,所以一般适用于皮革与不会散失的面料。

图 9-103 至图 9-106 为镂空实例。

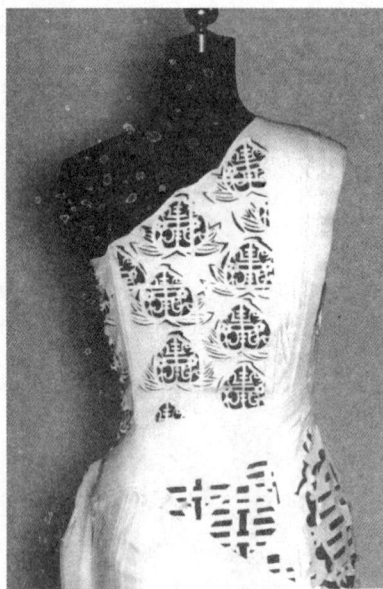

(a) 皮革镂空的局部效果

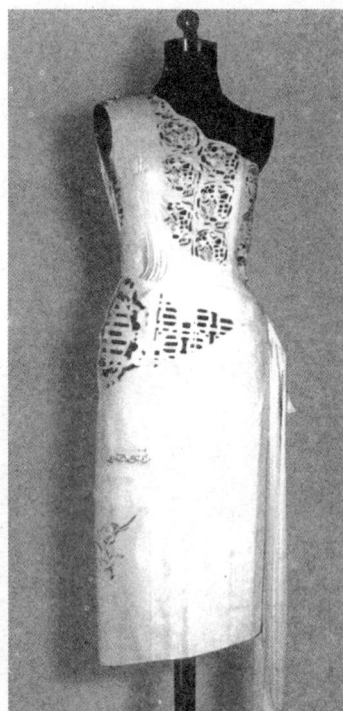

(b) 皮革镂空的整体效果

图 9-103　皮革镂空

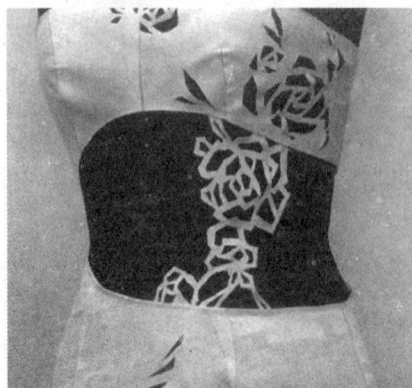

(a) 涂层面料镂空的局部效果

(b) 涂层面料镂空的整体效果

图 9-104　涂层面料镂空

(a) 白坯布烫粘合衬试样镂空的效果

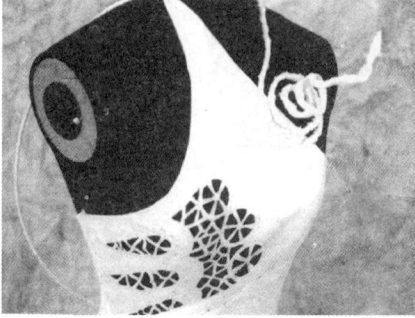

(b) 白坯布烫粘合衬试样镂空的局部效果

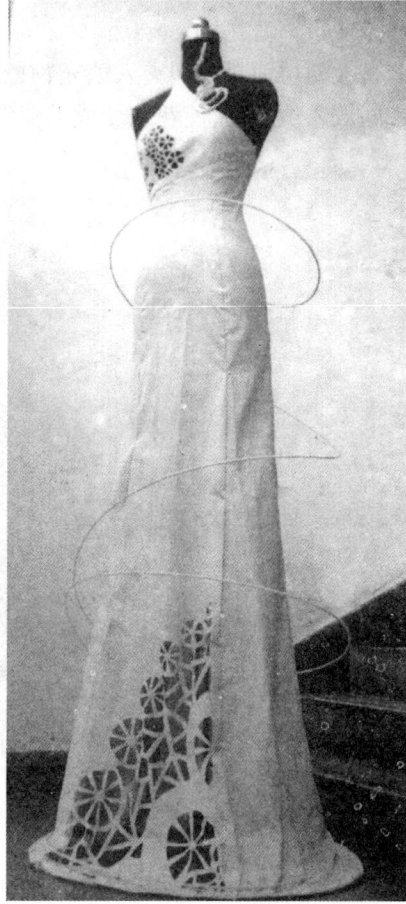

(c) 白坯布烫粘合衬试样镂空的整体效果

图 9-105　白坯布烫粘合衬镂空

图 9-106　镂空后衬透明纱的整体效果

八、绗缝

绗缝是在两层面料之间夹入填充物(棉花或毛线),然后缉明线,或先缉明线后再在两层面料中间放入填充物,使花纹变成类似浮雕(如图9-107所示)的一种技法。

图 9-107

图 9-108 和图 9-109 所示分别为穿入毛线和穿入棉花的绗缝。

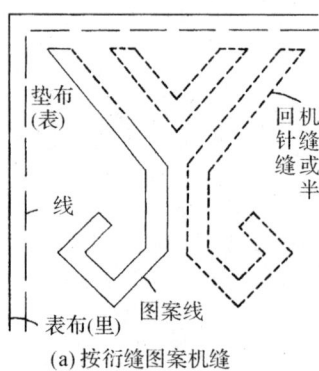

(a) 按绗缝图案机缝

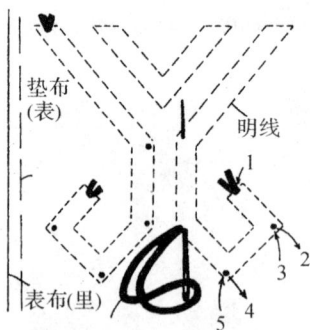

(b) 在反面如图穿入毛线,把缝线的线头穿入夹层

(c) 穿入毛线绗缝完成

图 9-108 穿入毛线的绗缝

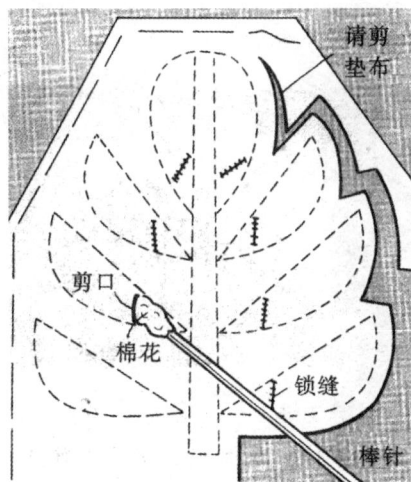

(a) 在反面塞入棉花后锁缝洞口　　　　　　　(b) 塞入棉花衍缝完成后的效果

图 9-109　穿入棉花的衍缝

九、刺绣

刺绣也称绣花，它是用针和线在布、编织物、皮革等面料上进行彩绣、镂空绣、贴补绣、盘金绣等装饰绣。刺绣的方法有两大类，一种是机绣，另一种是手绣。

图 9-110 和图 9-111 所示分别是盘金绣和彩绣的效果图。

(a) 盘金绣的局部图　　　　　　　　　　　　(b) 盘金绣的整体效果

图 9-110　盘金绣

图 9-111　彩绣整体效果

十、手绘、电脑喷绘

手绘、电脑喷绘是在白坯面料上进行绘画创作。它适用于有个性的时装中。手绘是用手工直接在面料上绘制的,它必须有专门的手绘技术和专用的手绘颜料。

电脑喷绘是一种利用现代科技手段在服装上创造新效果的一种方法。首先在电脑上进行绘画创作,然后用专用的机器设备将电脑中的绘画打印在面料上。它具有色彩鲜艳的特点,没有手绘时留下的隔离胶的痕迹。

图 9-112 和图 9-113 所示分别为手绘和电脑喷绘的效果图。

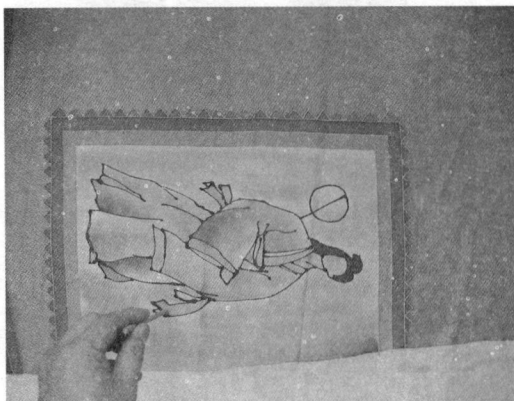

(a) 手绘局部效果

(b) 手绘整体效果

(c) 手绘方法的着装效果

图 9-112 手绘

(a) 电脑喷绘局部效果

(b) 电脑喷绘整体效果

图 9-113 电脑喷绘

十一、其他

应用其他材料作为面料进行服装造型,也是艺术服装中常用的一种创新手法。这些材料可以是用纸张、羽毛、木材、金属、塑料等作为创作用的材料。实际上自然界的许多材料都可以作为我们服装创作的元素。

图 9-114 至图 9-116 所示分别为服装效果图。

图 9-114

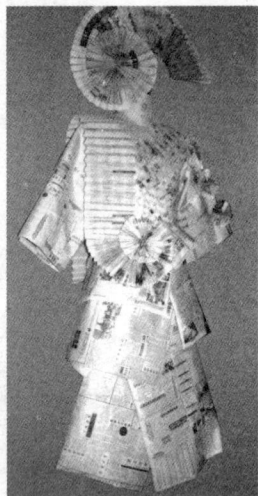

图 9-115

(a) 用羽毛作材料的时装效果

(b) 用羽毛作材料的时装效果

图 9-116　用羽毛作材料

第四节　造花的方法

　　造花是时装和礼服中常用的一种装饰手法。造花的种类很多,从花的形态上来看一种是抽象的,另一种是具象的。从制作的形式来看一种是在衣身面料上直接制作的,另一种是做好花后再装饰到服装上的。做花的方法和做花的材料是非常丰富的。

一、旋转法

这是指在衣料反面先用线扎一个小结，然后旋转而成的一种方法。这种方法适合做抽象花型。具体做法如图 9-117 所示。

(1)在做花的位置，衣料反面先如图用线扎一个小结，然后再旋转数次。

(2)旋转到花型满意后在反面用手针固定。使花型不散开、不变型。

(3)用大块布做好花型后再装饰到裙子上。

(4)注意所有的花型都是一顺旋转的。否则花型会散开。

(5)在衣身上直接做花的整体效果。

图 9-117 旋转法造花

二、捏褶盘花法（适合做抽象花型）

这是指在衣料反面捏成细褶后，盘卷而成的方法。这种方法适合做抽象花型。
图 9-118 所示为捏褶盘花法操作和效果。

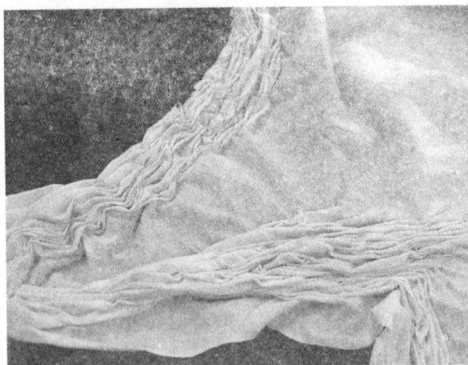

(1)如图在衣料反面捏成细褶后用手缝固定。

(2)卷成后的花可以是一朵也可以是几朵组成的。

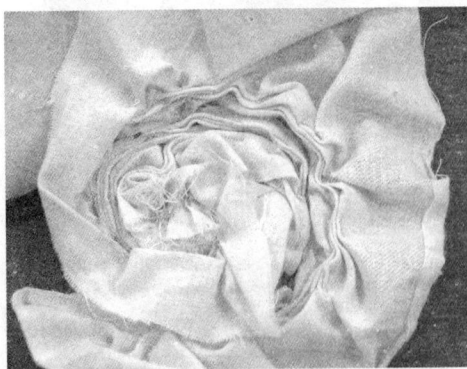

(3)卷成花型后如图在衣料反面手缝固定。

(4)捏褶盘花的整装效果。

(5)捏褶盘花的着装效果

图 9-118　捏褶盘花法

三、卷盘法

这是指用一条斜丝面料对折后盘卷而成的一种方法。

图 9-119 所示为卷盘法的操作方法和效果。

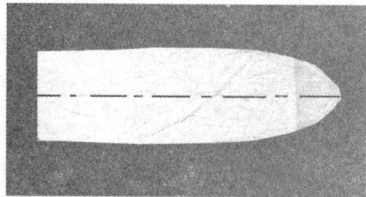

(1)根据花朵的大小如图裁剪一块面料。

(2)将裁好的面料对折后，如图在花的底部用手工疏缝后抽缩。

(3)如图盘卷花朵，并在花的底部手缝固定。

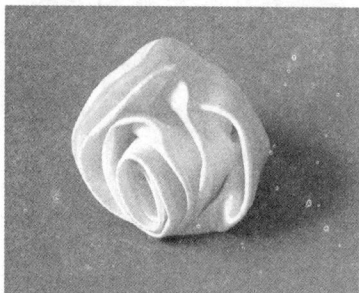

(4)完成后的花朵。

(5)用和服绸做的卷盘花的着装效果。

(6)卷盘花的整装效果。

图 9-119　卷盘法操作方法和效果

四、折盘法

这是指用一条直丝面料边折边盘的一种方法。

图 9-120(1)~(3)所示为折盘方法。图 9-121 所示为折盘花的应用。图 9-122 所示为各种折盘花组合的效果。

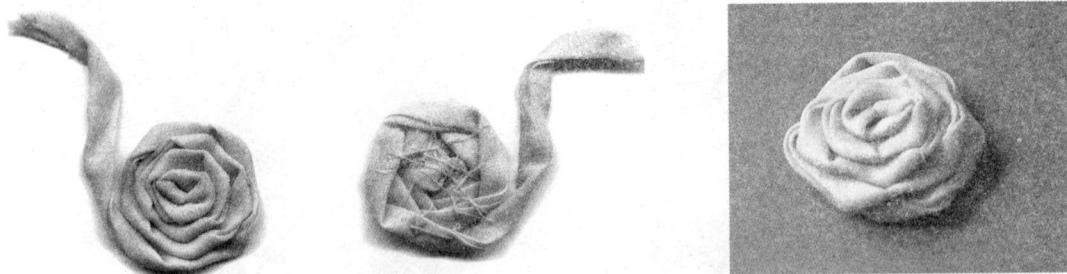

(1)根据花的大小剪一根直丝面料，折光缝头后对折。如图边折边盘。

(2)在盘花的反面用手缝固定。

(3)完成后的折盘花。

图 9-120　折盘方法

(a)折盘花的局部图

(b)用白坯布做成折盘花的花朵

(c)折盘花的整装效果

图 9-121　折盘花的应用

可以用各种折盘花组合成许多形状。

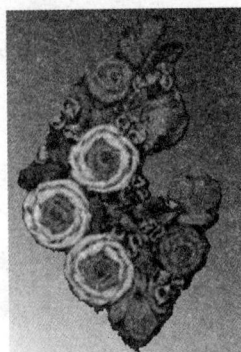

(a) 折盘花组合成图案效果

(b) 折盘花组合成图案效果

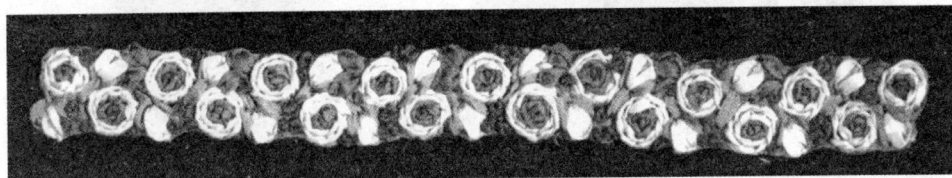

(c) 折盘花组合成带状图案效果

图 9-122　各种折盘花组合的效果

五、绢花

绢花可用绢、绡等面料来做，也可用棉纸来做。具体操作方法见图 9-123(1) ~ (5)。

(1)用绢剪成各种大小不同的花瓣形状。然后染上需要的颜色。

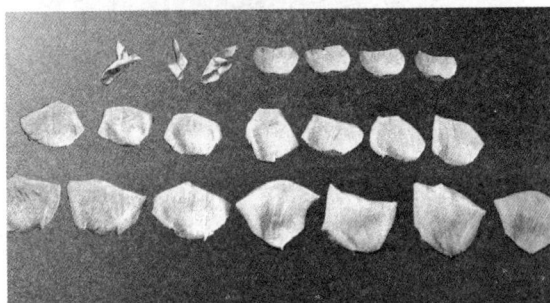

(3)整理好各种大小不一的花瓣。

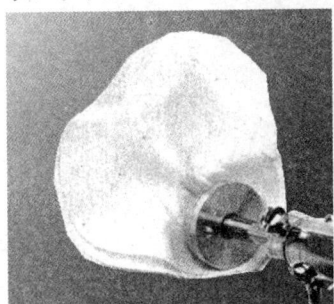

(2)用专用做花的电烙铁整理出花瓣形状。

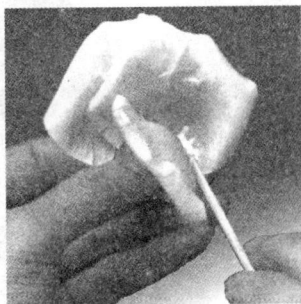

(4)把花瓣粘合起来。

(5)完成后的绢花。

图 9-123　绢花的制作

六、塑料花

用于服装的塑料花可以用买来的塑料花拆开后重新组合。操作方法如图9-124(1)~(5)所示。

(1)把买来的塑料花折开。

(2)准备好做花用的塑料花瓣、草、胶水等物品。

(3)做成各种大小不一的花朵。

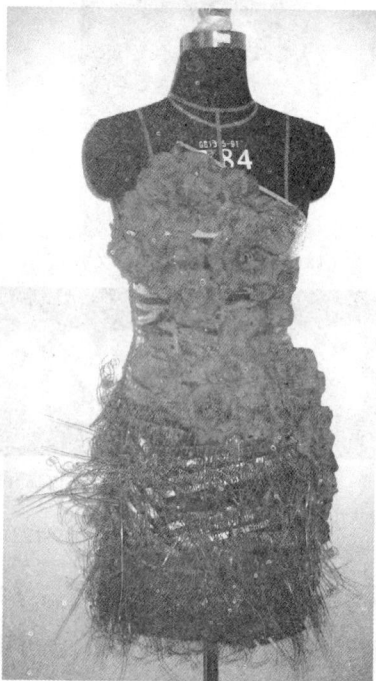

(4)花瓣重组。

(5)花瓣重组的着装效果。

图9-124　塑料花用于服饰

七、皮花朵

这是指根据花瓣形状剪好皮花瓣,然后将花瓣塑型组合(如图 9-125 所示)。

(a) 花瓣塑型并组合

(b) 完成后的皮花朵

图 9-125　皮花朵用于服饰

八、叠合法

这是指用各种大小不一的花瓣,由小到大层层叠合。

图 9-126 所示为对圆花瓣进行叠合。图 9-127 所示为对尖花瓣的叠合。

(1)根据花的形状剪好各种大小不一的花瓣,然后在花瓣的根部打个褶,使花朵具有立体感,再由小到大层层叠合,并在花朵的反面手缝固定。

(2)用胶水拌金粉后涂在花瓣的边沿,防止花瓣边沿散开。也可以用密针车锁边。

(3)装上花后的立体效果。 　　　　　(4)装上花后的着装效果。

图 9-126　圆花瓣的叠合

(a) 叠合花图的立体效果 　　　　　(b) 花瓣形状不同的叠合花

图 9-127　尖花瓣的叠合

九、折叠法

折叠法适合于较薄的面料,主要是将面料通过几次折叠来增加花瓣的硬挺度,增强花朵的立体感。

图 9-128 所示为折叠法的操作方法。

(1)根据花朵的大小剪出各种大小不一的方块。

(2)将剪好的方块对折。

(3)再对折。

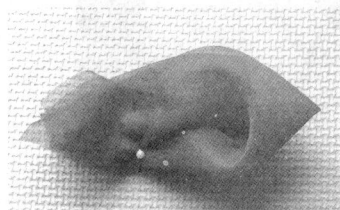

(4)花瓣底部打褶。

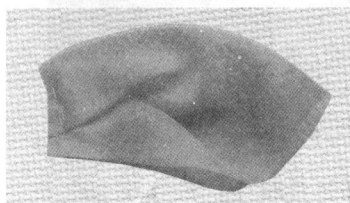

(5)花瓣底部固定后修齐。

(6)把大小花瓣叠合起来缝合。

(7)完成后的花朵。

(8)装上花后的着装效果。

图9-128 折叠法操作

十、叠盘花

这是指用一块长布,对折后边盘边叠做成的花。

图 9-129 所示为叠盘花操作及效果图。

(1)根据花的大小剪一块长布,对折后如图一样根部抽褶,然后边盘边固定。

(2)完成后的叠盘花。

(3)叠盘花的立体效果。

图 9-129

十一、其他

做花的方法很多,自己可以创造一些方法,图 9-130 至图 9-134 所示为一些例子。

图 9-130 根据花的大小剪一块长布两二缝合后将布对折花的根部抽缩,并在花的中间装上用绳子盘成的花芯。

图 9-131　根据花的大小剪一块直丝长布,在
一边撕成流苏,一边用线扎起来

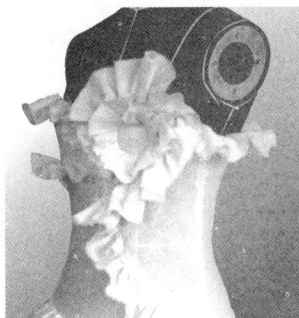

图 9-132　荷叶边盘花

图 9-133　用面料皱缩后做成花朵

图 9-134　面料二次造型做成的花